MySQL数据库入门

第2版

黑马程序员 编著

清華大學出版社
北 京

内容简介

本书是一本面向MySQL数据库初学者推出的入门教材，全书以通俗易懂的语言、丰富实用的案例，详细讲解了MySQL数据库技术的相关知识。

全书共10章，第1~5章主要讲解MySQL中的基础操作，包括数据库入门知识、MySQL的安装与配置、数据库和数据表的基本操作、单表查询以及多表操作；第6~9章围绕数据库开发的一些高级知识展开讲解，包括索引、视图、事务、数据库编程、数据库的管理和维护；第10章通过一个简单的Java Web项目讲解MySQL在项目中的应用。

本书配有教学大纲、教学设计、源代码、习题等资源，而且为了帮助初学者更好地学习本教材中的内容，还提供了在线答疑，希望得到更多读者的关注。

本书既可作为高等院校本、专科计算机相关专业的数据库开发与管理教材，也可作为数据库开发基础的培训教材，是一本适合广大计算机编程爱好者的优秀读物。

图书在版编目（CIP）数据

MySQL 数据库入门 / 黑马程序员编著 . —2 版 . —北京：清华大学出版社 , 2022.5 (2023.12重印)
ISBN 978-7-302-60671-0

Ⅰ. ① M… Ⅱ. ①黑… Ⅲ. ① SQL 语言－数据库管理系统 Ⅳ. ① TP311.138

中国版本图书馆 CIP 数据核字（2022）第 068420 号

责任编辑：袁勤勇
封面设计：常雪影
责任校对：胡伟民
责任印制：宋　林

出版发行：清华大学出版社
网　　址：https://www.tup.com.cn，https://www.wqxuetang.com
地　　址：北京清华大学学研大厦 A 座　　**邮　　编**：100084
社 总 机：010-83470000　　**邮　　购**：010-62786544
投稿与读者服务：010-62776969, c-service@tup.tsinghua.edu.cn
质量反馈：010-62772015, zhiliang@tup.tsinghua.edu.cn
印 装 者：三河市铭诚印务有限公司
经　　销：全国新华书店
开　　本：185mm×260mm　　**印　张**：21.5　　**字　　数**：535 千字
版　　次：2015 年 3 月第 1 版　2022 年 6 月第 2 版　　**印　　次**：2023 年 12 月第 10 次印刷
定　　价：59.90 元

产品编号：093911-03

序言

本书的创作公司—江苏传智播客教育科技股份有限公司（简称“传智教育”）作为第一个实现 A 股 IPO 上市的教育企业，是一家培养高精尖数字化专业人才的公司，公司主要培养人工智能、大数据、智能制造、软件、互联网、区块链、数据分析、网络营销、新媒体等领域的人才。公司成立以来紧随国家科技发展战略，在讲授内容方面始终保持前沿先进技术，已向社会高科技企业输送数十万名技术人员，为企业数字化转型、升级提供了强有力的人才支撑。

公司的教师团队由一批拥有 10 年以上开发经验，且来自互联网企业或研究机构的 IT 精英组成，他们负责研究、开发教学模式和课程内容。公司具有完善的课程研发体系，一直走在整个行业的前列，在行业内树立起了良好的口碑。公司在教育领域有 2 个子品牌：黑马程序员和院校邦。

一 黑马程序员—高端IT教育品牌

“黑马程序员”的学员多为大学毕业后想从事 IT 行业，但各方面条件还不成熟的年轻人。“黑马程序员”的学员筛选制度非常严格，包括了严格的技术测试、自学能力测试，还包括性格测试、压力测试、品德测试等。百里挑一的残酷筛选制度确保了学员质量，并降低了企业的用人风险。

自“黑马程序员”成立以来，教学研发团队一直致力于打造精品课程体系，不断在产、学、研 3 个层面创新自己的执教理念与教学方针，并集中“黑马程序员”的优势力量，有针对性地出版了计算机系列教材百余种，制作教学视频数百套，发表各类技术文章数千篇。

二 院校邦—院校服务品牌

院校邦以“协万千名校育人、助天下英才圆梦”为核心理念，立足于中国职业教育改革，为高校提供健全的校企合作解决方案，其中包括原创教材、高校教辅平台、师资培训、院校公开课、实习实训、协同育人、专业共建、传智杯大赛等，形成了系统的高校合作模式。院校邦旨在帮助高校深化教学改革，实现高校人才培养与企业发展的合作共赢。

（一）为大学生提供的配套服务

1. 请同学们登录“高校学习平台”，免费获取海量学习资源。平台可以帮助高校学生解决各类学习问题。

高校学习平台

2. 针对高校学生在学习过程中的压力等问题，院校邦面向大学生量身打造了IT学习小助手—“邦小苑”，可提供教材配套学习资源。同学们快来关注“邦小苑”微信公众号。

“邦小苑”微信公众号

（二）为教师提供的配套服务

1. 院校邦为所有教材精心设计了“教案＋授课资源＋考试系统＋题库＋教学辅助案例”的系列教学资源。高校老师可登录“高校教辅平台”免费使用。

高校教辅平台

2. 针对高校教师在教学过程中存在的授课压力等问题，院校邦为教师打造了教学好帮手—“传智教育院校邦”，可搜索公众号“传智教育院校邦”，也可扫描“码大牛”老师微信（或QQ：2770814393），获取最新的教学辅助资源。

“码大牛”老师微信号

三 意见反馈

为了让教师和同学们有更好的教材使用体验，您如有任何关于教材的意见或建议请扫描下方二维码进行反馈，感谢对我们工作的支持。

传智教育

2022年7月

随着开源技术的日益普及，开源数据库逐渐流行起来并占据了很大的市场份额，其中 MySQL 数据库是开源数据库的杰出代表。MySQL 作为比较流行的关系数据库管理系统之一，在 Web 应用方面被广泛使用。

为什么要学习本书

现在市面上有很多关于 MySQL 的学习教材，但这些教材大都没有能够对知识点进行全面的讲解，很多读者学习之后还是很茫然。为加快推进党的二十大精神进教材、进课堂、进头脑，本书秉承“坚持教育优先发展，加快建设教育强国、科技强国、人才强国”的思想对教材的编写进行策划。本书针对 MySQL 技术进行了深入分析，并对每个知识点精心设计了相关案例，模拟这些知识点在实际工作中的应用，让知识的难度与深度、案例的选取与设计，既满足职业教育特色，又满足产业发展和行业人才需求。

本书根据知识的难易程度，采用先易后难的方式部署章节顺序。在知识讲解时，以环环相扣的推进方式阐述每个知识点的概念、作用以及相互之间的联系。在实际操作时，从指令的语法、注意事项、案例演示等多个角度进行详细讲解，尽可能地使读者可以学以致用，具备解决实际问题的能力，从而全面提高人才自主培养质量，加快现代信息技术与教育教学的深度融合，进一步推动高质量教育体系的发展。

如何使用本书

本书讲解的内容包括数据库入门知识，MySQL 数据库的安装与配置，数据库、数据表的基本操作，以及索引、视图、事务、数据库编程、数据库的管理和维护，还通过一个 Web 项目讲解 MySQL 在项目中的应用。

本书共分为 10 章，各章内容简要介绍如下。

- 第 1 章主要从数据管理技术的发展、数据库技术的基本术语、数据模型以及 SQL 简介等方面讲解数据库的入门知识，并且演示 MySQL 的安装和配置。通过该章的学习，要求初学者对数据库在理论体系上有一个整体的认识与了解，熟练掌握 MySQL 数据库的安装、配置与管理。
- 第 2 章主要讲解数据库和数据表的基本操作，包括数据库和数据表的增、删、改、查操作以及数据类型、表的约束、字段自动增长等内容。此部分是所有想要使用 MySQL 的初学者都必须掌握的内容。

- 第 3~5 章主要从数据操作的角度讲解如何在数据表中进行数据的增、删、改；如何对数据进行判断、分组、排序与限量查询；如何连接多个数据表查询数据；如何建立外键约束等。此部分是所有想要从事与数据库开发相关工作的人员必须掌握的操作内容。
- 第 6~8 章从多角度讲解数据库优化的方式，包括索引、视图、事务，以及存储过程、存储函数、变量、流程控制、错误处理、游标、触发器等语句的数据库编程。此部分内容有助于读者循序渐进地掌握如何提升和改进 MySQL 的性能。
- 第 9 章主要从数据库安全的角度讲解数据库的管理和维护，说明为操作数据库的用户分配权限的重要性。该章介绍了创建用户、分配密码、授予以及回收权限等具体的 SQL 操作，还讲解了数据备份与还原的多种方式。通过该章的学习，要求读者能够熟练操作数据库的同时保证数据的安全，以及掌握数据的备份和还原。
- 第 10 章主要通过一个 Web 项目的实现讲解 MySQL 在实际项目中的应用，包含系统分析、数据库设计和系统开发。

在学习的过程中，读者一定要亲自动手实现教材案例中的代码。如果不能完全理解书中所讲的知识点，可以登录高校教辅平台，通过平台中的教学视频进行深入学习。另外，如果读者在理解知识点的过程中遇到困难，建议不要纠结于某个地方，可以先往后学习。通常情况下，在看到后面对知识点的讲解或者其他章节的内容后，前面看不懂的知识点一般就能理解了。如果读者在动手实践的过程中遇到问题，建议多思考，厘清思路，认真分析问题发生的原因并在问题解决后多总结。

致谢

本教材的编写和整理工作由传智教育完成，主要参与人员有高美云、甘金龙等。全体人员在这近一年的编写过程中付出了很多辛勤的汗水，在此一并表示衷心的感谢。

意见反馈

尽管我们付出了最大的努力，但书中难免会有不妥之处，欢迎各界专家和读者朋友们提出宝贵意见，我们将不胜感激。您在阅读本书时，如发现任何问题或有不认同之处可以通过电子邮件与我们取得联系。

请发送电子邮件至 itcast_book@vip.sina.com。

黑马程序员

2023 年 7 月于北京

目录

第 1 章

数据库入门

思政案例

学习目标

- ◆ 了解数据管理技术的发展，能够说出数据管理技术每个阶段的特点；
- ◆ 了解数据库技术的基本术语，能够说出数据库、数据库管理系统和数据库系统的概念；
- ◆ 了解数据模型，能够说出数据模型的分类和常见术语的含义、E-R图的表示方式、关系模型的基本概念和完整性约束；

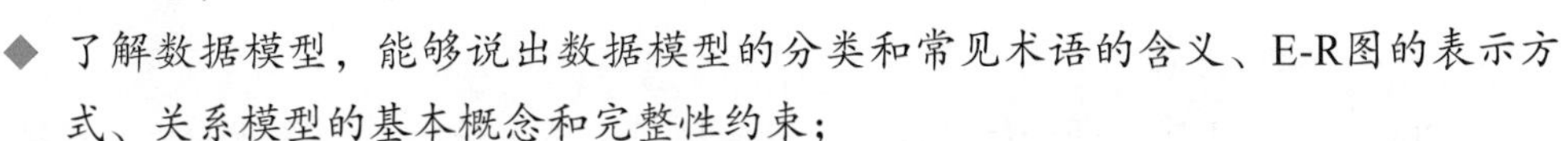

- ◆ 了解常见的数据库产品，能够说出3种以上关系数据库；
- ◆ 了解SQL的作用，能够根据SQL的功能说出SQL的4个类别；
- ◆ 掌握MySQL的安装与配置，能够独立安装MySQL并使用账号登录MySQL；
- ◆ 了解MySQL常见的图形化管理工具，能够使用SQLyog和Navicat连接MySQL。

数据库技术是一种计算机辅助管理数据的方法，是计算机数据处理与信息管理系统的核心技术。数据库技术产生于 20 世纪 60 年代末，用于解决数据的组织和存储，以及如何高效地获取和处理数据。本章将围绕数据库的入门知识进行详细讲解。

1.1 数据管理技术的发展

任何技术都不是凭空产生的，而是有着对应的发展需求，数据管理技术也不例外。数据管理技术发展至今主要经历了 3 个阶段，分别是人工管理阶段、文件系统阶段和数据库系统阶段。关于这 3 个阶段的介绍具体如下。

1. 人工管理阶段

在 20 世纪 50 年代中期以前，计算机主要用于科学计算。硬件方面没有磁盘等直接存取设备，只有磁带、卡片和纸带；软件方面没有操作系统和管理数据的软件。人工管理阶段处理数据非常麻烦和低效。该阶段的数据管理技术具有如下特点。

（1）数据不能在计算机中长期保存。

（2）数据需要由应用程序自己进行管理。

（3）数据是面向应用程序的，不同应用程序之间无法共享数据。

（4）数据不具有独立性，完全依赖于应用程序。

2. 文件系统阶段

从20世纪50年代后期到60年代中期，硬件方面有了磁盘等直接存取设备，软件方面出现了操作系统，并且操作系统提供了专门的数据管理软件（称为文件系统）。在这个阶段，数据以文件为单位保存在外存储器上，由操作系统管理。文件系统阶段的程序和数据分离，实现了以文件为单位的数据共享。该阶段的数据管理技术具有如下特点。

（1）数据能够在计算机的外存设备上长期保存，可以对数据反复进行操作。

（2）通过文件系统管理数据，文件系统提供了文件管理功能和存取方法。

（3）虽然在一定程度上实现了数据独立和共享，但数据的独立与共享能力都非常薄弱。

3. 数据库系统阶段

从20世纪60年代后期开始，计算机的应用范围越来越广泛，管理的数据量越来越多，同时对多种应用程序之间数据共享的需求越来越强烈，文件系统的管理方式已经无法满足要求。为提高数据管理的效率，解决多用户、多应用程序共享数据的需求，数据库技术应运而生，由此进入了数据库系统阶段。

在数据库系统阶段，数据库技术具有如下特点。

（1）数据结构化。数据库系统实现了整体数据的结构化，这里所说的整体结构化是指数据库中的数据不再只是针对某个应用程序，而是面向整个系统。

（2）数据共享。因为数据面向整个系统，所以它可以被多个用户、多个应用程序共享使用。数据共享可以大幅度地减少数据冗余，节约存储空间，避免数据之间的不相容性与不一致性。

例如，企业为所有员工统一配置即时通信和电子邮箱软件，若两个应用程序的用户数据（如员工姓名、所属部门、职位等）无法共享，就会出现如下问题。

- 两个应用程序各自保存自己的数据，数据结构不一致，无法互相读取。软件的使用者需要向两个应用程序分别录入数据。
- 由于相同的数据保存两份，因此会造成数据冗余，浪费存储空间。
- 若修改其中一份数据，忘记修改另一份数据，就会造成数据的不一致。

使用数据库系统后，数据只需要保存一份，其他软件都通过数据库系统存取数据，就实现了数据共享，解决了前面提到的问题。

（3）数据独立性高。数据的独立性包含逻辑独立性和物理独立性。其中，逻辑独立性是指数据库中数据的逻辑结构和应用程序相互独立，物理独立性是指数据物理结构的变化不影响数据的逻辑结构。

（4）数据统一管理与控制。数据的统一控制包含安全控制、完整控制和并发控制。简单来说就是防止数据丢失、确保数据正确有效，并且在同一时间内，允许用户对数据进行多路存取，防止用户之间的异常交互。例如，春节期间网上订票时，由于出行人数多、时间集中和抢票的问题，火车票数据在短时间内会发生巨大变化，数据库系统要对数据统一控制，保证数据不能出现问题。

1.2 数据库技术的基本术语

在学习数据库技术之前，我们先认识与该技术密切相关的基本术语，分别是数据库（Database，DB）、数据库管理系统（Database Management System，DBMS）和数据库系统（Database System，DBS），具体介绍如下。

1. 数据库

数据库是一个存在于计算机存储设备上的数据集合，该集合中的数据按照一定的数据模型进行组织、描述和存储。数据库可看作电子化的文件柜，用户可以对文件柜中的电子文件数据进行增加、删除、修改、查找等操作。需要注意的是，这里所说的数据不仅包括普通意义上的数字，还包括文字、图像、声音等；也就是说，凡是在计算机中用来描述事物的记录都可称为数据。

2. 数据库管理系统

数据库管理系统是一种介于用户和操作系统之间的数据库管理软件，它可以对数据库的建立、维护和运行进行管理，还可以对数据库中的数据进行定义、组织和存取。通过数据库管理系统可以科学地组织、存储和维护数据以及高效地获取数据，常见的数据库管理系统有 MySQL、Oracle、Microsoft SQL Server、MongoDB 等。

3. 数据库系统

数据库系统是指由数据库及其管理软件组成的系统，它是为适应数据处理的需要而发展起来的一种较为理想的数据处理系统。

数据库系统通常包含硬件、数据库、软件、用户 4 个部分，各部分的具体内容如下。

- 硬件：指安装数据库及相关软件的硬件设备。
- 数据库：数据库系统中的数据都存放在数据库中，数据库中的数据包括永久性数据（Persistent Data）、索引数据（Indexes）、数据字典（Data Dictionary）和事务日志（Transaction Log）等。
- 软件：指在数据库环境中使用的软件，包括 DBMS 和数据库应用程序等。很多情况下，DBMS 无法满足用户对数据库管理的要求，例如通过在模板上输入特定的信息，使用户能够轻松地从数据库中检索出对应的信息。而使用数据库应用程序可以满足这些要求，使数据管理过程更加直观和友好。

- 用户：根据工作任务的差异，数据库系统中的用户通常可分为系统分析员和数据库设计人员、数据库管理员（Database Administrator，DBA）、应用程序员（Application Programmer）以及终端用户（End User）。其中数据库管理员负责管理和维护数据库，参与数据库的设计、测试和部署，一般由较高技术水平和较深资历的人员担任；应用程序员负责为应用程序设计和编写程序，并且进行安装和调试，让终端用户能够利用应用程序对数据库进行存取操作；终端用户指的是通过终端应用程序访问数据库的人员，例如使用购物网站购物的用户和使用手机 App 购票的用户。

下面通过一张图描述数据库系统，具体如图 1-1 所示。

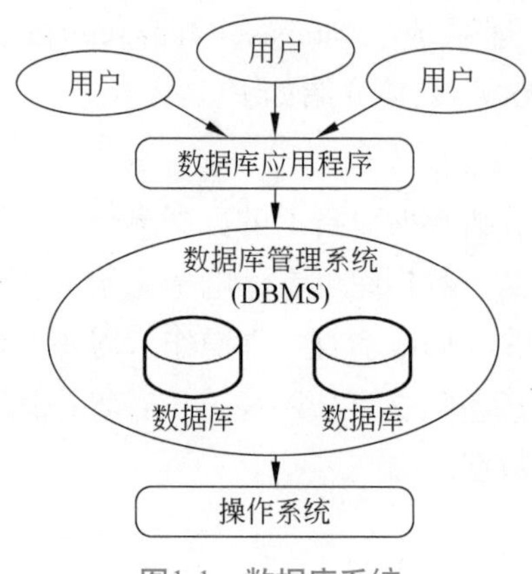

图1-1 数据库系统

图 1-1 描述了数据库系统的组成部分，其中用户是使用数据库的主体，它通过数据库应用程序与 DBMS 进行通信，进而管理 DBMS 中的数据。在数据管理过程中，DBMS 提供对数据的组织、存取、管理和维护等功能，数据库提供对数据的存储功能。

1.3 数据模型

1.3.1 初识数据模型

数据模型（Data Model）是数据库系统的核心和基础，它是对现实世界数据特征的抽象，为数据库系统的信息表示与操作提供一个抽象的框架。想要更好地理解数据模型，首先应该掌握一些数据模型的理论知识，下面对数据模型的理论知识进行详细讲解。

1. 数据模型的组成要素

数据模型所描述的内容包括 3 个部分，分别是数据结构、数据操作和数据约束。这

3 个部分的具体介绍如下。

（1）数据结构：数据结构用于描述数据库系统的静态特征，主要研究数据本身的类型、内容、性质以及数据之间的联系等。

（2）数据操作：数据操作用于描述数据库系统的动态行为，是对数据库中的对象实例允许执行的操作的集合。数据操作主要包含检索和更新（插入、删除和修改）两类。

（3）数据约束：数据约束是指数据与数据之间所具有的制约和存储规则，这些规则用以限定符合数据模型的数据库状态及其状态的改变，以保证数据的正确性、有效性和相容性。

2. 常见的数据模型分类

数据模型按照数据结构主要分为层次模型 (Hierarchical Model)、网状模型 (Network Model)、关系模型 (Relational Model) 和面向对象模型 (Object Oriented Model)。下面分别对这 4 种数据模型进行讲解。

（1）层次模型。

层次模型用树形结构表示数据之间的联系，它的数据结构类似一棵倒置的树，有且仅有一个根节点，其余节点都是非根节点。层次模型中的每个节点表示一个记录类型，记录之间是一对多的关系，即一个节点可以有多个子节点。

（2）网状模型。

网状模型用网状结构表示数据之间的关系，网状模型的数据结构允许有一个以上的节点无双亲和至少有一个节点可以有多于一个的双亲。随着应用环境的扩大，基于网状模型的数据库的结构会变得越来越复杂，不利于最终用户掌握。

（3）关系模型。

关系模型以数据表的形式组织数据，实体之间的关系通过数据表的公共属性表示，结构简单明了，并且有逻辑计算、数学计算等坚实的数学理论作为基础。关系模型是目前广泛使用的数据模型。

（4）面向对象模型。

面向对象模型用面向对象的思维方式与方法来描述客观实体，它继承了关系数据库系统已有的优势，并且支持面向对象建模、对象存取与持久化以及代码级面向对象数据操作，是现在较为流行的新型数据模型。

任何一个数据库管理系统都是基于某种数据模型的，数据模型不同，相应的数据库管理系统就不同。

3. 客观对象转换为计算机存储数据

数据模型按照不同的应用层次主要分为概念数据模型（Conceptual Data Model）、逻辑数据模型（Logical Data Model）和物理数据模型（Physical Data Model）。如果使用计算机管理现实世界的对象，那么需要将客观存在的对象转换为计算机存储的数据。整个转换过程经历了现实世界、信息世界和机器世界 3 个层次，相邻层次之间的转换都依赖不同的数据模型。下面通过一张图描述客观对象转换为计算机存储数据的过程，具体如图 1-2 所示。

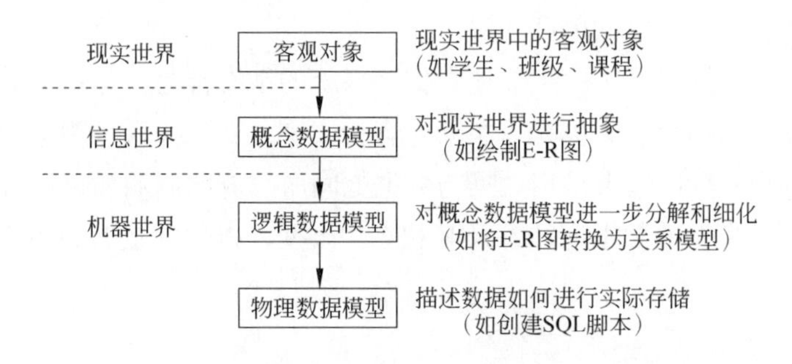

图1-2　客观对象转换为计算机存储数据的过程

在图 1-2 中，概念数据模型是现实世界到机器世界的中间层，它将现实世界中的客观对象（如学生、班级、课程）抽象成信息世界的数据；逻辑数据模型是一种面向数据库系统的模型，是 DBMS 所支持的具体数据模型（如层次模型、网状模型、关系模型）。逻辑数据模型进一步分解和细化后，使用物理数据模型进行实际存储，也就是将逻辑模型转换成计算机能够识别的模型。

4. 概念数据模型的常用术语

概念数据模型是对信息世界的建模，它能够全面、准确地描述信息世界。概念数据模型有很多常用术语，具体如下。

（1）实体（Entity）：实体是指客观存在并可相互区分的事物，如学生、班级、课程。

（2）属性（Attribute）：属性是指实体所具有的某一特性，一个实体可以由若干个属性描述。例如，学生实体有学号、姓名和性别等属性。属性由两部分组成，分别是属性名和属性值。例如，有学生的学号、姓名和性别分别为 1、张三、男，其中，学号、姓名和性别是属性名，而“1、张三、男”这些具体值是属性值。

（3）联系（Relationship）：这里所说的联系是指实体与实体之间的联系，有一对一、一对多、多对多 3 种情况。例如，每个学生都有一个学生证，学生和学生证之间是一对一的联系；一个班级有多个学生，班级和学生是一对多的联系；一个学生可以选修多门课程，一门课程又可以被多个学生选修，学生和课程之间就形成多对多的联系。

（4）实体型（Entity Type）：实体型即实体类型，通过实体名（如学生）及其属性名集合（如“学号、学生姓名、学生性别”）来抽象描述同类实体。

（5）实体集（Entity Set）：实体集是指同一类型的实体集合，如全校学生就是一个实体集。

1.3.2　E-R图

E-R 图也称为实体 - 联系图（Entity Relationship Diagram），是一种用图形表示的实体联系模型。E-R 图提供了表示实体、属性和联系的方法，用来描述现实世界的概念模型。E-R 图通用的表示方式如下。

- 实体：用矩形表示，将实体名写在矩形框内。
- 属性：用椭圆框表示，将属性名写在椭圆框内。实体与属性之间用实线连接。
- 联系：用菱形框表示，将联系名写在菱形框内，用连线将相关的实体连接并在连线旁标注联系的类型。联系的类型分为一对一（1 ∶ 1）、一对多（1 ∶ *n*）和多对多（*m* ∶ *n*）。

下面用 E-R 图描述学生与班级、学生与课程的关系，分别如图 1-3 和图 1-4 所示。

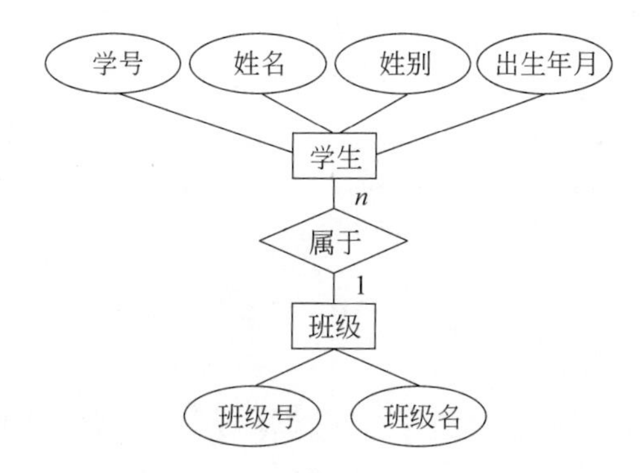

图1-3 学生与班级的E-R图

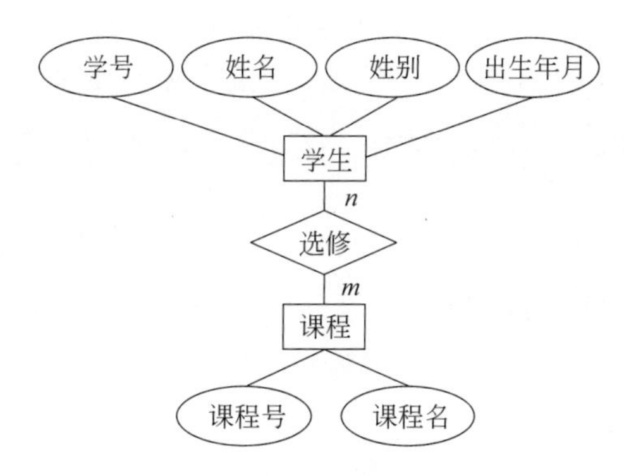

图1-4 学生与课程的E-R图

从图 1-3 和图 1-4 中可以看出，E-R 图接近于普通人的思维，即使不具备计算机专业知识，也可以理解其表示的含义。大部分数据库设计产品使用 E-R 图帮助用户进行数据库设计。

1.3.3 关系模型

关系模型由 IBM 公司研究员 Edgar Frank Codd 在 1970 年发表的论文中提出，经过多年的发展，该模型已经成为目前广泛使用的数据模型之一。下面对关系模型的基本概念和完整性约束进行讲解，具体如下。

1. 关系模型的基本概念

（1）关系（Relation）。关系一词与数学领域有关，它是基于集合的一个重要概念，用于反映元素之间的联系和性质。从用户角度看，关系模型的数据结构是二维表，即关系模型通过二维表组织数据。一个关系对应一张二维表，表中的数据包括实体本身的数据和实体间的联系。

一个简单的学生信息二维表如图 1-5 所示。

字段

学号	姓名	性别	出生年月
1	张三	男	1996-02
2	李四	女	1996-04
3	小明	男	1996-06

记录

图1-5 一个简单的学生信息二维表

（2）属性（Attribute）。二维表中的列称为属性，每个属性都有一个属性名。根据不同的习惯，属性也可以称为字段。

（3）元组（Tuple）。二维表中的每一行数据称为一个元组。元组也可以称为记录。

（4）域（Domain）。域是指属性的取值范围，例如性别属性的域为男、女。

（5）关系模式（Relation Schema）。关系模式是关系的描述，通常可以简记为“关系名（属性 1，属性 2，…，属性 *n*）”。例如，图 1-5 中二维表的关系模式如下。

```
学生（学号，姓名，性别，出生年月）
```

（6）键（Key）。在二维表中，若要唯一标识某一条记录，需要用到键（又称为关键字、码）。例如，学生的学号具有唯一性，它可以作为学生实体的键，而班级的班级号可以作为班级实体的键。如果学生表中拥有班级号的信息，就可以通过班级号这个键为学生表和班级表建立联系，如图 1-6 所示。

学生表

学号	姓名	性别	班级号
1	张三	男	1
2	李四	女	1
3	小明	男	2
4	小红	女	2

班级表

班级号	班级名称	班主任
1	软件班	张老师
2	设计班	王老师

图1-6 学生表和班级表

在图 1-6 中，学生表中的班级号表示学生所属的班级，而在班级表中，班级号是该表的键。班级表与学生表通过班级号可以建立一对多的联系，即一个班级中有多个学生。其中，班级表的班级号称为主键（PrimaryKey），学生表的班级号称为外键（ForeignKey）。

当两个实体的关系为多对多时，对应的数据表一般不通过键直接建立联系，而是通过一张中间表间接进行关联。例如，学生与课程的多对多联系可以通过学生选课表建立联系，如图1-7所示。

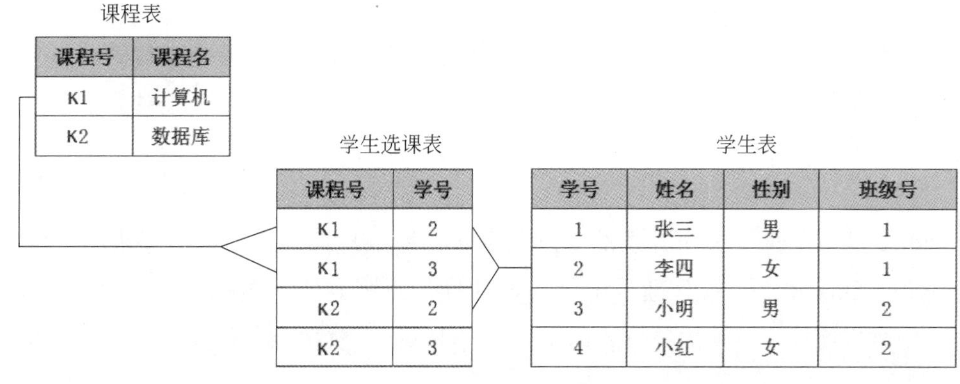

图1-7　学生表和课程表

在图1-7中，学生表与课程表之间通过学生选课表关联。学生选课表将学生与课程的多对多关系拆解成两个一对多关系，即一个学生选修多门课，一门课被多个学生选修。

2. 关系模型的完整性约束

为保证数据库中数据的正确性和相容性，需要对关系模型进行完整性约束，所约束的完整性通常包括域完整性、实体完整性、参照完整性和用户自定义完整性，具体介绍如下。

（1）域完整性。域完整性是保证数据库字段取值的合理性。域完整性约束包括检查（CHECK）、默认值（DEFAULT）、不为空（NOT NULL）、外键（FOREIGN KEY）等约束。可以对插入的字段值进行检查，保证其符合设置的域完整性约束。

（2）实体完整性。实体完整性要求关系中的主键不能重复，且不能取空值。空值是指不知道、不存在或无意义的值。由于关系中的元组对应现实世界中互相之间可区分的个体，因此这些个体使用主键来唯一标识，若主键为空或重复，则无法唯一标识每个个体。

（3）参照完整性。参照完整性定义了外键和主键之间的引用规则，要求关系中的外键要么取空值，要么取参照关系中的某个元组的主键值。例如，学生表中的班级号对应班级表中的班级号，按照参照完整性规则，学生的班级号只能取空值或班级表中已经存在的某个班级号。当取空值时表示该学生尚未分配班级，当取某个班级号时，该班级号必须是班级表中已经存在的某个班级号。

（4）用户自定义完整性。用户自定义完整性是用户针对具体的应用环境定义的完整性约束条件，由 DBMS 检查用户自定义完整性。例如，创建数据表时，定义用户名不允许重复的约束。

1.4 常见的数据库产品

关系模型几乎是数十年来整个数据模型领域的重要支撑，基于关系数据模型组织数据的数据库管理系统一般称为关系数据库。随着数据库技术的发展，关系数据库产品越来越多，常见的产品如下。

1. Oracle

Oracle 是由甲骨文公司开发的一款关系数据库管理系统，在数据库领域一直处于领先地位。Oracle 数据库管理系统可移植性好、使用方便、功能强，适用于各类大、中、小型微机环境。与其他关系数据库相比，Oracle 虽然功能更强大，但是它的价格也更高。

2. Microsoft SQL Server

Microsoft SQL Server 是由微软公司开发的一款关系数据库管理系统，它广泛应用于电子商务、银行、保险、电力等行业。

Microsoft SQL Server 提供对 XML 和 Internet 标准的支持，具有强大的、灵活的、基于 Web 的应用程序管理功能，而且界面友好、易于操作，深受广大用户的喜爱。

3. IBM Db2

IBM Db2 是由 IBM 公司研制的一款大型关系数据库管理系统，其主要的运行环境为 UNIX（包括 IBM 的 AIX）、Linux、IBM i（旧称 OS/400）、z/OS 以及 Windows 服务器版本，具有较好的可伸缩性。

IBM Db2 保证了高层次的数据利用性、完整性、安全性和可恢复性以及小规模到大规模应用程序的执行能力，适合于海量数据的存储。

4. MySQL

MySQL 是由瑞典的 MySQL AB 公司开发的，后来被 Oracle 公司收购。MySQL 是以客户端 / 服务器模式实现的，支持多用户、多线程。MySQL 社区版是开源的，任何人都可以获得该数据库的源代码并修正缺陷。

MySQL 具有跨平台的特性，它不仅可以在 Windows 平台上使用，还可以在 UNIX、Linux 和 Mac OS 等平台上使用。相对其他数据库而言，MySQL 的使用更加方便、快捷，而且 MySQL 社区版是免费的，运营成本低，因此越来越多的公司选择使用 MySQL。

多学一招：非关系数据库

随着互联网 Web2.0 的兴起，关系数据库在处理超大规模和高并发的 Web2.0 网站的数据时存在一些不足，需要采用更适合解决大规模数据集合和多重数据种类的数据库，我们通常将这种类型的数据库统称为非关系数据库 (Not Only SQL，NoSQL)。非关系数据库的特点在于数据模型比较简单，灵活性强，性能高。常见的非关系数据库有以下 4 种。

（1）键值存储数据库。

键值 (Key-Value) 数据库类似传统语言中使用的哈希表，可以通过键添加、查询或删除数据。键值存储数据库查找速度快，通常用于处理大量数据的高访问负载，也用于一些日志系统等，其典型产品有 Memcached 和 Redis。

（2）列存储数据库。

列存储（Column-oriented）数据库采用列簇式存储，将同一列数据存在一起。列存储数据库查找速度快，可扩展性强，更容易进行分布式扩展，通常用来应对分布式存储海量数据，其典型产品有 Cassandra 和 HBase。

（3）面向文档数据库。

面向文档（Document-oriented）数据库将数据以文档形式存储，每个文档是一系列数据项的集合。面向文档数据库的灵感来自 Lotus Notes 办公软件，可以看作键值数据库的升级版，并且允许键值之间嵌套键值，通常用于 Web 应用，其典型产品有 MongoDB 和 CouchDB。

（4）图形数据库。

图形（Graph）数据库允许将数据以图的方式存储。以图的方式存储数据时，实体被作为顶点，而实体之间的关系则被作为边。图形数据库专注于构建关系图谱，通常应用于社交网络、推荐系统等，其典型产品有 Neo4J 和 InforGrid。

1.5 SQL简介

通过前面的讲解可知，关系数据库有很多种，当与这些数据库进行交互以完成用户要进行的操作时，就需要用到 SQL。SQL（Structured Query Language，结构化查询语言）是应用于关系数据库的程序设计语言，主要用于管理关系数据库中的数据，如存取、查询和更新数据等。

SQL 是 IBM 公司于 20 世纪 70 年代开发出来的，并且在 20 世纪 80 年代被美国国家标准学会(American National Standards Institute，ANSI)和国际标准化组织(International Organization for Standardization, ISO ）定义为关系数据库语言的标准。

根据SQL的功能，可将其划分为4个类别，具体如下。

1. 数据定义语言

数据定义语言（Data Definition Language，DDL）主要用于定义数据库、表等数据库对象，其中包括CREATE语句、ALTER语句和DROP语句。CREATE语句用于创建数据库、表等，ALTER语句用于修改表的定义等，DROP语句用于删除数据库、表等。

2. 数据操纵语言

数据操纵语言（Data Manipulation Language，DML）主要用于对数据库的数据进行添加、修改和删除操作，其中包括INSERT语句、UPDATE语句和DELETE语句。INSERT语句用于插入数据，UPDATE语句用于修改数据，DELETE语句用于删除数据。

3. 数据查询语言

数据查询语言（Data Query Language，DQL）主要用于查询数据，也就是指SELECT语句。通过使用SELECT语句可以查询数据库中的一条或多条数据。

4. 数据控制语言

数据控制语言（Data Control Language，DCL）主要用于控制用户的访问权限，其中包括GRANT语句、REVOKE语句、COMMIT语句和ROLLBACK语句。GRANT语句用于给用户增加权限，REVOKE语句用于收回用户的权限，COMMIT语句用于提交事务，ROLLBACK语句用于回滚事务。

SQL的标准几经修改，更趋完善，当今大多数关系数据库系统都支持SQL。在应用程序中也经常使用SQL语句，例如在Java程序中嵌入SQL语句，通过运行Java程序来执行SQL语句，就可以完成数据的插入、修改、删除、查询等操作。

1.6 MySQL安装与配置

MySQL几乎支持所有的操作系统，对于不同的操作系统平台，它都提供了相应的版本。MySQL在不同操作系统平台下安装和配置的过程也不相同，本节将讲解如何在Windows平台下安装和配置MySQL。

1.6.1 获取MySQL

搭建MySQL环境之前，需要先获取MySQL的安装包。互联网上有很多途径获取MySQL的安装包，本书选择从MySQL官方网站获取。

在浏览器中访问MySQL的官方网站，网站的首页显示如图1-8所示。

单击图1-8中所示的DOWNLOADS超链接，进入MySQL的下载页面，如图1-9所示。

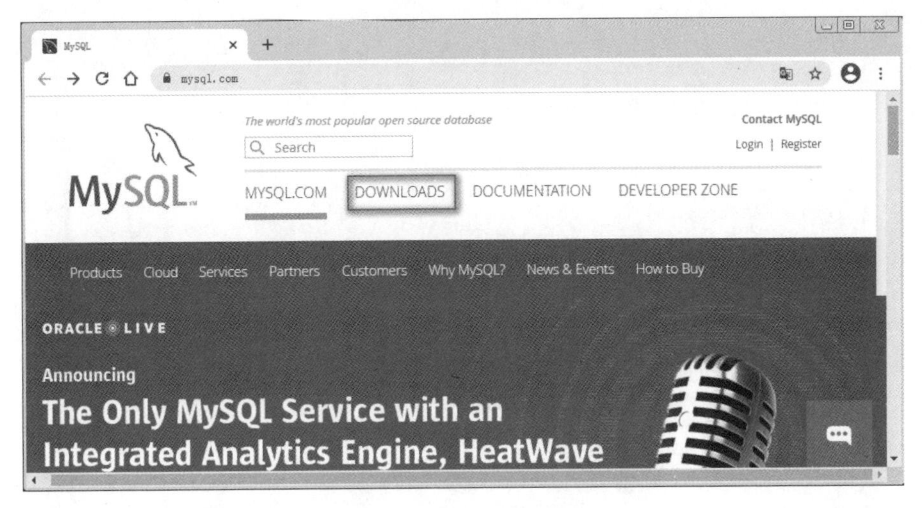

图1-8　MySQL的官方网站首页

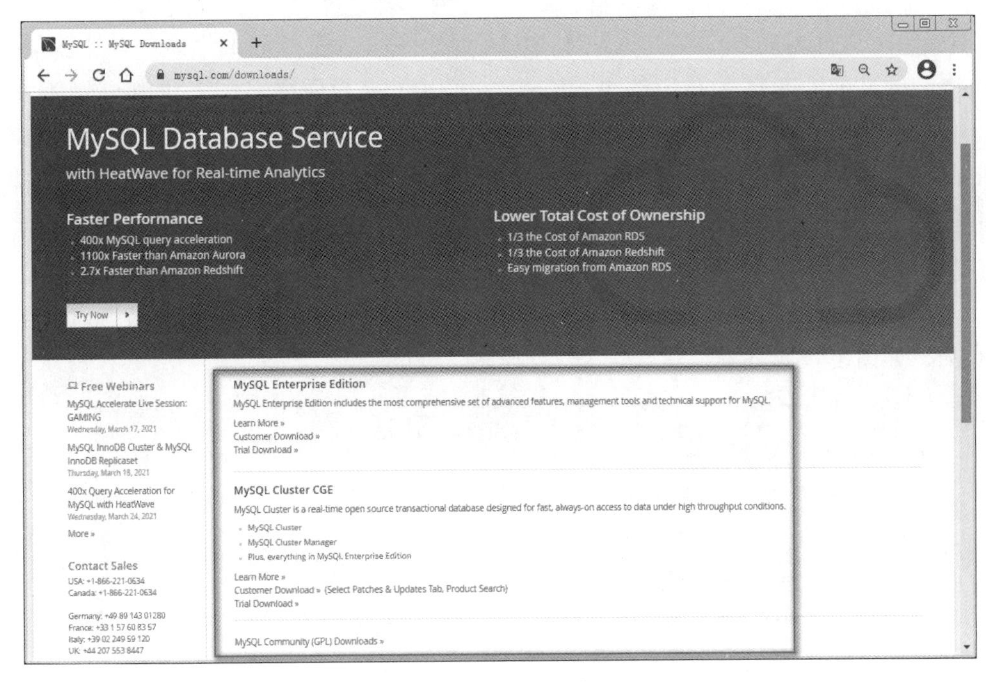

图1-9　MySQL的下载页面

在图 1-9 所示的页面中，主要提供的下载产品有 MySQL Enterprise Edition（企业版）、MySQL Cluster CGE（高级集群版）和 MySQL Community (GPL)（社区版）。其中企业版和高级集群版都是需要收费的商业版本，而社区版是通过 GPL 协议授权的开源软件，免费使用，因此本书选择 MySQL 社区版进行下载。

单击图 1-9 所示页面中的 MySQL Community (GPL) Downloads » 链接，进入 MySQL 社区版的下载页面，如图 1-10 所示。

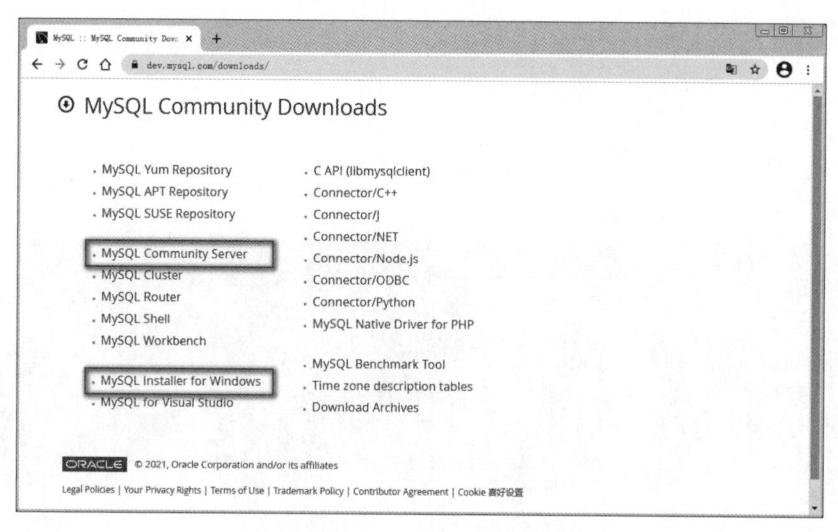

图1-10 MySQL社区版的下载页面

在图 1-10 所示的页面中，提供了 MySQL 社区版所有产品的下载。其中 MySQL Installer for Windows 链接对应的页面中提供了以 .msi 为后缀名的二进制分发版安装包，使用这种安装包安装 MySQL 时，整个安装过程会提供图形化的配置向导；MySQL Community Server 链接对应的页面中提供了以 .zip 作为后缀名的压缩文件，使用这种安装包安装 MySQL 时，只需要将压缩文件解压缩后，进行简单的安装即可。

后者安装过程相对简捷，因此本书选择基于压缩包的安装包进行下载。在图 1-10 所示页面中单击 MySQL Community Server 链接，进入 MySQL Community Server 的下载页面，如图 1-11 所示。

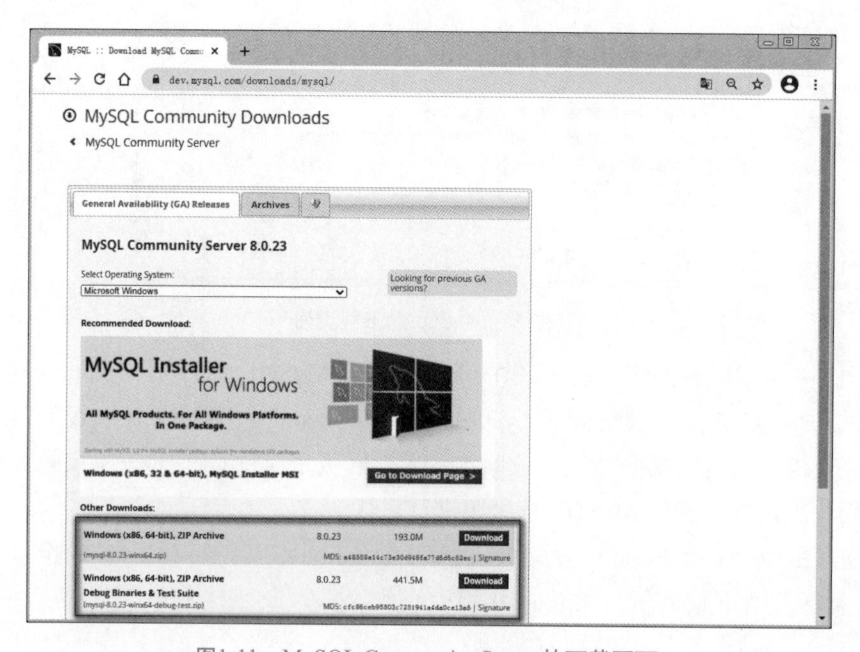

图1-11 MySQL Community Server的下载页面

在图 1-11 中可以看到，目前发布的最新通用版本是 MySQL Community Server 8.0.23，并且该版本提供了 Windows (x86, 64-bit), ZIP Archive 和 Windows (x86, 64-bit), ZIP Archive Debug Binaries & Test Suite 两个压缩文件的下载，后者是可选的 MySQL 测试套件。本书在此选择 Windows (x86, 64-bit), ZIP Archive 文件进行下载，单击文件后面的 Download 按钮即可完成下载，下载后获得名为 mysql-8.0.23-winx64.zip 的文件。

至此，MySQL 数据库安装包下载完成。

1.6.2　安装MySQL

获取 MySQL 的安装包后，就可以对其进行安装。不同的 MySQL 安装文件其安装过程也不同，本节将基于 1.6.1 节获取的 mysql-8.0.23-winx64.zip 文件进行 MySQL 的安装。

1. 解压文件

将文件 mysql-8.0.23-winx64.zip 解压到 MySQL 的安装目录，本书选择 E:\mysql-8.0.23-winx64 作为 MySQL 的安装目录。解压后，MySQL 安装目录下的内容如图 1-12 所示。

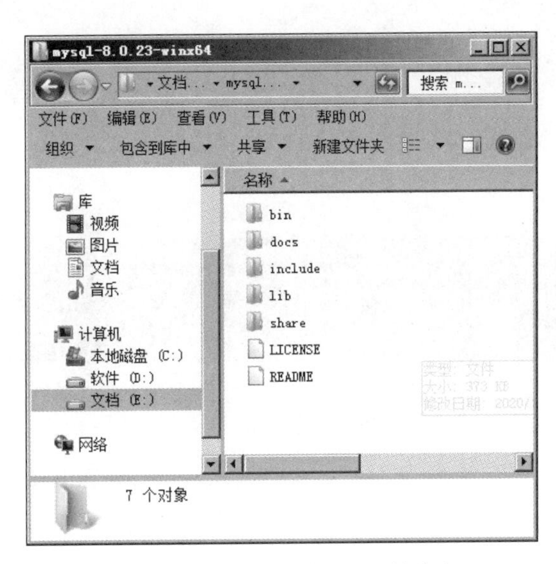

图1-12　MySQL安装目录下的内容

为了让初学者更好地了解 MySQL 安装目录下的内容，接下来对这些内容进行介绍。

- bin 目录：用于放置一些可执行文件，如 mysql.exe、mysqld.exe、mysqlshow.exe 等。其中 mysql.exe 是 MySQL 命令行客户端工具；mysqld.exe 是 MySQL 服务程序。
- docs 目录：用于放置文档。
- include 目录：用于放置一些头文件，如 mysql.h、mysqld_ername.h 等。
- lib 目录：用于放置一系列的库文件。
- share 目录：用于存放字符集、语言等信息。

- LICENSE 文件：介绍了 MySQL 服务器的授权信息。
- README 文件：介绍了 MySQL 服务器的版权和版本等信息。

2. 安装MySQL

解压 MySQL 的安装包后不能直接就使用，因为此时 Windows 系统还没有识别 MySQL 提供的服务，还需要将 MySQL 服务安装到 Windows 系统的服务中，具体步骤如下。

（1）进入“开始”菜单，在搜索框中输入 cmd，搜索出 Windows 命令处理程序 cmd.exe。右击搜索到的 Windows 命令处理程序，选择以管理员身份运行。

（2）在 Windows 命令处理程序窗口中，使用命令切换到 MySQL 安装目录下的 bin 目录。先切换到 E 盘，再使用 cd 命令进入 MySQL 的安装目录，具体执行命令如下。

```
C:\Users\tk>E:
E:\>cd E:\mysql-8.0.23-winx64\bin
```

（3）切换到 MySQL 安装目录下的 bin 目录后，使用命令安装 MySQL 服务，具体安装命令如下。

```
mysqld -install MySQL80
```

在上述命令中，MySQL80 为自定义的 MySQL 服务的名称。执行上述命令后，结果如图 1-13 所示。

图1-13 MySQL安装命令及安装结果

在图 1-13 中，执行安装命令后，提示 Service successfully installed，表示 MySQL 服务已经成功安装。

至此，MySQL 服务安装成功。

在安装 MySQL 服务时，还有一些常见的问题需要注意，具体如下。

（1）MySQL 允许在安装时指定服务的名称，从而实现多个服务共存。在 Windows 命令处理程序窗口使用命令安装 MySQL 服务时，可以在 -install 后指定服务对应的名称，例如上述安装时所使用的命令 mysqld -install MySQL80 指定 MySQL80 为 MySQL 服务的名称；如果安装时不指定服务名，则默认使用 MySQL 作为 MySQL 服务的名称。

（2）如果安装 MySQL 服务时，所指定的服务的名称已经存在，则会安装失败，并且提示 The service already exists，此时可以选择先卸载对应的服务，再安装 MySQL 服务。卸载 MySQL 服务的命令的格式如下。

```
mysqld -remove 服务名称
```

（3）MySQL 服务默认监听 3306 端口，如果该端口被其他服务占用，会导致客户端无法连接 MySQL 服务器。

小提示

在计算机中，服务是一种长时间运行的应用程序，多个服务用不同的端口区分。以生活中常见的银行柜台为例，银行柜台有多个窗口，窗口之间通过编号进行区分，这些窗口需要有人值班来为客户提供服务。计算机中的服务相当于银行柜台的窗口，服务对应的端口号相当于柜台的编号，而计算机中服务的运行状态相当于窗口人员的值班情况。MySQL 服务默认占用 3306 端口。

1.6.3 配置MySQL

在 Windows 命令处理程序窗口中，使用命令安装完 MySQL 服务后，还需要对 MySQL 服务进行相关配置及初始化。MySQL 的配置和初始化过程具体如下。

1. 创建MySQL配置文件

安装 MySQL 后，如果需要对 MySQL 进行配置，需要在 MySQL 的配置文件中配置。默认情况下，解压缩后的 MySQL 安装目录中，并没有提供 MySQL 的配置文件。对此，读者可以自行创建该配置文件，并在文件中配置安装目录、数据库文件的存放目录等常用设置。

在 MySQL 的安装目录 E:\mysql-8.0.23-winx64 下，使用文本编辑器（如记事本、Notepad++）创建配置文件，一般定义 MySQL 配置文件的名称为 my.ini。my.ini 中配置的内容如下。

```
[mysqld]
# 设置 MySQL 的安装目录
basedir=E:\mysql-8.0.23-winx64
# 设置 MySQL 数据库文件的存放目录
datadir=E:\mysql-8.0.23-winx64\data
# 设置端口号
port=3306
```

在上述配置中，basedir 用于指定 MySQL 的安装目录，datadir 用于指定 MySQL 数据库文件的存放目录，port 用于指定 MySQL 服务的端口号。

2. 初始化数据库

创建 MySQL 配置文件后，由于数据库文件的存放目录 E:\mysql-8.0.23-winx64\

data 还不存在，因此需要通过初始化 MySQL 自动创建数据库文件目录。通过初始化 MySQL 自动创建数据库文件目录的具体命令如下所示。

```
mysqld --initialize --console
```

在上述命令中，--initialize 表示初始化数据库，--console 表示将初始化的过程在控制台窗口中显示。初始化时，MySQL 将自动为默认用户 root 随机生成一个密码，如图 1-14 所示。

```
管理员: C:\Windows\system32\cmd.exe

E:\mysql-8.0.23-winx64\bin>mysqld --initialize --console
2021-05-07T05:32:52.277001Z 0 [System] [MY-013169] [Server] E:\mysql-8.0.23-winx64\bin\mysqld.exe
 (mysqld 8.0.23) initializing of server in progress as process 8324
2021-05-07T05:32:52.299000Z 1 [System] [MY-013576] [InnoDB] InnoDB initialization has started.
2021-05-07T05:32:54.243000Z 1 [System] [MY-013577] [InnoDB] InnoDB initialization has ended.
2021-05-07T05:32:57.271001Z 6 [Note] [MY-010454] [Server] A temporary password is generated for r
oot@localhost: (Rh1gdCgqkpZ

E:\mysql-8.0.23-winx64\bin>
       半:
```

图1-14　初始化数据库

从图 1-14 可以看到，MySQL 初始化时为 root 用户设置了初始密码 (Rh1gdCgqkpZ。初始的随机密码一般都比较复杂，不方便记忆，后续可以自行重新设置密码。

1.6.4　管理MySQL服务

MySQL 安装和配置完成后，需要启动 MySQL 服务，否则 MySQL 客户端无法连接到数据库。

要启动 MySQL 服务，可以在 Windows 命令处理程序窗口中执行如下命令。

```
net start MySQL80
```

在上述命令中，net start 用于启动某个服务，MySQL80 是需要启动的服务的名称。本书安装 MySQL 服务时将服务名称自定义为 MySQL80，如果读者安装 MySQL 时指定了其他名称，那么在 net start 命令后使用对应的服务名称即可。

执行上述命令后，显示的结果如图 1-15 所示。

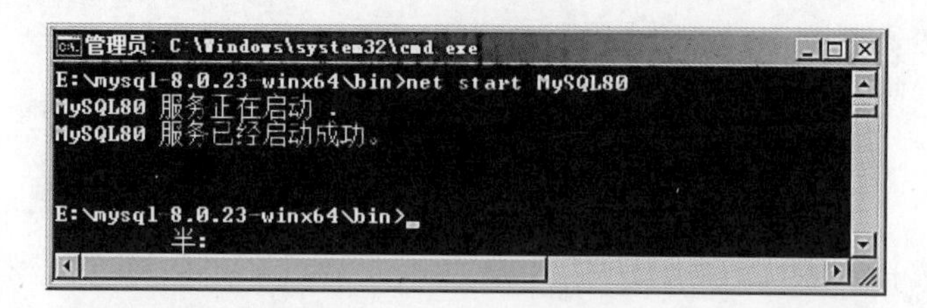

图1-15　启动MySQL服务

从图 1-15 可以看到，执行启动 MySQL 服务的命令后，窗口输出了两条提示信息，这两条信息表示使用 net start 命令成功启动了 MySQL80 服务。

在 Windows 命令处理程序窗口中，不仅可以使用命令启动 MySQL 服务，还可以使用命令停止 MySQL 服务。停止 MySQL 服务的具体命令如下。

```
net stop MySQL80
```

如果 MySQL 服务已经开启，执行上述命令后，显示的结果如图 1-16 所示。

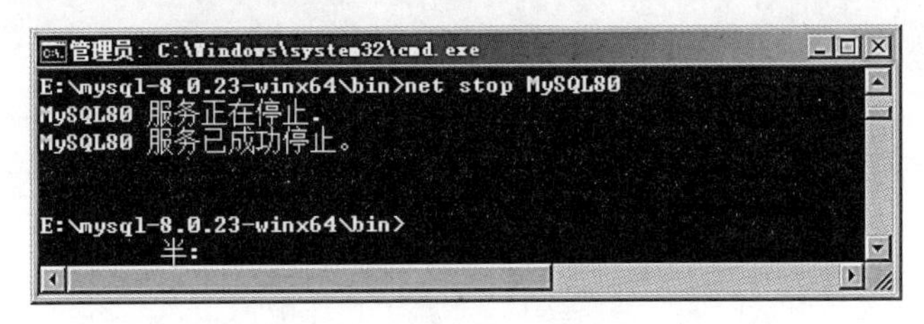

图1-16 停止MySQL服务

从图 1-16 可以看到，执行停止 MySQL 服务的命令后，窗口输出了两条提示信息，这两条信息表示使用 net stop 命令成功停止了 MySQL80 服务。

1.6.5 登录MySQL与密码设置

MySQL 服务启动成功后，可以通过 MySQL 客户端登录 MySQL 及设置密码，下面针对这两种操作进行讲解。

1. 登录MySQL

在 MySQL 安装目录的 bin 目录中，mysql.exe 是 MySQL 提供的命令行客户端工具，它不能通过双击的方式进行启动，需要在 Windows 命令处理程序窗口中通过命令启动。登录 MySQL 的命令的基本格式如下。

```
mysql-h hostname -u username -ppassword
```

在上述命令格式中，mysql 表示运行 mysql.exe 程序（在命令处理程序窗口中使用 mysql 命令时，需要确保当前路径下能找到 mysql.exe 程序）；-h 选项指定 host 相关的信息，即需要登录的主机名或 IP 地址，如果客户端和服务器在同一台机器上，可以输入 localhost 或 127.0.0.1，也可以省略 -h 参数相关内容；-u 选项指定登录服务器所使用的用户名；-p 选项指定登录服务器所用的用户名对应的用户密码。

本书初始化数据库时，MySQL 为 root 用户设置的初始密码为 (Rh1gdCgqkpZ。因为客户端和服务端都在本地，所以使用命令登录 MySQL 时，输入用户名和密码即可，具体命令如下。

```
mysql -u root -p(Rh1gdCgqkpZ
```

打开命令处理程序窗口，切换到 MySQL 安装目录的 bin 目录下，执行上述命令，效果如图 1-17 所示。

```
管理员: C:\Windows\system32\cmd.exe - mysql  -u root -p(Rh1gdCgqkpZ
E:\mysql-8.0.23-winx64\bin>mysql -u root -p(Rh1gdCgqkpZ
mysql: [Warning] Using a password on the command line interface can be insecure.
Welcome to the MySQL monitor.  Commands end with ; or \g.
Your MySQL connection id is 9
Server version: 8.0.23

Copyright (c) 2000, 2021, Oracle and/or its affiliates.

Oracle is a registered trademark of Oracle Corporation and/or its
affiliates. Other names may be trademarks of their respective
owners.

Type 'help;' or '\h' for help. Type '\c' to clear the current input statement.

mysql> _
```

图1-17 登录MySQL数据库

从图 1-17 可以看出，执行登录命令后，窗口中输出 Welcome to the MySQL monitor 等信息，表明成功登录 MySQL 服务器。

2. 退出MySQL

使用 MySQL 客户端成功登录 MySQL 后，如果需要退出 MySQL 命令行客户端，可以使用 exit 或 quit 命令。接下来，以 exit 命令为例，演示退出 MySQL 命令行客户端，具体如图 1-18 所示。

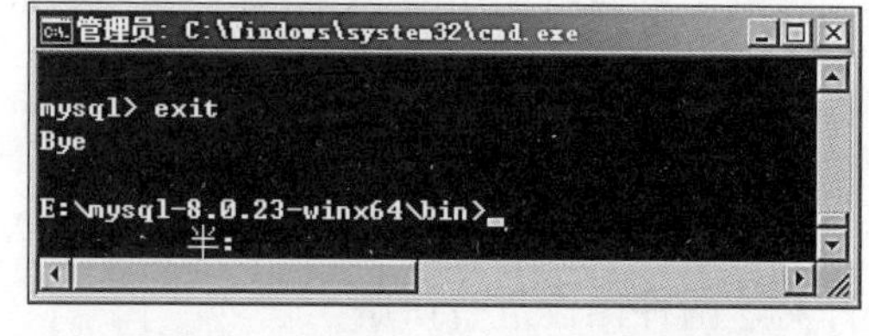

图1-18 退出MySQL命令行客户端

从图 1-18 可以看出，执行 exit 命令后，窗口输出信息 Bye，说明使用命令成功退出 MySQL 命令行客户端。

3. 设置密码

root 用户当前的密码是 MySQL 初始化时随机生成的，不方便记忆，一般情况下都会选择自定义用户的密码。MySQL 中允许为登录 MySQL 服务器的用户设置密码，下面以设置 root 用户的密码为例，设置 MySQL 账户的密码。设置密码的具体语句如下。

```
ALTER USER 'root'@'localhost' IDENTIFIED BY '123456';
```

上述命令表示为 localhost 主机中的 root 用户设置密码，密码为 123456。在 Windows 命令处理程序窗口中登录 MySQL 后，执行上述命令，效果如图 1-19 所示。

由图 1-19 可以看出，执行设置密码的命令后，窗口输出信息 Query OK, 0 rows affected (0.01 sec)，说明成功为 root 用户设置了密码。

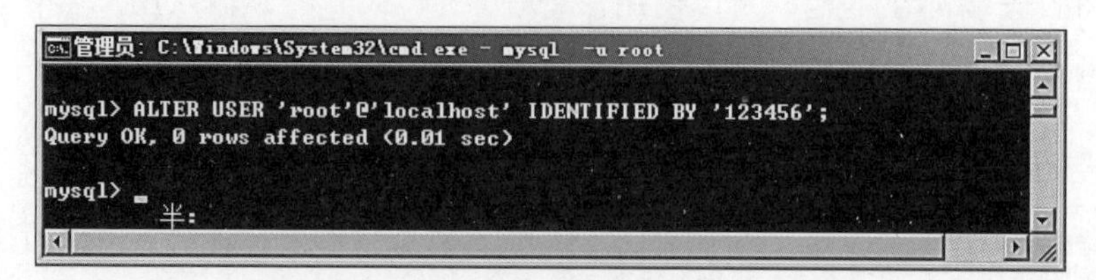

图1-19 设置root用户的密码

设置密码后，再登录 MySQL 时，就需要输入 root 对应的新密码才能登录成功。下面重新登录 MySQL，具体如图 1-20 所示。

```
管理员: C:\Windows\system32\cmd.exe - mysql  -u root -p123456

E:\mysql-8.0.23-winx64\bin>mysql -u root -p123456
mysql: [Warning] Using a password on the command line interface can be insecur
Welcome to the MySQL monitor.  Commands end with ; or \g.
Your MySQL connection id is 11
Server version: 8.0.23 MySQL Community Server - GPL

Copyright (c) 2000, 2021, Oracle and/or its affiliates.

Oracle is a registered trademark of Oracle Corporation and/or its
affiliates. Other names may be trademarks of their respective
owners.

Type 'help;' or '\h' for help. Type '\c' to clear the current input statement.

mysql>
```

图1-20　使用带密码的命令登录MySQL（1）

在图 1-20 中，使用 root 用户及其密码成功登录了 MySQL。但密码应该是比较机密的内容，像这样以明文的方式展示在命令行中，有被泄露的风险。登录时可以使用 -p 选项隐藏具体密码，其效果如图 1-21 所示。

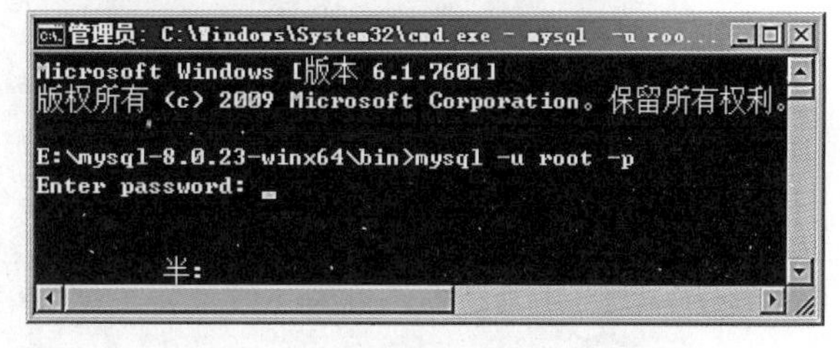

图1-21　登录时不直接输入密码

从图 1-21 可以看出，执行登录命令时，如果使用 -p 选项，窗口会输出 Enter password: 信息，意思需要输入密码。此时再输入密码，密码在窗口中将以 * 符号显示，输入密码后按下 Enter 键，具体效果如图 1-22 所示。

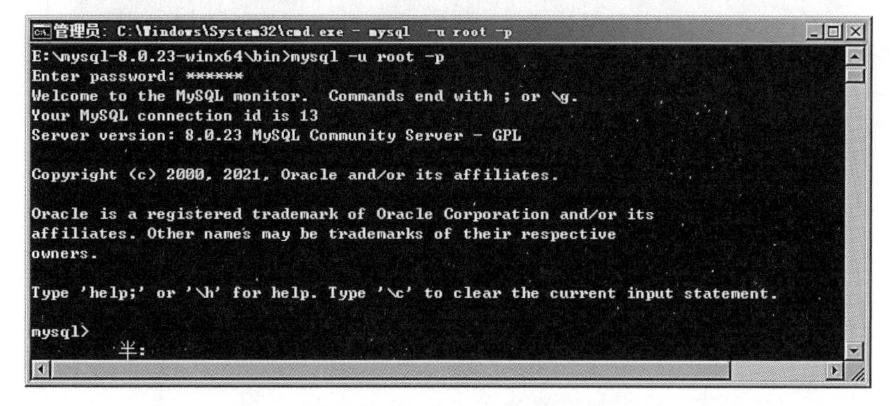

图1-22　使用带密码的命令登录MySQL（2）

从图 1-22 可以看出，MySQL 成功登录，通过这种方式登录，可以降低密码被泄露的风险。

多学一招：MySQL的帮助信息

MySQL 提供了很多内置的命令，对于刚接触 MySQL 的人员来说，很多命令不知道该如何使用。为此，MySQL 提供了相应的手册和帮助信息。MySQL 的帮助信息分为客户端的帮助信息和服务端的帮助信息，接下来分别进行讲解。

（1）客户端的帮助信息。

客户端相关的帮助信息可以在 Windows 命令处理程序窗口登录 MySQL 后通过执行 help 命令获得，具体效果如图 1-23 所示。

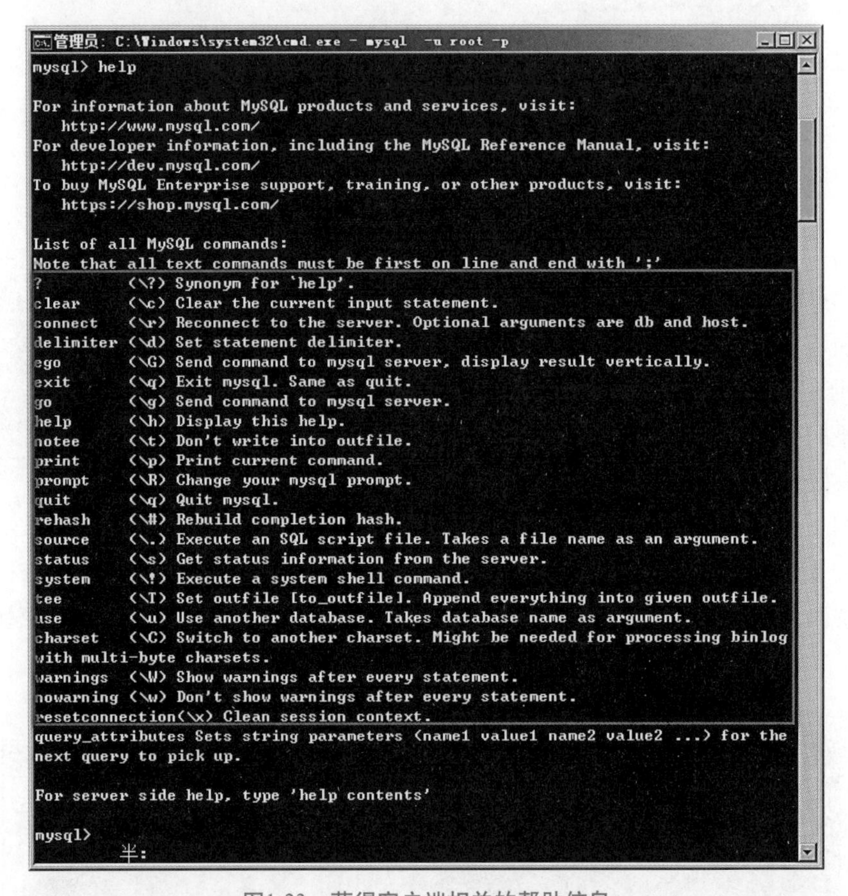

图1-23 获得客户端相关的帮助信息

从图 1-23 可以看出，登录 MySQL 后执行 help 命令，窗口中输出了与客户端相关的帮助信息，其中框内的信息是客户端相关的命令，如 1.6.5 节中使用过的 exit 命令。在帮助信息中，第 1 列是命令的名称，第 2 列是命令的简写方式，第 3 列是命令的功能说明，读者可以根据需求使用相应的命令。

（2）服务端的帮助信息。

图 1-23 中最后一条信息 For server side help, type ‘help contents’ 的意思是，可以执

行 help contents 命令获取服务端的帮助信息。接下来,在 Windows 命令处理程序窗口中，执行 help contents 命令获得服务端相关的帮助信息，效果如图 1-24 所示。

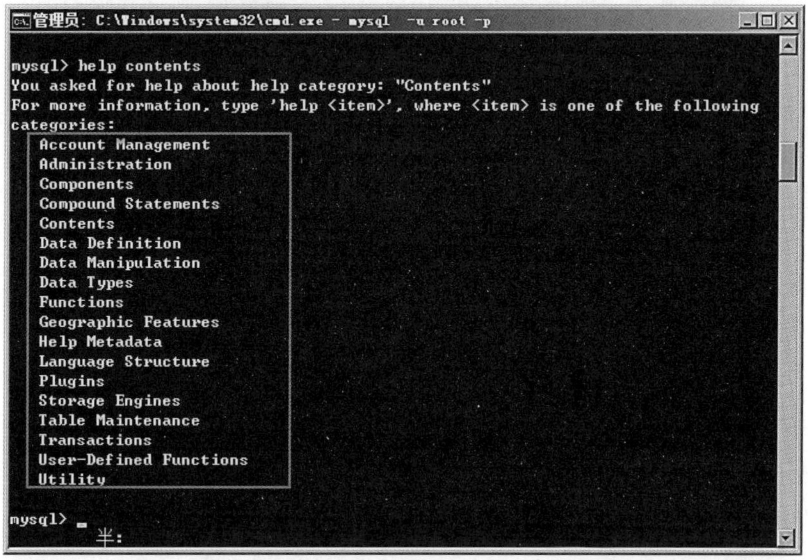

```
管理员: C:\Windows\system32\cmd.exe - mysql  -u root -p

mysql> help contents
You asked for help about help category: "Contents"
For more information, type 'help <item>', where <item> is one of the following
categories:
   Account Management
   Administration
   Components
   Compound Statements
   Contents
   Data Definition
   Data Manipulation
   Data Types
   Functions
   Geographic Features
   Help Metadata
   Language Structure
   Plugins
   Storage Engines
   Table Maintenance
   Transactions
   User-Defined Functions
   Utility

mysql> _
```

图1-24　获得服务端相关的帮助信息

从图 1-24 可以看出，执行 help contents 命令后，窗口中输出了与服务端相关的帮助信息，其中框内的信息是分类后的服务端帮助信息。如果想要进一步查看对应分类的帮助信息，在 help 命令后输入分类名称执行即可。例如，想要获取 Data Types（数据类型）的信息，执行命令 help Data Types 命令即可。

1.6.6　配置环境变量

执行 MySQL 的 mysql 命令时，需要确保当前执行命令的路径位于 MySQL 安装目录的 bin 目录，如果在其他目录，需要先使用命令切换到 MySQL 安装目录的 bin 目录。如果每次启动 MySQL 服务时，都需要切换到指定的路径，则操作比较烦琐。为此可以将 MySQL 安装目录的 bin 目录配置到系统的 PATH 环境变量中，这样启动 MySQL 服务时，系统会在 PATH 环境变量保存的路径中寻找对应的命令。

可以在 Windows 命令处理程序窗口中使用命令配置环境变量，以管理员身份运行 Windows 命令处理程序，在 Windows 命令处理程序窗口中执行下面的命令。

```
setx PATH "%PATH%;E:\mysql-8.0.23-winx64\bin"
```

在上述命令中，%PATH% 表示原来的 PATH 环境变量，E:\mysql-8.0.23-winx64\bin 是 MySQL 安装目录中 bin 目录的路径，整个命令的含义是在原有的 PATH 环境中添加 E:\mysql-8.0.23-winx64\bin 路径。上述命令的执行效果如图 1-25 所示。

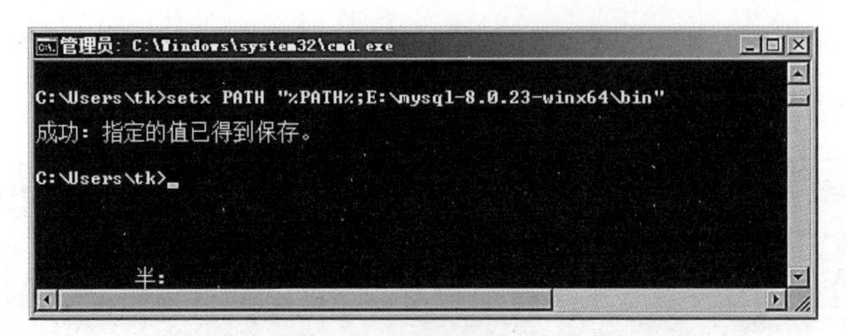

图1-25　配置环境变量

从图 1-25 可以看到，执行配置环境变量的命令后，窗口输出信息“成功 : 指定的值已得到保存”，说明已经将路径 E:\mysql-8.0.23-winx64\bin 成功配置到 PATH 环境变量中。

如果当前已经打开了 Windows 命令处理程序窗口，需要先关闭当前窗口，再打开新的 Windows 命令处理程序窗口，配置的环境变量才在窗口中生效。此时命令提示符在任何目录的路径下都能执行 mysql 命令。下面在非 MySQL 安装目录中的 bin 目录下使用 mysql 命令登录 root 用户，效果如图 1-26 所示。

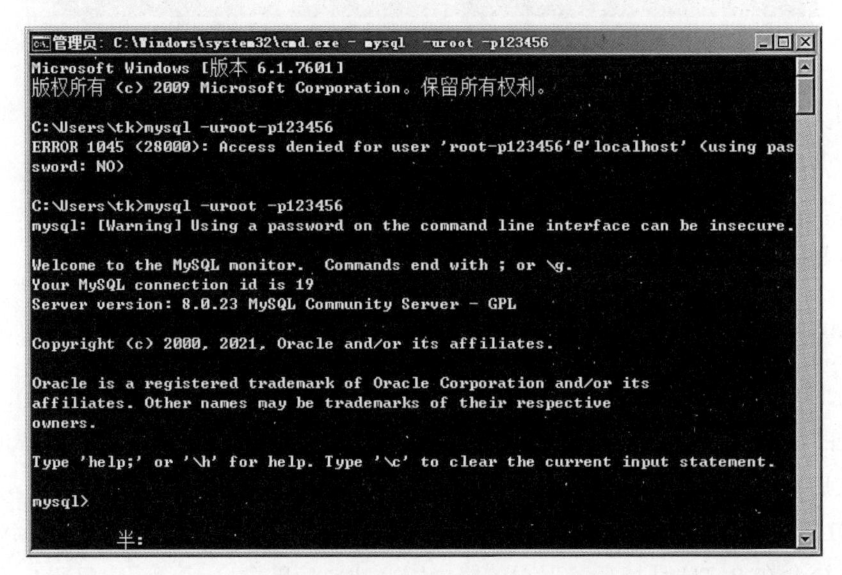

图1-26　配置环境变量后的访问效果

从图 1-26 可以看出，在 C:\Users\tk 路径下使用 mysql 命令成功登录 MySQL，说明环境变量配置成功。

1.7 常用图形化管理工具

操作 MySQL 的客户端工具可以使用安装包中已经提供的命令行客户端工具 mysql.exe，也可以使用第三方提供的一些图形化管理工具，例如 SQLyog 和 Navicat，本节将对 MySQL 的这两种图形化管理工具进行讲解。

1.7.1　SQLyog

SQLyog 是 Webyog 公司推出的一个高效、简洁的图形化管理工具，用于管理 MySQL 数据库。SQLyog 提供了个人版、企业版等版本，并且发布了通过 GPL 协议开源的社区版，下面以 SQLyog Community Edition-13.0.1(32-bit) 版本为例演示 SQLyog 的使用。

SQLyog 的下载和安装过程相对比较简单，读者可以到 Webyog 官网自行下载并根据安装步骤依次完成安装即可。安装完成后，启动 SQLyog 的主界面如图 1-27 所示。

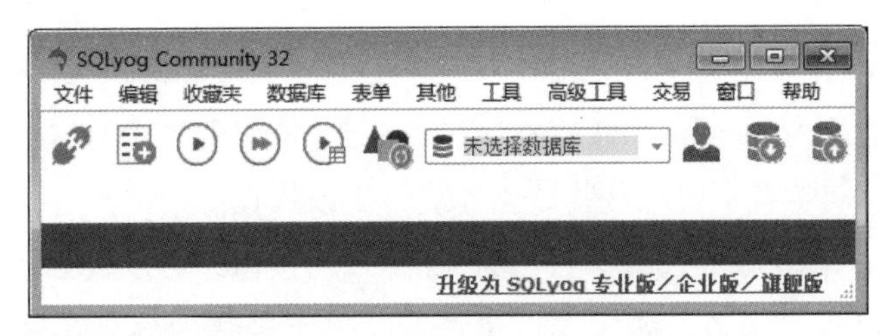

图1-27　启动SQLyog的主界面

在图 1-27 所示界面中，单击菜单栏“文件”→“新连接”选项，会弹出“连接到我的 SQL 主机”对话框，如图 1-28 所示。

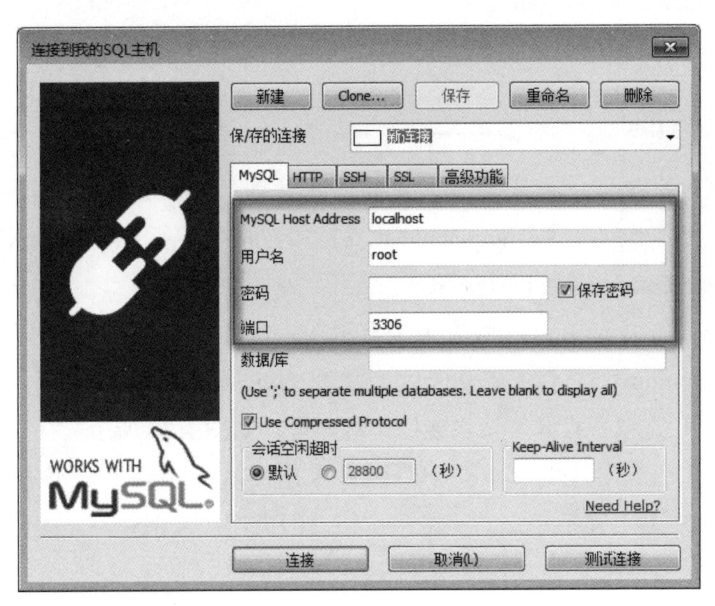

图1-28　“连接到我的SQL主机”对话框

在图 1-28 所示对话框中，分别输入 MySQL 主机地址、用户名、密码和端口。输入完毕后，单击“连接”按钮，即可连接数据库。连接成功后跳转到 SQLyog 主界面，如图 1-29 所示。

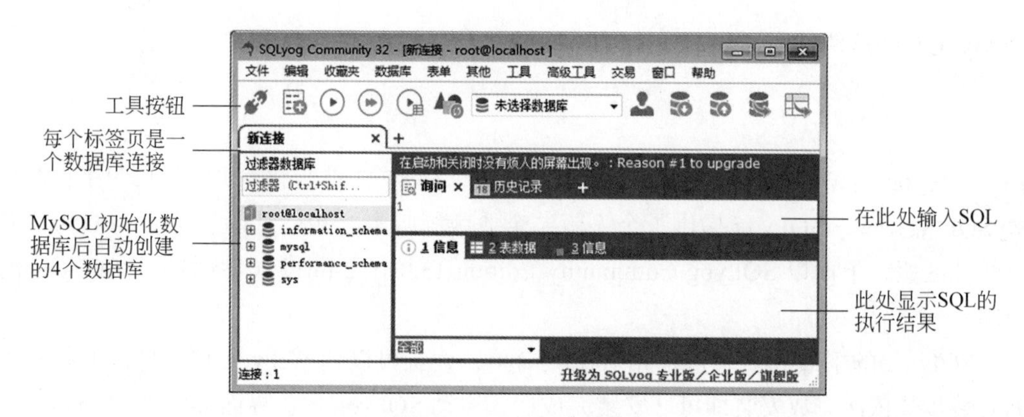

图1-29　SQLyog主界面

在图 1-29 所示界面中，左边栏是一个树形控件，root@localhost 表示当前使用 root 用户身份登录了地址为 localhost 的 MySQL 服务器。该服务器中有 4 个数据库，每个都有特定用途，建议初学者不要对这些数据库进行更改操作。

在图 1-29 中，单击每个数据库名称前面的“+”按钮，可以查看数据库的内容，如表、视图、存储过程、函数、触发器、事件等。关于这些内容会在后面的章节中详细讲解。

在图 1-29 的“询问”面板中可以输入 SQL 语句，输入完成后，单击工具栏中的第 3 个按钮⊙可以执行 SQL 语句。

至此，SQLyog 的使用演示完毕。

1.7.2 Navicat

Navicat 是一套高效、可靠的图形化数据库管理工具，它的设计符合数据库管理员、开发人员及中小企业的需求。Navicat 支持的数据库包括 MySQL、MariaDB、SQL Server、SQLite、Oracle 以及 PostgreSQL。

下面以 Navicat Premium 15 版本为例演示 Navicat 的使用。读者可以先自行下载和安装 Navicat Premium 15，待安装完成后，启动 Navicat。在菜单栏选择“文件”→“新连接”→ MySQL 选项，打开“新建连接”对话框，如图 1-30 所示。

在图 1-30 中，在对应的文本框中分别输入连接名（自定义）、主机名或 IP 地址、端口、用户名和密码。然后单击“确定”按钮，即可连接数据库。连接成功后，跳转到 Navicat Premium 主界面，如图 1-31 所示。

在图 1-31 中，单击工具栏中的“新建查询”按钮，会在界面新建一个查询选项卡，在查询选项卡的输入框中输入 SQL 语句后，可以执行对应的 SQL 语句，如图 1-32 所示。

图1-30　“新建连接”对话框

图1-31　Navicat Premium主界面

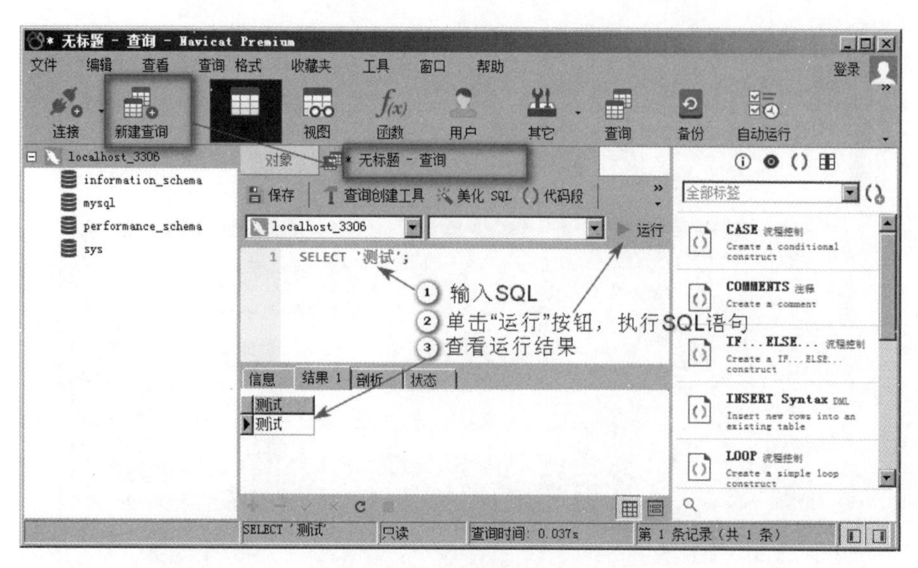

图1-32　新建查询

至此，Navicat 的使用演示完毕。

MySQL 图形化管理工具极大地方便了数据库的操作和管理，读者可以根据自己的需求和喜好，选择想要掌握的图形化管理工具。

1.8 上机实践：图书管理系统的E-R图设计

对于数据库相关知识的学习，更重要的是需要多思考和多动手，只有将理论在实践中应用，才能够体会到知识的价值和力量。

为了让读者更真实感受到数据库知识的重要性，本书在上机实践的部分利用一个虚构的软件开发公司“神通软件公司”介绍 MySQL 及 SQL 语句在实际开发中的应用。如没有明确说明，上机实践介绍的内容都默认发生在神通软件公司。上机实践中的老板、数据库管理员、开发人员指的都是神通软件公司的人员，而你就是神通软件公司的数据库管理员。

【实践需求】

王先生是一家书店的老板，该书店可以提供图书借阅。随着书店规模的扩大，王先生找到神通软件公司，准备定制一个图书管理系统，希望可以通过该图书管理系统管理书店的图书，在用户借阅或归还图书时进行对应的记录，同时可以管理借阅用户的信息。

现在，你的老板要求你做一套数据库设计方案，第一步先根据客户需求设计出图书管理系统的 E-R 图。于是，你根据图书管理系统的需求罗列了系统实体的一些信息及联系，具体如下。

1. 系统的实体信息

（1）图书：编号、名称、价格、上架时间、借阅人编号、借阅时间、状态。

（2）用户：编号、名称、状态。

（3）借阅记录：编号、图书编号、借阅人编号、借阅时间、归还时间。

2. 系统实体之间的联系

（1）一本尚未被借阅的图书只可以借阅给一个用户，每个用户可以同时借阅多本尚未被借阅的图书。

（2）一条借阅记录只记录一本图书的借阅信息，一本图书可以有多条借阅记录。

（3）一个用户可以有多条借阅记录，一条借阅记录只能记录一个用户的借阅情况。

【动手实践】

根据书店老板对系统的要求，可以抽象出图书、用户和借阅记录 3 个实体。抽象出的 3 个实体之间都有联系，设计图书管理系统的 E-R 图时，可以先根据实体信息画出每个实体的示意图，再设计局部 E-R 图，最后集成各局部 E-R 图，形成全局 E-R 图。

（1）图书、用户和借阅记录的实体图分别如图 1-33~ 图 1-35 所示。

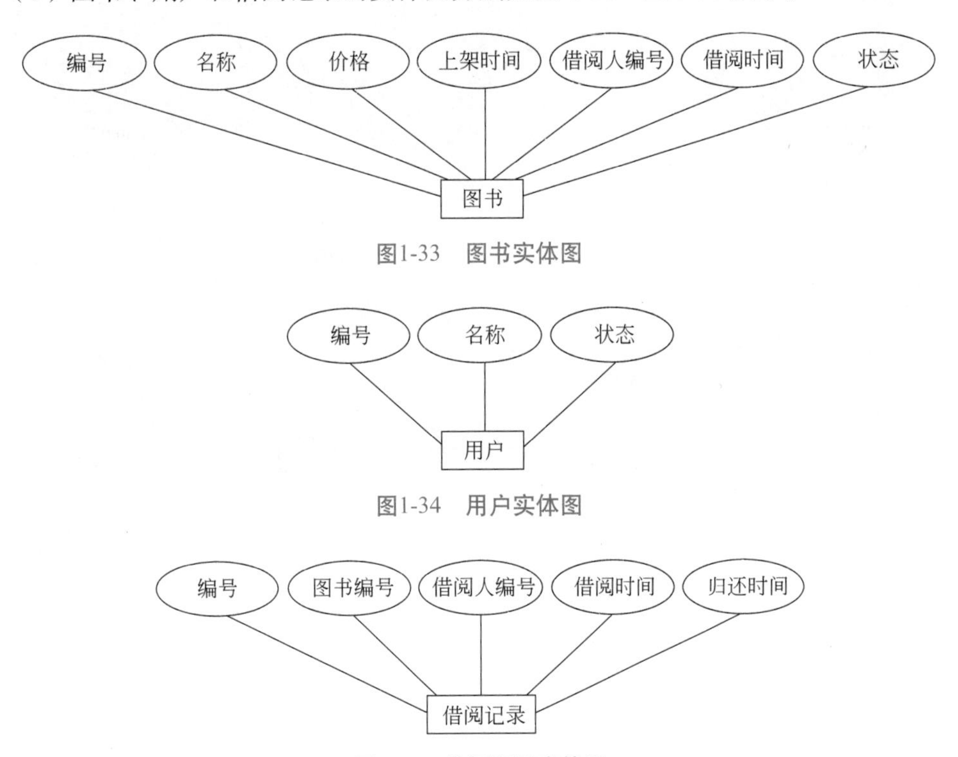

图1-33　图书实体图

图1-34　用户实体图

图1-35　借阅记录实体图

（2）可以根据图书管理系统实体之间的联系，分为用户借阅图书和用户借阅记录两个局部 E-R 图，具体分别如图 1-36 和图 1-37 所示。

（3）集成用户借阅图书局部 E-R 图和用户借阅记录局部 E-R 图后，形成全局 E-R 图，具体如图 1-38 所示。

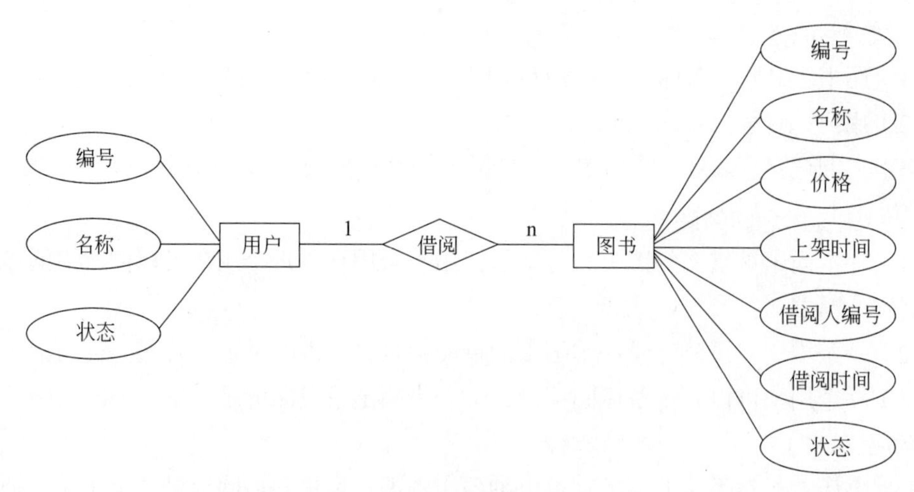

图1-36　用户借阅图书局部E-R图

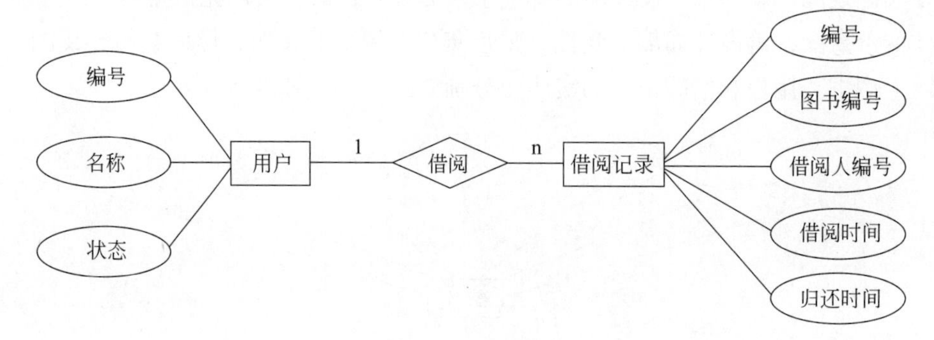

图1-37　用户借阅记录局部E-R图

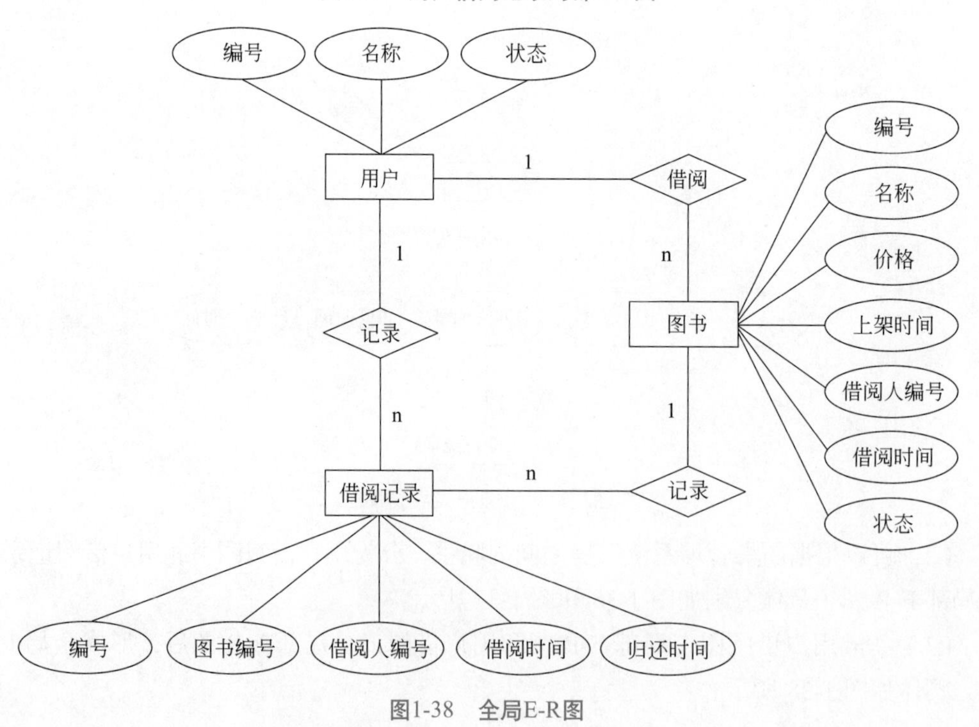

图1-38　全局E-R图

1.9 本章小结

本章主要对数据库入门知识进行了详细讲解。首先介绍了数据管理技术的发展、数据库技术的基本术语以及数据模型；然后简单讲解了常见的数据库产品和 SQL；接着讲解了 MySQL 的安装和配置以及常用图形化管理工具；最后通过一个上机实践加深读者对数据库入门知识的理解。通过本章的学习，读者能够掌握数据库入门的相关知识，为后续的学习打下坚实的基础。

1.10 课后习题

一、填空题

1. ________在 20 世纪 80 年代被美国国家标准学会和国际标准化组织定义为关系数据库语言的标准。

2. 数据模型所描述的内容包括 3 个部分，分别是数据结构、数据操作和__________。

3. 概念数据模型中实体与实体之间的联系有、__________、__________、多对多 3 种情况。

4. MySQL 服务默认占用__________端口。

5. MySQL 安装目录下的__________目录用于放置一些可执行文件。

二、判断题

1. 数据库中的数据只包括普通意义上的数字和文字。(   )

2. 关系模型的数据结构是二维表。(   )

3. 关系模型结构简单明了，并且有逻辑计算、数学计算等坚实的数学理论作为基础。(   )

4. 数据库系统阶段实现了数据独立和共享，但数据的独立与共享能力都非常薄弱。(   )

5. E-R 图是一种用图形表示的实体联系模型。(   )

三、选择题

1. 下列选项中不属于按照应用层次划分的数据模型是（   ）。

A. 概念数据模型　B. 逻辑数据模型　C. 物理数据模型　D. 关系数据模型

2. 数据的独立性包括（   ）。（多选）

A. 物理独立性　B. 逻辑独立性　C. 用户独立性　D. 程序独立性

3. 下列选项中用于启动 MySQL 服务器的命令是（　　）。

A. net start　　B. net start mysql　　C. net stop mysql　　D. start mysql

4. 下列选项中不属于 DDL 语句的是（　　）。

A. CREATE 语句

B. ALTER 语句

C.DROP 语句

D. SELECT 语句

5. 下列选项中（　　）是 MySQL 默认提供的用户。

A. admin　　B. test　　C. root　　D. user

第2章

数据库和数据表的基本操作

学习目标

思政案例

- 掌握数据库的基本操作，能够对数据库进行增删改查操作；
- 掌握数据表的基本操作，能够对数据表进行增删改查操作；
- 熟悉数据类型，能够说出SQL语句中不同类型数据的表示方式；
- 掌握表的约束，能够在数据表中设置非空约束、唯一约束、主键约束和默认值约束；
- 掌握字段自动增长的设置，能够在创建数据表时为字段设置自动增长。

在日常生活中，如果想要将数据存放到Excel文档，需要先创建一个Excel文档，并且将数据写入Excel文档的工作表；如果想要将不同类型的数据分别存放（例如员工信息和部门信息想要分开存放），可以创建多个工作表，每个工作表中存放相同类型的数据。在MySQL中，数据库就相当于Excel文档，而数据表就相当于Excel中的工作表。MySQL安装好后可以对数据库和数据表进行操作，实现对数据的管理。本章将对数据库和数据表的基本操作进行讲解。

2.1 数据库的基本操作

数据库的基本操作包括创建数据库、查看数据库、选择数据库、修改数据库特征以及删除数据库。

2.1.1 创建数据库

MySQL安装完成后，要想将数据存储到数据表中，首先需要创建一个数据库。创建数据库就是在数据库系统中划分一块存储数据的空间。在MySQL中，创建数据库的基本语法格式如下。

```
CREATE {DATABASE | SCHEMA} [IF NOT EXISTS] db_name [create_option];
```

下面是对创建数据库的语法格式的说明。

（1）CREATE {DATABASE | SCHEMA}：在 MySQL 中，DATABASE 和 SCHEMA 都代表数据库，可以使用 CREATE DATABASE 或 CREATE SCHEMA 创建指定名称的数据库。

（2）IF NOT EXISTS：可选项，用于判断当前创建的数据库是否存在，如果不存在，才会执行创建数据库的操作。此选项可以用来避免数据库已经存在而出现的创建错误。

（3）db_name：创建的数据库的名称，不能与当前已经存在的数据库的名称重名。

（4）create_option：可选项，用于设置所创建的数据库的特征，其可选值具体如下。

```
[DEFAULT] {
    CHARACTER SET [=] charset_name
  | COLLATE [=] collation_name
  | ENCRYPTION [=] {'Y' | 'N'}
}
```

在上述语法格式中，中括号（[]）包含的内容为可选项，对语法的具体说明如下。

- CHARACTER SET [=] charset_name：用于指定默认的数据库字符集。charset_name 为字符集名称，通过 SHOW CHARACTER SET;语句可以查看可用的字符集。
- COLLATE [=] collation_name：用于指定默认的数据库校对集，为字符集指定比较和排序规则。collation_name 为校对集名称，通过 SHOW COLLATION; 语句可以查看可用的校对集。
- ENCRYPTION [=] {'Y' | 'N'}：MySQL 8.0.16 中引入的选项，用于设置数据库加密与否，允许的值为 'Y'（启用加密）和 'N'（禁用加密）。

接下来，根据上述语法格式创建一个名称为 itcast、字符集为 utf8mb4 的数据库，具体 SQL 语句及执行结果如下。

```
mysql> CREATE DATABASE IF NOT EXISTS itcast CHARACTER SET utf8mb4;
Query OK, 1 row affected (0.02 sec)
```

从上述代码中可以看到，执行创建数据库的 SQL 语句后，SQL 语句下面输出一行提示信息 Query OK, 1 row affected（0.02 sec）。输出的提示信息可以分为 3 个部分来解读：第 1 部分 Query OK 表示 SQL 语句执行成功；第 2 部分 1 row affected 表示执行上述 SQL 语句后影响了数据库中的 1 条记录；第 3 部分“（0.02 sec）”表示执行上述 SQL 语句所花费的时间是 0.02 秒。

如果执行 CREATE DATABASE 语句时创建的数据库已经存在，会出现错误提示信息，具体如下。

```
ERROR 1007 (HY000): Can’t create database itcast; database exists
```

需要注意的是，不同平台下 MySQL 对数据库名、数据表名及字段名的大小写区分不一样。在 Windows 平台下，数据库名、数据表名及字段名都不区分大小写；在 Linux 平台下，数据库名和数据表名严格区分大小写，字段名不区分大小写。

✦ 小提示

为更好地理解 SQL 语句的语法格式，本书对 SQL 语句语法格式中的符号进行如下约定。

（1）中括号（[]）中的内容为可选项，例如 [DEFAULT] 表示 DEFAULT 可写可不写。

（2）[,...] 表示前面的内容可以重复，例如“[字段名数据类型] [,...]”表示可以有多个 [字段名 数据类型]。

（3）大括号（{}）和竖线（|）表示选择项，在选择项中只需要选择其中一项，例如 {A|B|C} 表示从 A、B、C 中任选其一。

2.1.2 查看数据库

创建数据库后，如果想查看数据库系统中已经创建的数据库，可以通过语句进行查看，查看语句的语法格式如下。

```
SHOW {DATABASES | SCHEMAS} [LIKE 'pattern' | WHERE expr];
```

上述语法格式的说明具体如下。

（1）SHOW {DATABASES | SCHEMAS}：使用 SHOW DATABASE 或 SHOW SCHEMAS 都可以查看创建好的数据库。

（2）LIKE 'pattern'：可选项，表示 LIKE 子句，可以根据指定匹配模式匹配数据库。'pattern' 为指定的匹配模式，可以通过“%”和“_”两种模式对字符串进行匹配，其中“%”表示匹配一个或多个字符，代表任意长度的字符串；“_”表示匹配一个字符。

（3）WHERE expr：可选项，表示 WHERE 子句，用于匹配指定条件的数据库。

下面使用上述语句查看数据库系统中已经创建的数据库，具体 SQL 语句及执行结果如下。

```
mysql> SHOW DATABASES;
+--------------------+
| Database           |
+--------------------+
| information_schema |
| itcast             |
| mysql              |
```

```
| performance_schema |
| sys                |
+--------------------+
5 rows in set (0.03 sec)
```

从上述执行结果可以看出，数据库系统中已经创建了 5 个数据库。其中，除本章 2.1.1 节中创建的 itcast 数据库外，其他的数据库都是在 MySQL 安装完成后自动创建的。这几个数据库的信息如下。

- information_schema：主要存储系统中的一些数据对象信息，如用户表信息、列信息、字符集信息等。
- mysql：存储系统的用户权限信息。
- performance_schema：用于存储系统性能相关的动态参数。
- sys：基于 information_schema 和 performance_schema，封装了一层更易于调优和诊断的系统视图。

除了可以查看当前数据库系统中已经创建的数据库，还可以通过 SHOW CREATE DATABASE 语句对数据库的创建语句进行查看，具体语法格式如下。

```
SHOW CREATE {DATABASE | SCHEMA} [IF NOT EXISTS] db_name;
```

在上述语法格式中，只有 SHOW 语句中包含 IF NOT EXISTS 子句时，显示的创建语句中才会包含 IF NOT EXISTS 子句。

接下来，根据上述语法格式，对数据库 itcast 的创建语句进行显示，具体的 SQL 语句及执行结果如下。

```
1 mysql> SHOW CREATE DATABASE itcast;
2 +----------+------------------------------------------------------------+
3 | Database | Create Database                                            |
4 +----------+------------------------------------------------------------+
5 | itcast   | CREATE DATABASE 'itcast'
6 /*!40100 DEFAULT CHARACTER SET utf8mb4 COLLATE utf8mb4_0900_ai_ci */
7 /*!80016 DEFAULT ENCRYPTION='N' */                                    |
8 +----------+------------------------------------------------------------+
9 1 row in set (0.00 sec)
```

在上述执行结果中，以 /*! 开头并以 */ 结尾的注释语句是 MySQL 用于保存兼容的语句。如果在 /*! 后添加了版本号，则仅当 MySQL 的版本等于或高于指定的版本号时才会执行注释中的语句，例如第 6 行的注释语句，仅在 MySQL 4.1.0 及以上版本中才会执行。上述信息中显示了数据库 itcast 的创建语句，语句中包含数据库 itcast 的字符集等信息。

2.1.3 选择数据库

在数据库创建后，不会将当前创建的数据库作为后续操作的默认数据库，如果需要在数据库中创建数据表并插入数据，需要先选择操作哪个数据库。在 MySQL 中，可以使用 USE 语句选择某个数据库为后续操作的默认数据库。USE 语句的具体语法格式如下。

```
USE <数据库名>;
```

USE 语句可以通知 MySQL 把 < 数据库名 > 所指示的数据库作为当前数据库，该数据库保持为默认数据库，直到语段的结尾或者执行了不同的 USE 语句。

接下来，根据上述格式，选择数据库 itcast 作为后续操作的默认数据库，具体 SQL 语句及执行结果如下。

```
mysql> USE itcast;
Database changed
```

从执行结果的信息可以得出，当前所选择的数据库已经更改。如果想要查看当前选择的是哪个数据库，可以使用语句 SELECT DATABASE(); 实现，具体 SQL 语句及执行结果如下。

```
mysql> SELECT DATABASE();
+------------+
| DATABASE() |
+------------+
| itcast     |
+------------+
1 row in set (0.00 sec)
```

从上述执行结果可以看出，当前选择的数据库的名称为 itcast。

2.1.4 修改数据库特征

数据库一旦被创建，其特征也就确定了。如果后续想修改数据库的特征，可以使用 ALTER DATABASE 语句实现。修改数据库特征的基本语法格式如下。

```
ALTER {DATABASE | SCHEMA} [db_name] alter_option;
```

在上述格式中，ALTER DATABASE 能够更改数据库的整体特征。db_name 为可选项，是数据库名称，如果省略数据库名称，则该语句适用于当前所选择的数据库；如果当前没有选择数据库，则会发生错误。alter_option 为要修改的特征，可修改的特征如下。

```
  [DEFAULT] CHARACTER SET [=] charset_name
| [DEFAULT] COLLATE [=] collation_name
| [DEFAULT] ENCRYPTION [=] {'Y' | 'N'}
| READ ONLY [=] {DEFAULT | 0 | 1}
```

在上述特征中，CHARACTER SET 为数据库字符集；COLLATE 为数据库校对集；ENCRYPTION 为数据库加密选项；READ ONLY 为 MySQL 8.0.22 中引入的选项，用于控制是否允许修改数据库及其中的对象，允许的值为 DEFAULT、0（非只读）和 1（只读）。

接下来，根据上述语法格式，编写一个修改数据库字符集的 SQL 语句，将数据库 itcast 的字符集修改为 gbk，SQL 语句及执行结果如下。

```
mysql> ALTER DATABASE itcast DEFAULT CHARACTER SET gbk;
Query OK, 1 row affected (0.02 sec)
```

为验证数据库的字符集是否修改成功，接下来使用 SHOW CREATE DATABASE 语句显示创建 itcast 数据库的语句，执行结果如下。

```
mysql> SHOW CREATE DATABASE itcast;
+----------+-------------------------------------------------------------+
|Database  | Create Database                                             |
+----------+-------------------------------------------------------------+
| itcast   | CREATE DATABASE `itcast`
              /*!40100 DEFAULT CHARACTER SET gbk */
             /*!80016 DEFAULT ENCRYPTION='N' */
+----------+-------------------------------------------------------------+
1 row in set (0.00 sec)
```

从上述执行结果可以看出，数据库 itcast 的字符集为 gbk，说明 itcast 数据库的字符集已经修改成功。

2.1.5 删除数据库

当数据库不再使用时应该将其删除，以确保数据库存储空间中存放的是有效数据。删除数据库是将已经创建的数据库从磁盘空间中清除，数据库清除后，数据库中的所有数据也将一同被删除。在 MySQL 中，删除数据库的基本语法格式如下。

```
DROP {DATABASE | SCHEMA} [IF EXISTS] db_name;
```

在上述语法格式中，DROP DATABASE 或 DROP SCHEMA 表示删除数据库中的所有数据表并删除数据库，IF EXISTS 可选项用于防止删除不存在的数据库时发生错误，db_name 为要删除的数据库的名称。

接下来，根据上述语法格式，编写一个删除数据库的 SQL 语句，删除名称为 itcast

的数据库，具体SQL语句及执行结果如下。

```
mysql> DROP DATABASE IF EXISTS itcast;
Query OK, 0 rows affected (0.03 sec)
```

从上述代码中可以看到，提示删除语句执行成功。

为验证数据库是否真正删除成功，可以使用SHOW DATABASES语句查看数据库系统中当前存在的数据库，具体执行语句及结果如下。

```
mysql> SHOW DATABASES;
+--------------------+
| Database           |
+--------------------+
| information_schema |
| mysql              |
| performance_schema |
| sys                |
+--------------------+
4 rows in set (0.00 sec)
```

从上述命令执行结果可以看出，数据库系统中不存在名称为itcast的数据库，说明itcast数据库已经被成功删除。

需要注意的是，执行DROP DATABASE命令后，MySQL不会给出任何提示确认信息而是直接删除数据库。数据库被删除后，数据库中的数据也一同被删除，因此要尽量避免删除数据库的操作，如确实有删除数据库的需求，也建议在删除数据库之前先将数据库进行备份。备份数据库的方法会在本书后面进行讲解。

2.2 数据类型

使用MySQL数据库存储数据时，不同类型数据的存储格式各不相同。MySQL数据库提供了多种数据类型，主要包括数值类型、日期和时间类型、字符串类型。本节将针对这些数据类型进行讲解。

2.2.1 数值类型

在数据库中，经常需要存储一些数值，例如员工的工资、工号、年龄等，它们适合用数值类型保存。数值类型包括整数类型、浮点数类型、定点数类型、BIT类型等，下面分别进行讲解。

1. 整数类型

在MySQL数据库中，经常需要存储整数数值。根据整数的取值范围和存储方式的不同，MySQL 将整数类型分为 5 种，分别是 TINYINT、SMALLINT、MEDIUMINT、INT 和 BIGINT，具体如表 2-1 所示。

表2-1 MySQL中的整数类型

数据类型	字节数	无符号整数的取值范围	有符号整数的取值范围
TINYINT	1	0~255	–128~127
SMALLINT	2	0~65 535	–32 768~32 767
MEDIUMINT	3	0~16 777 215	–8 388 608~8 388 607
INT	4	0~4 294 967 295	–2 147 483 648~2 147 483 647
BIGINT	8	$0\sim2^{64}-1$	$-2^{63}\sim2^{63}-1$

从表 2-1 中可以看出，不同整数类型所占用的字节数和取值范围都是不同的。其中，占用字节数最小的是 TINYINT，占用字节数最大的是 BIGINT。不同整数类型的取值范围可以根据字节数计算出来，例如 TINYINT 类型的整数占用 1 字节，1 字节是 8 位，那么 TINYINT 类型无符号数的最大值就是 2^8-1（即 255），TINYINT 类型有符号数的最大值就是 2^7-1（即 127）。同理可以算出其他不同整数类型的取值范围。

需要注意的是，如果使用无符号数据类型，需要在数据类型的右边加上 UNSIGNED 关键字来修饰，例如 INT UNSIGNED 表示无符号 INT 类型。

在实际应用时，需要根据实际情况选择对应的数据类型，如果给字段所赋的值超出数据类型取值范围，会发生错误并提示 Out of range。

2. 浮点数类型

在 MySQL 数据库中，小数的表示分为浮点数和定点数两种类型。其中浮点数类型分为两种，分别是单精度浮点数类型（FLOAT）和双精度浮点数类型（DOUBLE）。MySQL 中浮点数类型对应的字节及取值范围如表 2-2 所示。

表2-2 MySQL中的浮点数类型

数据类型	字节数	负数的取值范围	非负数的取值范围
FLOAT	4	–3.402823466E+38~ –1.175494351E-38	0 和 +1.175494351E-38~+3.402823466E+38
DOUBLE	8	–1.7976931348623157E+308 –2.2250738585072014E-308~	0 和 +1.7976931348623157E+308~+2.2250738585072014E-308

浮点值是近似值，不是作为精确值存储，表 2-2 中列举的取值范围都是理论上的极限值。双精度浮点数的取值范围远大于单精度浮点数的取值范围，但同时也会耗费更多的存储空间，相对会降低数据的计算性能。

3. 定点数类型

定点数类型表示精度确定的小数类型，适合用于对精度要求比较高的数据。定点数类型分为 DECIMAL 和 NUMERIC（需要说明的是，在 MySQL 中 NUMERIC 和 DECIMAL 同义）。定义定点数类型的方式如下。

```
DECIMAL(M,D)
```

在上述定义中，M 表示数据的精度，即数据存储的有效位数（整数位数加小数位数），最大值为 65，默认值为 10；D 表示数据的小数位数，即可以存储的小数点后的位数，最大值为 30，默认值为 0。例如，DECIMAL（5,2）表示存储的小数的范围是 –999.99~999.99，系统会根据存储的具体数据来分配存储空间。

浮点数和定点数也可以使用数据类型后加（M,D）的方式来表示（属于非标准语法，从 MySQL 8.0.17 开始不推荐使用非标准语法定义浮点数）。需要注意的是，对浮点数类型和定点数类型的字段插入数据时，如果插入数据的精度高于实际定义的精度，小数位数超出范围，那么系统会自动对数据进行四舍五入处理，使值的精度达到要求。不同的是，定点数类型在四舍五入时会出现 Data truncated（数据截断）警告，而浮点数不会出现警告；如果因为整数部分超出范围（数据的整数位数大于 M–D 的值），那么数据会插入失败，提示 Out of range（超出取值范围）错误。

4. BIT类型

BIT（位）类型的字段通常用于存储 bit 值。定义 BIT 类型的基本语法格式如下。

```
BIT(M)
```

在上述格式中，M 用于表示每个值的位数，范围为 1~64。需要注意的是，如果分配的 BIT（M）类型的数据长度小于 M，则将在数据的左边用 0 补齐。例如，为 BIT（6）分配值 b'101' 的效果与分配 b'000101' 相同。

2.2.2　日期和时间类型

为方便在数据库中存储日期和时间，MySQL 提供了表示日期和时间的数据类型，分别是 YEAR、DATE、TIME、DATETIME 和 TIMESTAMP。MySQL 中的日期和时间数据类型如表 2-3 所示。

表2-3　MySQL中的日期和时间类型

数据类型	字节数	取值范围	日期格式	零值
YEAR	1	1901~2155	YYYY	0000
DATE	3	1000-01-01~9999-12-31	YYYY-MM-DD	0000-00-00
TIME	3	–838:59:59~838:59:59	hh:mm:ss	00:00:00
DATETIME	8	1000-01-01 00:00:00~9999-12-31 23:59:59	YYYY-MM-DD hh:mm:ss	0000-00-00 00:00:00
TIMESTAMP	4	1970-01-01 00:00:01~2038-01-19 03:14:07	YYYY-MM-DD hh:mm:ss	0000-00-00 00:00:00

从表 2-3 中可以看出，每种日期和时间类型的取值范围都是不同的，如果插入的数值超出这个范围，系统会进行错误提示，并且自动将对应类型的零值插入数据库。

为了让读者更好地学习日期和时间类型，下面对表 2-3 中的类型进行详细讲解。

1. YEAR类型

YEAR 类型用于存储年份数据。当只需要记录年份时，使用 YEAR 更为方便和节省空间。在 MySQL 中，可以使用以下 3 种表示方式指定 YEAR 类型的值，具体如下。

（1）使用 4 位字符串或数字表示，范围为 '1901'~'2155' 或 1901~2155。例如，输入 '2021' 或 2021，则插入数据库的值均为 2021。

（2）使用 1 位或 2 位字符串表示，范围为 '0'~'99'，其中 '0'~'69' 范围的值会被转换为 2000~2069 范围的 YEAR 值，'70'~'99' 范围的值会被转换为 1970~1999 范围的 YEAR 值。例如，输入 '21'，则插入数据库的值为 2021。

（3）使用 1 位或 2 位数字表示，范围为 0~99，其中 1~69 范围的值会被转换为 2001~2069 范围的 YEAR 值，70~99 范围的值会被转换为 1970~1999 范围的 YEAR 值。例如，输入 21，则插入数据库的值为 2021。

需要注意的是，当使用 YEAR 类型时，一定要区分 '0' 和 0。因为字符串格式的 '0' 表示的 YEAR 值是 2000，而数字格式的 0 表示的 YEAR 值是 0000。

2. DATE类型

DATE 类型用于存储日期数据。如果数据要用来记录年月日，通常使用 DATE 类型。在 MySQL 中，可以使用以下 4 种表示方式指定 DATE 类型的值，具体如下。

（1）以 'YYYY-MM-DD' 或 'YYYYMMDD' 字符串方式表示。例如，输入 '2021-01-21' 或 '20210121'，则插入数据库的日期都为 2021-01-21。

（2）以 'YY-MM-DD' 或 'YYMMDD' 字符串方式表示。YY 表示的是年，它转换为对应年份的规则与 YEAR 类型类似。例如，输入 '21-01-21' 或 '210121'，则插入数据库的日期都为 2021-01-21。

（3）以 YYMMDD 数字方式表示。例如，输入 210121，则插入数据库的日期为 2021-01-21。

（4）使用 CURRENT_DATE 或 NOW() 表示当前系统日期。

3. TIME类型

TIME 类型用于存储时间数据。如果数据要用来记录时分秒，通常使用 TIME 类型。TIME 类型的显示格式一般为 hh:mm:ss，其中 hh 表示小时，mm 表示分，ss 表示秒。在 MySQL 中，可以使用以下 3 种表示方式指定 TIME 类型的值，具体如下。

（1）以 'D hh:mm:ss' 字符串方式表示。其中，D 表示日，可以取 0~34 的值，插入数据时，小时的值等于 D×24+hh。例如，输入 '2 11:30:50'，则插入数据库的时间为 59:30:50。

（2）以 'hhmmss' 字符串方式或 hhmmss 数字方式表示。例如，输入 '345454' 或 345454，则插入数据库的时间为 34:54:54。

（3）使用 CURRENT_TIME 或 NOW() 输入当前系统时间。

4. DATETIME类型

DATETIME 类型用于存储日期和时间的数据。如果数据要用来记录年月日时分秒，可以使用 DATETIME 类型。DATETIME 类型的显示格式为 'YYYY-MM-DD hh:mm:ss'，其中，YYYY 表示年，MM 表示月，DD 表示日，hh 表示小时，mm 表示分，ss 表示秒。在 MySQL 中，可以使用以下 4 种表示方式指定 DATETIME 类型的值。

（1）以 'YYYY-MM-DD hh:mm:ss' 或 'YYYYMMDDhhmmss' 字符串方式表示的日期和时间，取值范围为 '1000-01-01 00:00:00'~'9999-12-31 23:59:59'。例如，输入 '2021-01-22 09:01:23' 或 '20210122090123'，则插入数据库的 DATETIME 值都为 2021-01-22 09:01:23。

（2）以 'YY-MM-DD hh:mm:ss' 或 'YYMMDDhhmmss' 字符串方式表示的日期和时间，其中 YY 表示年，取值范围为 '00'~'99'。与 DATE 类型中的 YY 相同，'00'~'69' 范围的值会被转换为 2000~2069 范围的 YEAR 值，'70'~'99' 范围的值会被转换为 1970~1999 范围的 YEAR 值。

（3）以 YYYYMMDDhhmmss 或 YYMMDDhhmmss 数字方式表示的日期和时间。例如，输入 20210122090123 或 210122090123，则插入数据库的 DATETIME 值都为 2021-01-22 09:01:23。

（4）使用 CURRENT_TIMESTAMP 或 NOW() 输入当前系统时间。

5. TIMESTAMP类型

TIMESTAMP 类型用于表示日期和时间，它的显示形式与 DATETIME 类似，但是在使用时，两者却有一些区别，具体如下。

（1）TIMESTAMP 类型的取值范围比 DATATIME 类型小。

（2）TIMESTAMP 类型的值和时区相关，如果插入的日期时间为 TIMESTAMP 类型，系统会根据当前系统所设置的时区，对日期时间进行转换后存放；从数据库中取出 TIMESTAMP 类型的数据时，系统也会将数据转换为对应时区时间后显示。由于 TIMESTAMP 类型的这个特性，因此可能会导致两个不同时区取出来的同一个日期显示不一样。

2.2.3　字符串类型

MySQL 中的字符串类型分为 CHAR、VARCHAR、TEXT 等多种类型，不同的数据类型具有不同的特点，具体如表 2-4 所示。

表2-4　MySQL中的字符串类型

数据类型	类型说明
CHAR	固定长度的字符串
VARCHAR	可变长度的字符串
BINARY	固定长度的二进制数据

续表

数据类型	类型说明
VARBINARY	可变长度的二进制数据
BOLB	二进制大数据
TEXT	大文本数据
ENUM	枚举类型值
SET	字符串对象，可以有零个或多个值

接下来，针对这些字符串类型进行详细讲解。

1. CHAR和VARCHAR类型

CHAR 类型和 VARCHAR 类型的字段通常用于存储字符串数据，不同的是 CHAR 类型的字段用于存储固定长度的字符串，其中固定长度可以是 0~255 中的任意整数值；VARCHAR 类型的字段用于存储可变长度的字符串，其中可变长度可以是 0~65 535 中的任意整数值。在 MySQL 中，定义 CHAR 和 VARCHAR 类型的方式如下。

```
CHAR(M)
```

或

```
VARCHAR(M)
```

在上述定义方式中，M 指的是字符串的最大长度。为帮助大家更好地理解 CHAR 和 VARCHAR 之间的区别，接下来，以 CHAR（4）和 VARCHAR（4）做对比进行说明，具体如表 2-5 所示。

表2-5 CHAR(4)和VARCHAR(4)的对比

插入值	CHAR（4）存储需求	VARCHAR(4)存储需求
''	4 字节	1 字节
'ab'	4 字节	3 字节
'abc'	4 字节	4 字节
'abcd'	4 字节	5 字节

从表 2-5 中可以看出，当数据为 CHAR（4）类型时，不管插入值的长度是多少，所占用的存储空间都是 4 字节；而 VARCHAR（4）对应的数据所占用的字节数为实际长度加 1。

需要注意的是，如果插入的字符串尾部存在空格，CHAR 类型会去除空格后进行存储，而 VARCHAR 类型会保留空格完整地存储字符串。

2. BINARY和VARBINARY类型

BINARY 和 VARBINARY 类型类似于 CHAR 和 VARCHAR 类型，不同的是 BINARY 和 VARBINARY 类型用于存储二进制数据。定义 BINARY 和 VARBINARY 类型的方式如下。

```
BINARY(M)
```

或

```
VARBINARY(M)
```

在上述格式中，M指的是可保存的二进制数据的最大长度。需要注意的是，BINARY类型的长度是固定的，如果数据的长度小于M，将在数据的后面用\0补齐，最终达到指定长度。例如，指定数据类型为BINARY（3），当插入d时，实际存储的数据为d\0\0；当插入db时，实际存储的数据为db\0。

3. TEXT类型

TEXT类型用于表示大文本数据，该类型的字段通常用于存储文章内容、评论等，它的类型分为4种，具体如表2-6所示。

表2-6 TEXT类型

数据类型	存储范围
TINYTEXT	0~L+1字节，其中 $L<2^{8}$
TEXT	0~L+2字节，其中 $L<2^{16}$
MEDIUMTEXT	0~L+3字节，其中 $L<2^{24}$
LONGTEXT	0~L+4字节，其中 $L<2^{32}$

4. BLOB类型

BLOB类型的字段通常用于存储二进制的数据，如图片、PDF文档等。BLOB类型分为4种，具体如表2-7所示。

表2-7 BLOB类型

数据类型	存储范围
TINYBLOB	0~L+1字节，其中 $L<2^{8}$
BLOB	0~L+2字节，其中 $L<2^{16}$
MEDIUMBLOB	0~L+3字节，其中 $L<2^{24}$
LONGBLOB	0~L+4字节，其中 $L<2^{32}$

需要注意的是，BLOB类型的数据是根据二进制编码进行比较和排序，而TEXT类型数据是根据文本模式进行比较和排序。

5. ENUM类型

ENUM类型又称为枚举类型，定义ENUM类型的语法格式如下。

```
ENUM('value1','value2',...)
```

在上述格式中，('value1','value2',...)称为枚举列表，往ENUM类型的字段中插入值时，需要插入枚举列表中存在的值。枚举列表中的每个枚举值都有一个索引值，索引值从1

开始，依次递增。

6. SET类型

SET 类型的字段通常用于存储字符串对象，该类字段的值可以有零个或多个。SET 类型数据的定义格式与 ENUM 类型类似，具体如下。

```
SET('value1','value2',...)
```

与 ENUM 类型相同，（'value1','value2',...）列表中的每个值都有一个索引值，MySQL 中存入的也是这个索引值，而不是列表中的值。

2.3 数据表的基本操作

在 MySQL 中，所有数据都存储在数据表中，因此在学习数据表中的数据操作之前，有必要先了解数据表的基本操作。本节将介绍数据表的基本操作，主要包括创建、查看、修改和删除数据表。

2.3.1 创建数据表

创建数据表指的是在已经创建的数据库中建立新表。在 MySQL 中使用 CREATE TABLE 语句创建数据表，其基本语法格式如下。

```
CREATE [TEMPORARY] TABLE [IF NOT EXISTS] tbl_name
    (字段名 1 数据类型 1 [列级约束 1]
    [,字段名 2 数据类型 2 [列级约束 2]][,...]
    [,表级约束(字段名 3[,字段名 4][,...])] [,...])
    [table_options]  [partition_options];
```

上述语法格式的说明具体如下。

- TEMPORARY：可选项，表示临时表。临时表仅在当前会话中可见，并且在会话关闭时自动删除。
- IF NOT EXISTS：可选项，只有在创建的数据表尚不存在时，才会创建数据表，可以避免因为存在同名数据表导致创建失败。
- tbl_name：创建的数据表的名称。
- 字段名：数据表字段的名称。
- 数据类型：字段中保存的数据的类型，如日期类型等。
- 约束：用于保证数据的完整性和有效性的规则，具体内容会在 2.4 节进行讲解。
- table_options：可选项，表示表选项，用于设置数据表的相关选项，如字符集、校对集等。
- partition_options：可选项，表示分区选项，用于设置数据表分区的内容。

接下来，根据上述语法格式，编写一个 SQL 语句创建一个用于存储部门信息的数据表 tb_dept。数据表 tb_dept 的相关信息如表 2-8 所示。

表2-8　数据表tb_dept的相关信息

字段名称	数据类型	备注说明
deptno	INT	部门编号
dname	VARCHAR(14)	部门名称
loc	VARCHAR(13)	部门地址

要想创建表 2-8 所示的数据表，首先需要确定将数据表创建在哪个数据库中。为保证学习过程中数据不混乱，在此创建一个员工管理系统的数据库 ems，部门表 tb_dept 创建在数据库 ems 中。

在 MySQL 客户端中执行创建数据库 ems 的语句，具体 SQL 语句及执行结果如下。

```
mysql> CREATE DATABASE IF NOT EXISTS ems  CHARACTER SET utf8mb4;
Query OK, 1 row affected (0.01 sec)
```

创建完数据库，选择数据库 ems 作为后续操作的默认数据库，具体 SQL 语句及执行结果如下。

```
mysql> USE ems
Database changed
```

为避免重复性讲解，如没有特殊说明，本书后续的所有操作都默认在数据库 ems 中进行。

创建数据表的 SQL 语句及执行结果如下。

```
mysql> CREATE TABLE tb_dept(deptno INT,dname VARCHAR(14),loc VARCHAR(13));
Query OK, 0 rows affected (0.05 sec)
```

从上述执行结果的提示信息可以得出，数据表 tb_dept 已经创建成功。

需要注意的是，如果是使用非图形化工具操作数据表，操作之前应该先使用“USE 数据库名”命令指定操作是在哪个数据库中进行，否则会抛出 No database selected 错误。

2.3.2　查看数据表

数据表创建成功后，可以通过 SQL 语句对数据表进行查看，以确认数据表是否创建成功和数据表的定义是否正确。在 MySQL 中，查看数据表的 SQL 语句有 3 种，具体如下。

1. 使用SHOW TABLES语句查看数据表

选择数据库后，可以通过 SHOW TABLES 语句查看当前数据库中的数据表，基本语法格式如下。

```
SHOW TABLES [LIKE 'pattern' | WHERE expr];
```

在上述语法格式中，LIKE 子句和 WHERE 子句为可选项，如果 SHOW TABLES 语句中不添加可选项，表示查看当前数据库中的所有数据表；如果添加则按照 LIKE 子句或 WHERE 子句的匹配结果查看数据表。

接下来，使用 SHOW TABLES 语句查看当前数据库中所有的数据表，以验证 2.3.1 节创建的数据表 tb_dept 是否创建成功，具体 SQL 语句及执行结果如下。

```
mysql> SHOW TABLES;
+---------------+
| Tables_in_ems |
+---------------+
| tb_dept       |
+---------------+
1 row in set (0.01 sec)
```

从上述执行结果可以看出，ems 数据库中只有一个数据表 tb_dept，说明数据表 tb_dept 创建成功。

2. 使用SHOW CREATE TABLE查看数据表创建语句

在 MySQL 中，可以通过 SHOW CREATE TABLE 语句显示创建数据表的语句。SHOW CREATE TABLE 语句的基本语法格式如下。

```
SHOW CREATE TABLE tbl_name;
```

在上述格式中，tbl_name 指的是要查看的数据表的名称。

接下来，使用 SHOW CREATE TABLE 语句查看数据表 tb_dept 的创建语句，具体 SQL 语句及执行结果如下所示。

```
mysql> SHOW CREATE TABLE tb_dept;
+---------+----------------------------------------------------------+
| Table   | Create Table                                             |
+---------+----------------------------------------------------------+
| tb_dept | CREATE TABLE 'tb_dept' (
  'deptno' int DEFAULT NULL,
  'dname' varchar(14) DEFAULT NULL,
  'loc' varchar(13) DEFAULT NULL
) ENGINE=InnoDB DEFAULT CHARSET=utf8mb4 COLLATE=utf8mb4_0900_ai_ci |
+---------+----------------------------------------------------------+
1 row in set (0.00 sec)
```

从上述执行结果可以看出，tb_dept 数据表的创建语句显示出来了。

3. 使用DESCRIBE语句查看数据表结构信息

在 MySQL 中，使用 DESCRIBE 语句可以查看字段名、字段类型等数据表结构信息。DESCRIBE 语句的基本语法格式如下。

```
DESCRIBE 数据表名;
```

上述语法格式可以简写为如下形式。

```
DESC 数据表名;
```

上述两种语法格式效果都一样，为简化书写，本书后续查看数据表结构信息时，都使用“DESC 数据表名;”这种方式。

接下来，使用 DESC 语句查看数据表 tb_dept 的表结构信息，具体 SQL 语句及执行结果如下。

```
mysql> DESC tb_dept;
+--------+-------------+------+-----+---------+-------+
| Field  | Type        | Null | Key | Default | Extra |
+--------+-------------+------+-----+---------+-------+
| deptno | int         | YES  |     | NULL    |       |
| dname  | varchar(14) | YES  |     | NULL    |       |
| loc    | varchar(13) | YES  |     | NULL    |       |
+--------+-------------+------+-----+---------+-------+
3 rows in set (0.00 sec)
```

上述命令的执行结果显示了数据表 tb_dept 的表结构信息，其中第一行字段的含义如下。

- Field：表示数据表中字段的名称，即列的名称。
- Type：表示数据表中字段对应的数据类型。
- Null：表示该字段是否可以存储 NULL 值。
- Key：表示该字段是否已经建立索引。
- Default：表示该字段是否有默认值，如果有，将显示对应的默认值。
- Extra：表示与字段相关的附加信息。

多学一招：以纵向结构显示结果

在执行 SQL 语句时，有时返回的数据中字段非常多，无法在 CMD 窗口的一行全部展示，而如果将字段名称显示在多行，会导致字段下的数据不能和字段名称展示在同一列，显示的结果非常混乱。MySQL 客户端中提供了一种结束符 \G，可以将结果以纵向结构显示，在结果的字段非常多时，能让显示结果整齐美观。

接下来，以 SHOW CREATE TABLE 语句后使用结束符 \G 为例，显示数据表 tb_dept 的表结构，具体 SQL 语句及执行结果如下。

```
mysql> SHOW CREATE TABLE tb_dept\G
*************************** 1. row ***************************
       Table: tb_dept
Create Table: CREATE TABLE 'tb_dept' (
  'deptno' int DEFAULT NULL,
  'dname' varchar(14) DEFAULT NULL,
  'loc' varchar(13) DEFAULT NULL
) ENGINE=InnoDB DEFAULT CHARSET=utf8mb4 COLLATE=utf8mb4_0900_ai_ci
1 row in set (0.00 sec)
```

2.3.3 修改数据表

如果想对已经创建好的数据表做一些结构上的修改，例如修改数据表名、修改字段类型或字段名、修改字段的排列位置、增加或删除字段、修改或删除表的约束等，可以选择删除原有的数据表，根据新的要求重新创建数据表。但如果原有的数据表中已经存在大量数据，此时选择删除再重新创建数据表，必然要做一些额外工作，例如将原有的数据重新导入数据库、解决用户访问原来数据表造成的影响等。在 MySQL 中，可以通过 ALTER TABLE 语句实现数据表结构的修改。ALTER TABLE 语句的基本语法格式如下。

```
ALTER TABLE tbl_name
      [alter_option [, alter_option] ...]
      [partition_options]
```

在上述语法格式中，tbl_name 表示要修改的数据表的名称，alter_option 表示要修改的选项，partition_options 表示要修改的分区选项（分区选项相关的内容在本书中不进行讲解）。alter_option 包含的基本选项如下。

```
{
  RENAME [TO | AS] 新数据表名
| RENAME COLUMN 旧字段名 TO 新字段名
| MODIFY [COLUMN] 字段名1 新数据类型 [列级约束] [FIRST | AFTER 字段名2]
| CHANGE [COLUMN] 旧字段名 新字段名 新数据类型 [列级约束] [FIRST | AFTER 字段名]
| ADD [COLUMN] 字段名 新字段名。数据类型 [列级约束] [FIRST | AFTER 字段名]
| ADD [CONSTRAINT] {PRIMARY KEY |UNIQUE}(字段名1[, ...])
| DROP [COLUMN] 字段名| {INDEX | KEY}索引名 |PRIMARY KEY
| table_options
|  ...
}
```

上述选项的基本功能说明如下。

- RENAME [TO | AS] 新数据表名：修改数据表的名称，TO 或 AS 为可选项，如果

选择使用，则任选其一即可；新数据表名指的是修改后的数据表名。

- RENAME COLUMN 旧字段名 TO 新字段名：重命名字段的名称。
- MODIFY [COLUMN] 字段名 1 新数据类型 [列级约束] [FIRST | AFTER 字段名 2]：可以重新定义字段数据类型、列级约束和排列位置，其中列级约束和排列位置都是可选项。可选项“FIRST | AFTER 字段名 2”中的 FIRST 指的是将字段名 1 的位置修改为数据表的第一列，“AFTER 字段名 2”是将字段名 1 插到字段名 2 的后面。需要注意的是，字段的新数据类型必须设置，如果不需要修改字段的数据类型，可以将新数据类型设置成和原来一样。
- CHANGE [COLUMN] 旧字段名 新字段名 新数据类型 [列级约束] [FIRST | AFTER 字段名]：重新命名字段名称并重新定义字段数据类型、列级约束和排列位置。需要注意的是，如果不对字段名称进行重命名，新字段名与旧字段名保持一致即可；如果不需要修改字段的数据类型，也需要将新数据类型设置成和原来一样。
- ADD [COLUMN] 字段名 新字段名 数据类型 [列级约束] [FIRST | AFTER 字段名]：向数据表中插入新字段，如果要在数据表的特定位置添加字段，可以使用可选项 [FIRST | AFTER 字段名] 实现。
- ADD [CONSTRAINT] {PRIMARY KEY |UNIQUE}（字段名）：为指定的字段设置主键约束或唯一约束。
- DROP [COLUMN] 字段名 | 索引名 |PRIMARY KEY：删除数据表中指定的字段、索引或主键。
- table_options：表选项，与 CREATE TABLE 语句中的表选项一样，用于设置数据表的相关选项，如字符集、校对集等。

alter_option 所包含的选项不只是上述描述的部分，由于篇幅有限，在此只讲解常用选项。

下面将针对数据表的修改操作进行详细讲解。

1. 修改数据表名

在企业开发中，大部分企业会对开发的内容制定相关规约，如果开发人员创建的数据表的名称不符合公司制定的规约，可以对数据表名进行修改。接下来，通过一个案例演示使用 ALTER TABLE 语句修改数据表名。

将数据库 ems 中的数据表 tb_dept 的名称修改为 dept。在修改数据表名之前，首先使用 SHOW TABLES 语句查看数据库中的所有数据表，具体 SQL 语句及执行结果如下。

```
mysql> SHOW TABLES;
+------------------+
| Tables_in_ems    |
```

```
+------------------+
| tb_dept          |
+------------------+
1 row in set (0.00 sec)
```

上述语句执行完毕后，使用 ALTER TABLE 语句将数据表 tb_dept 的名称修改为 dept，具体 SQL 语句及执行结果如下。

```
mysql> ALTER TABLE tb_dept RENAME TO dept;
Query OK, 0 rows affected (0.06 sec)
```

从上述执行结果的提示信息可以看出，ALTER TABLE 语句成功执行。

接下来，可以使用 SHOW TABLES 语句查看当前数据库中所有的数据表，以验证数据表 tb_dept 的名称是否被修改，具体 SQL 语句及执行结果如下。

```
mysql> SHOW TABLES;
+-------------------+
| Tables_in_ems     |
+-------------------+
| dept              |
+-------------------+
1 row in set (0.00 sec)
```

从上述执行结果的提示信息可以看出，数据库 ems 中只有一个数据表 dept，说明数据表 tb_dept 的名称被成功修改为 dept。

2. 修改数据表选项

数据表中的表选项（字符集、校对集及存储引擎）也可以通过 ALTER TABLE 语句进行修改。下面以修改数据表 dept 的字符集为例演示数据表选项的修改，具体 SQL 语句及执行结果如下。

```
mysql> ALTER TABLE dept CHARACTER SET=gbk;
Query OK, 0 rows affected (0.02 sec)
Records: 0  Duplicates: 0  Warnings: 0
```

从执行结果的提示信息可以看出，ALTER TABLE 语句成功执行。

下面使用 SHOW CREATE TABLE 查看数据表 dept 的创建语句，以验证数据表 dept 的字符集是否被修改成功，具体 SQL 语句及执行结果如下。

```
mysql> SHOW CREATE TABLE dept;
+-------+-------------------------------------------------------------+
| Table | Create Table                                                |
+-------+-------------------------------------------------------------+
| dept  | CREATE TABLE 'dept' (
```

```
  'deptno' int DEFAULT NULL,
  'dname' varchar(14) CHARACTER SET utf8mb4 COLLATE utf8mb4_0900_ai_ci
  DEFAULT NULL,
  'loc' varchar(13) CHARACTER SET utf8mb4 COLLATE utf8mb4_0900_ai_ci
  DEFAULT NULL
) ENGINE=InnoDB DEFAULT CHARSET=gbk                                     |
+-------+---------------------------------------------------------------+
1 row in set (0.00 sec)
```

从上述执行结果的提示信息可以看出，数据表 dept 的字符集为 gbk，说明通过 ALTER TABLE 语句成功修改了数据表 dept 的字符集。

3. 修改字段名

ALTER TABLE 语句对修改字段名提供了两种方式，分别为使用 RENAME COLUMN 和 CHANGE。这两种方式的区别主要在于：RENAME COLUMN 仅可以修改字段名；CHANGE 子句不仅可以修改字段名，还可以重新定义字段的数据类型、约束、排列位置。如果仅修改字段名，RENAME COLUMN 子句则更方便。

接下来，通过一个案例演示使用 RENAME COLUMN 修改字段名。

将部门表 dept 中的字段名 loc 改为 local_name。为更好地对比字段名修改前后的变化，执行修改字段名的语句前后都使用 DESC 语句查询出数据表 dept 的表结构信息。具体 SQL 语句及执行结果如下。

```
mysql> DESC dept;
+--------+-------------+------+-----+---------+-------+
| Field  | Type        | Null | Key | Default | Extra |
+--------+-------------+------+-----+---------+-------+
| deptno | int         | YES  |     | NULL    |       |
| dname  | varchar(14) | YES  |     | NULL    |       |
| loc    | varchar(13) | YES  |     | NULL    |       |
+--------+-------------+------+-----+---------+-------+
3 rows in set (0.01 sec)

mysql>ALTER TABLE dept RENAME COLUMN loc TO local_name ;
Query OK, 0 rows affected (0.02 sec)
Records: 0  Duplicates: 0  Warnings: 0

mysql> DESC dept;
+------------+-------------+------+-----+---------+-------+
| Field      | Type        | Null | Key | Default | Extra |
+------------+-------------+------+-----+---------+-------+
| deptno     | int         | YES  |     | NULL    |       |
| dname      | varchar(14) | YES  |     | NULL    |       |
```

```
| local_name | varchar(13) | YES  |     | NULL    |       |
+------------+-------------+------+-----+---------+-------+
3 rows in set (0.00 sec)
```

从上述执行结果可以看出，部门表 dept 中的字段名 loc 成功修改为 local_name。

4. 修改字段的数据类型

创建数据表后，字段的数据类型就已经确定，如果需要对创建好的数据表中字段的数据类型进行修改，可以通过 ALTER TABLE 语句中的 MODIFY 和 CHANGE 完成。其中 MODIFY 仅可以对字段的数据类型和排列位置重新定义，而 CHANGE 不仅可以对字段的数据类型和排列位置重新定义，还可以修改字段名。

使用 MODIFY 和 CHANGE 修改字段数据类型的效果一样，但使用 MODIFY 的语法相对简洁。接下来，通过一个案例演示使用 MODIFY 修改字段的数据类型。

将部门表 dept 中字段 dname 的数据类型由 VARCHAR（14）修改为 CHAR（16）。为更好地对比字段数据类型修改前后的变化，执行修改字段数据类型的语句前后都使用 DESC 语句查询出数据表 dept 的表结构信息，具体 SQL 语句及执行结果如下。

```
mysql> DESC dept;
+------------+-------------+------+-----+---------+-------+
| Field      | Type        | Null | Key | Default | Extra |
+------------+-------------+------+-----+---------+-------+
| deptno     | int         | YES  |     | NULL    |       |
| dname      | varchar(14) | YES  |     | NULL    |       |
| local_name | varchar(13) | YES  |     | NULL    |       |
+------------+-------------+------+-----+---------+-------+
3 rows in set (0.00 sec)

mysql>ALTER TABLE dept MODIFY dname CHAR(16);
Query OK, 0 rows affected (0.11 sec)
Records:0  Duplicates: 0  Warnings: 0

mysql> DESC dept;
+------------+-------------+------+-----+---------+-------+
| Field      | Type        | Null | Key | Default | Extra |
+------------+-------------+------+-----+---------+-------+
| deptno     | int         | YES  |     | NULL    |       |
| dname      | char(16)    | YES  |     | NULL    |       |
| local_name | varchar(13) | YES  |     | NULL    |       |
+------------+-------------+------+-----+---------+-------+
3 rows in set (0.00 sec)
```

从上述结果可以看出，部门表 dept 中 dname 字段的数据类型成功地从 VARCHAR（14）修改为 CHAR（16）。

5. 修改字段的排列位置

字段在数据表中的排列位置可以在创建数据表时进行指定，数据表创建后如果想要修改字段的排列位置，ALTER TABLE 语句中也提供了 MODIFY 和 CHANGE 两种方式。接下来，通过一个案例演示使用这两种方式修改字段排列位置。

（1）使用 CHANGE 修改字段的排列位置。

将部门表 dept 中字段 local_name 的位置修改为数据表的第一个字段，并且在执行 ALTER TABLE 语句后使用 DESC 语句查询出数据表 dept 的表结构信息，具体 SQL 语句及执行结果如下。

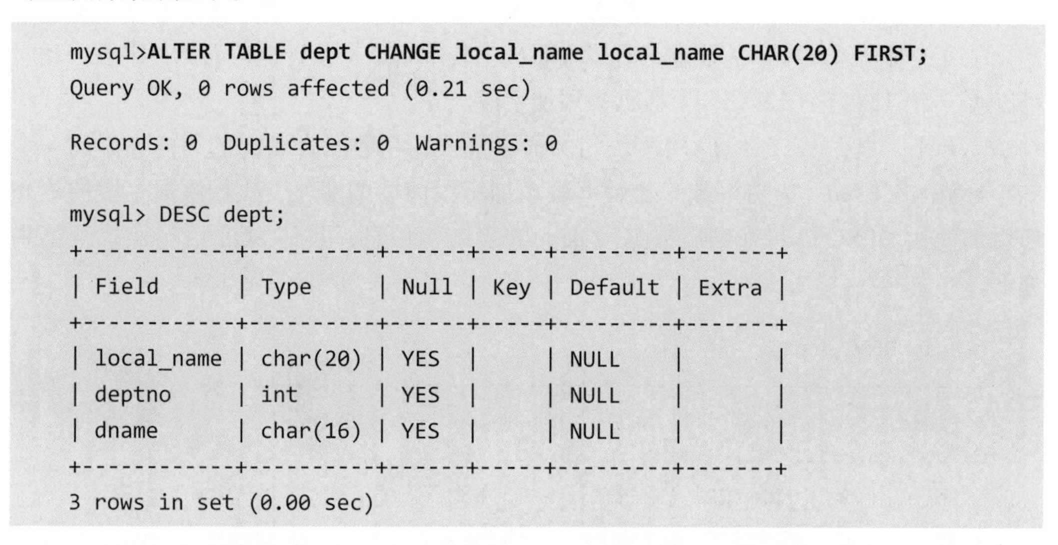

```
mysql>ALTER TABLE dept CHANGE local_name local_name CHAR(20) FIRST;
Query OK, 0 rows affected (0.21 sec)
Records: 0  Duplicates: 0  Warnings: 0

mysql> DESC dept;
+------------+----------+------+-----+---------+-------+
| Field      | Type     | Null | Key | Default | Extra |
+------------+----------+------+-----+---------+-------+
| local_name | char(20) | YES  |     | NULL    |       |
| deptno     | int      | YES  |     | NULL    |       |
| dname      | char(16) | YES  |     | NULL    |       |
+------------+----------+------+-----+---------+-------+
3 rows in set (0.00 sec)
```

从 DESC 语句的执行结果可以看出，local_name 字段成为部门表 dept 的第一个字段，说明在 ALTER TABLE 语句中使用 FIRST 可选项成功修改了 local_name 字段在部门表中的排列位置。

（2）使用 MODIFY 方式修改字段的排列位置。

将部门表 dept 中的字段 deptno 修改到字段 dname 后面，并且在执行 ALTER TABLE 语句后使用 DESC 语句查询出数据表 dept 的表结构信息，具体 SQL 语句及执行结果如下。

```
mysql>ALTER TABLE dept MODIFY deptno INT AFTER dname;
Query OK, 0 rows affected (0.10 sec)
Records: 0  Duplicates: 0  Warnings: 0

mysql> DESC dept;
+------------+----------+------+-----+---------+-------+
| Field      | Type     | Null | Key | Default | Extra |
+------------+----------+------+-----+---------+-------+
| local_name | char(20) | YES  |     | NULL    |       |
| dname      | char(16) | YES  |     | NULL    |       |
```

```
| deptno     | int      | YES  |     | NULL    |       |
+------------+----------+------+-----+---------+-------+
3 rows in set (0.00 sec)
```

从 DESC 语句的执行结果可以看出，字段 deptno 位于字段 dname 后面，说明使用 MODIFY 成功修改了字段 deptno 在数据表中的排列位置。

6. 添加字段

在开发过程中，随着业务的变化，可能需要在已有数据表中添加新字段，例如因公司新规定，如果新招聘人员属于返聘人员，则需要业务负责人特批后才能办理入职。为此，在员工管理系统中，需要在已有待入职员工表中新增“是否返聘人员”字段。此时可以通过 ALTER TABLE 语句对数据表添加字段。

接下来，根据 ALTER TABLE 语句的语法格式，在数据表 dept 的第一列添加一个 INT 类型的字段 id。为更好地对比数据表添加字段前后的变化，执行添加字段的语句前后都使用 DESC 语句查询出数据表 dept 的表结构信息，具体 SQL 语句及执行结果如下。

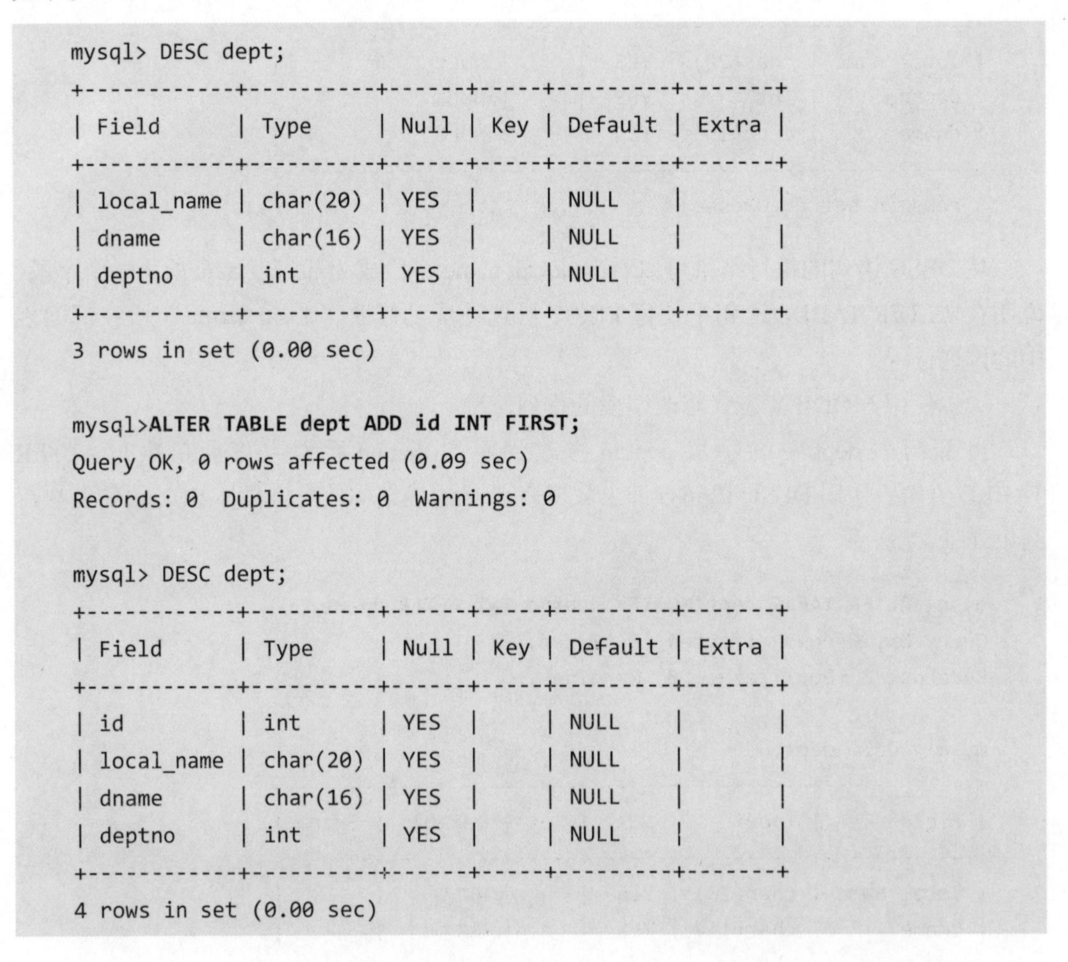

```
mysql> DESC dept;
+------------+----------+------+-----+---------+-------+
| Field      | Type     | Null | Key | Default | Extra |
+------------+----------+------+-----+---------+-------+
| local_name | char(20) | YES  |     | NULL    |       |
| dname      | char(16) | YES  |     | NULL    |       |
| deptno     | int      | YES  |     | NULL    |       |
+------------+----------+------+-----+---------+-------+
3 rows in set (0.00 sec)

mysql>ALTER TABLE dept ADD id INT FIRST;
Query OK, 0 rows affected (0.09 sec)
Records: 0  Duplicates: 0  Warnings: 0

mysql> DESC dept;
+------------+----------+------+-----+---------+-------+
| Field      | Type     | Null | Key | Default | Extra |
+------------+----------+------+-----+---------+-------+
| id         | int      | YES  |     | NULL    |       |
| local_name | char(20) | YES  |     | NULL    |       |
| dname      | char(16) | YES  |     | NULL    |       |
| deptno     | int      | YES  |     | NULL    |       |
+------------+----------+------+-----+---------+-------+
4 rows in set (0.00 sec)
```

从 DESC 语句的执行结果可以看出，数据表 dept 的第一列添加了一个 id 字段，并且字段的数据类型为 INT。

7. 删除字段

数据表创建成功后，不仅可以修改字段，还可以删除字段。所谓删除字段指的是将某个字段从数据表中删除。接下来，根据 ALTER TABLE 语句的语法格式，编写一个删除字段的 SQL 语句，删除数据表 dept 的 id 字段，具体 SQL 语句及执行结果如下。

```
mysql> ALTER TABLE dept DROP id;
Query OK, 0 rows affected (0.11 sec)
Records: 0  Duplicates: 0  Warnings: 0
```

从上述执行结果的提示信息可以看出，ALTER TABLE 语句成功执行。如果想验证 id 字段是否删除，可以使用 DESC 语句查看部门表 dept 的表结构信息，具体 SQL 语句及执行结果如下。

```
mysql> DESC dept;
+------------+----------+------+-----+---------+-------+
| Field      | Type     | Null | Key | Default | Extra |
+------------+----------+------+-----+---------+-------+
| local_name | char(20) | YES  |     | NULL    |       |
| dname      | char(16) | YES  |     | NULL    |       |
|deptno      | int      | YES  |     | NULL    |       |
+------------+----------+------+-----+---------+-------+
3 rows in set (0.00 sec)
```

从上述执行结果可以看出，部门表 dept 中已经不存在 id 字段，说明 id 字段被成功删除。

2.3.4　删除数据表

删除数据表是指删除数据库中已存在的表。在删除数据表的同时，数据表中存储的数据也将被删除。

在 MySQL 中，可以使用 DROP TABLE 语句删除数据表，其基本的语法格式如下。

```
DROP [TEMPORARY] TABLE [IF EXISTS]
     tbl_name [, tbl_name] ...
     [RESTRICT | CASCADE];
```

上述语法格式的具体说明如下。

- TEMPORARY：可选项，表示临时表，如果使用该可选项，则表示删除临时表。
- IF EXISTS：可选项，表示在删除之前判断数据表是否存在，使用该可选项时可以避免删除不存在的数据表导致的语句执行错误。

- tbl_name：表示数据表名称，DROP TABLE 语句可以同时删除一张或多张数据表。
- RESTRICT | CASCADE：可选项，用于设置外键的级联级别，以确保数据的完整性。如果使用 RESTRICT，从表引用了主表的数据时，直接删除主表会报错；如果使用 CASCADE，删除主表时，会级联删除从表中引用主表的数据。外键、主表和从表的相关内容会在第 5 章进行讲解。

接下来，根据上述语法格式，编写一个删除数据表的 SQL 语句，演示部门表 dept 的删除，具体 SQL 语句及执行结果如下。

```
mysql> DROP TABLE IF EXISTS dept;
Query OK, 0 rows affected (0.09 sec)
```

为验证数据表 dept 是否被删除成功，可以使用 SHOW TABLES 语句查看当前数据库中的数据表，具体 SQL 语句及执行结果如下。

```
mysql> SHOW TABLES;
Empty set (0.00 sec)
```

从上述执行结果的提示信息可以看出，数据库下不存在数据表，说明使用 DROP TABLE 语句成功删除了部门表 dept。

2.4 表的约束

为防止数据表中插入错误的数据，MySQL 定义了一些规则维护数据库中数据的完整性和有效性，这些规则即表的约束。常见的约束有非空约束、唯一约束、主键约束、外键约束和默认值约束，其中外键约束涉及多表操作，将在第 5 章进行讲解。接下来针对外键约束之外的其他约束进行讲解。

2.4.1 非空约束

非空约束用于确保插入字段中值的非空性。如果没有对字段设置约束，字段默认允许插入 NULL 值。如果数据表中的字段设置了非空约束，那么该字段中存放的值必须是 NULL 值之外的其他具体值。

例如，在企业的员工管理系统中，如果 HR 在新增员工信息时没有填写员工姓名等必填信息，系统却允许新增，那么所新增的员工信息没有使用价值。一般情况下，员工管理系统的数据表中都会为必填项信息对应的字段设置非空约束，以确保数据的完整性。为数据表的字段设置非空约束后，如果往该字段中插入的内容为 NULL，则所执行的插入操作会报错。

接下来，对设置和删除非空约束进行讲解。

1. 设置非空约束

在 MySQL 中，非空约束通过 NOT NULL 进行限定，在数据表中可以为多个字段同时设置非空约束。字段的非空约束可以在创建数据表时进行设置，也可以在修改数据表时进行添加，具体实现如下。

（1）创建数据表时设置非空约束。

如果是创建数据表时给字段设置非空约束，只需要在字段的数据类型后面追加 NOT NULL 即可。可以在数据表中设置多个非空约束，但是不能设置非空约束为表级约束。

接下来，通过一个案例演示创建数据表时设置非空约束。

例如，在数据库中创建一个用于存放部门信息的数据表 tb_dept01，部门信息中的部门地址不允许为 NULL 值。数据表 tb_dept01 的表结构信息如表 2-9。

表2-9 数据表tb_dept01的表结构信息

字段名称	数据类型	约　束	备注说明
deptno	INT		部门编号
dname	VARCHAR(14)		部门名称
local	VARCHAR(13)	非空约束	部门地址

根据表 2-9 的信息创建数据表 tb_dept01，具体 SQL 语句及执行结果如下。

```
mysql>  CREATE TABLE tb_dept01(
    ->deptno INT,
    ->dname VARCHAR(14),
    ->local VARCHAR(13) NOT NULL
    -> );
Query OK, 0 rows affected (0.05 sec)
```

从上述执行结果的提示信息可以看出，CREATE TABLE 语句成功执行。如果想验证 local 字段是否成功设置非空约束，可以使用 DESC 语句查看数据表 tb_dept01 的表结构信息，具体 SQL 语句及执行结果如下。

```
mysql> DESC tb_dept01;
+--------+-------------+------+-----+---------+-------+
| Field  | Type        | Null | Key | Default | Extra |
+--------+-------------+------+-----+---------+-------+
| deptno | int         | YES  |     | NULL    |       |
| dname  | varchar(14) | YES  |     | NULL    |       |
| local  | varchar(13) | NO   |     | NULL    |       |
+--------+-------------+------+-----+---------+-------+
3 rows in set (0.00 sec)
```

从上述执行结果的local字段信息可以看出，local字段不允许存储NULL，说明创建数据表时local字段成功设置了非空约束。

（2）修改数据表时添加非空约束。

如果需要在已经存在的数据表中添加非空约束，可以在ALTER TABLE语句中通过使用MODIFY或CHANGE重新定义字段的方式添加非空约束，这两种方式的效果都一样。

接下来，通过一个案例演示修改数据表时使用MODIFY添加非空约束。

例如，为数据表tb_dept01中的dname字段添加非空约束，具体SQL语句及执行结果如下。

```
mysql>ALTER TABLE tb_dept01 MODIFY dname VARCHAR(14) NOT NULL;
Query OK, 0 rows affected (0.09 sec)
Records: 0  Duplicates: 0  Warnings: 0
```

从上述执行结果的提示信息可以看出，ALTER TABLE语句成功执行。如果想验证dname字段是否成功添加了非空约束，可以使用DESC语句查看数据表tb_dept01的表结构信息，具体SQL语句及执行结果如下。

```
mysql> DESC tb_dept01;
+--------+-------------+------+-----+---------+-------+
| Field  | Type        | Null | Key | Default | Extra |
+--------+-------------+------+-----+---------+-------+
| deptno | int         | YES  |     | NULL    |       |
| dname  | varchar(14) | NO   |     | NULL    |       |
| local  | varchar(13) | NO   |     | NULL    |       |
+--------+-------------+------+-----+---------+-------+
3 rows in set (0.00 sec)
```

从上述执行结果的dname字段信息可以看出，dname字段不允许存储NULL，说明修改数据表时dname字段成功添加了非空约束。

2. 删除非空约束

非空约束的删除可以通过ALTER TABLE语句中的MODIFY或CHANGE重新定义字段的方式实现。

接下来，通过一个案例演示修改数据表时使用CHANGE删除非空约束。

例如，删除tb_dept01数据表中dname字段的非空约束，具体SQL语句及执行结果如下。

```
mysql>ALTER TABLE tb_dept01 CHANGE COLUMN dname dname varchar(14);
Query OK, 0 rows affected (0.10 sec)
Records: 0  Duplicates: 0  Warnings: 0
```

从上述执行结果的提示信息可以看出，修改dname字段的非空约束的语句成功执行。如果想验证删除操作的结果，可以通过DESC语句查看数据表tb_dept01的表结构信息，具体SQL语句及执行结果如下。

```
mysql> DESC tb_dept01;
+--------+-------------+------+-----+---------+-------+
| Field  | Type        | Null | Key | Default | Extra |
+--------+-------------+------+-----+---------+-------+
| deptno | int         | YES  |     | NULL    |       |
| dname  | varchar(14) | YES  |     | NULL    |       |
| local  | varchar(13) | NO   |     | NULL    |       |
+--------+-------------+------+-----+---------+-------+
3 rows in set (0.00 sec)
```

从上述执行结果可以看出，dname字段对应Null表头的内容为YES，表示dname字段中可以存储NULL值，说明dname字段的非空约束已经删除。

2.4.2　唯一约束

数据表中默认可以保存相同的值，唯一约束用于确保字段中值的唯一性。如果数据表中的字段设置了唯一约束，那么该数据表的这个字段中存放的值不能重复出现。

例如，在企业的员工管理系统中，如果HR在新增员工信息时允许新增员工的企业邮箱重复，那么邮箱信息的有效性会受到很大影响（例如，发送给某位员工的邮件可能会有多名员工收到）。一般情况下，数据表中需要为内容必须保证不重复的字段设置唯一约束，以确保数据的唯一性。为字段设置唯一约束后，如果往该字段中插入已经存在的值，所执行的插入操作会报错。

接下来，对设置和删除唯一约束进行讲解。

1. 设置唯一约束

在MySQL中，唯一约束通过关键字UNIQUE进行设置。设置时，可以在数据表中设置1个或多个唯一约束。字段的唯一约束可以在创建数据表时进行设置，也可以在修改数据表时进行添加，具体如下。

（1）创建数据表时设置唯一约束。

创建数据表时设置唯一约束的方式有两种：一种是设置列级约束；另一种是设置表级约束。列级约束紧跟在字段的数据类型之后，只对该字段起约束作用；表级约束独立于字段，可以对数据表的单个或多个字段起约束作用。如果表级约束对多个字段同时约束，只有当这几个字段的值相同时才视为重复记录，此时约束也称为联合约束或复合约束。

接下来，通过一个案例演示创建数据表时设置唯一约束。

例如，在数据库中创建一个用于存放员工信息的员工表tb_emp01，要求员工表中员工工号不能重复；相同部门中不能包含相同的员工姓名；员工职位不能为 NULL 值。员工表的表结构信息如表 2-10 所示。

表2-10 员工表tb_emp01的表结构信息

字段名称	数据类型	约束	说明
deptname	VARCHAR(16)	联合唯一约束	部门名称
empno	INT	唯一约束	员工工号
ename	VARCHAR(16)	联合唯一约束	员工姓名
job	VARCHAR(16)	非空约束	员工职位
email	VARCHAR(30)		员工邮箱

根据表 2-10 的信息创建数据表 tb_emp01，具体 SQL 语句及执行结果如下。

```
mysql> CREATE TABLE tb_emp01(
    ->deptname VARCHAR(16) ,
    ->empno   INT  UNIQUE,
    ->ename   VARCHAR(16) ,
    ->job     VARCHAR(16) NOT NULL,
    -> email   VARCHAR(30),
    ->UNIQUE (deptname,ename)
    -> ) ;
Query OK, 0 rows affected (0.08 sec)
```

从上述执行结果的提示信息可以看出，CREATE TABLE 语句成功执行。如果想验证字段是否按要求设置约束，可以使用 DESC 语句查看 tb_emp01 数据表的表结构信息，具体 SQL 语句及执行结果如下。

```
mysql> DESC tb_emp01;
+----------+-------------+------+-----+---------+-------+
| Field    | Type        | Null | Key | Default | Extra |
+----------+-------------+------+-----+---------+-------+
| deptname | varchar(16) | YES  | MUL | NULL    |       |
| empno    | int         | YES  | UNI | NULL    |       |
| ename    | varchar(16) | YES  |     | NULL    |       |
| job      | varchar(16) | NO   |     | NULL    |       |
| email    | varchar(30) | YES  |     | NULL    |       |
+----------+-------------+------+-----+---------+-------+
5 rows in set (0.00 sec)
```

从上述执行结果可以看出，字段 deptname 的 Key 列为 MUL，说明该字段是非唯一索引的第 1 列，此时字段 deptname 的值可以重复，字段 deptname 和字段 ename 共同的值用于唯一性判断；字段 empno 的 Key 列为 UNI，说明创建数据表时 empno 字段成功设置了唯一索引。设置唯一约束成功后 Key 列的值会有变化，是因为字段设置唯一约束时，系统会自动为对应的字段设置唯一索引，即 UNI。

（2）修改数据表时添加唯一约束。

如果是修改数据表时设置唯一约束，可以在 ALTER TABLE 语句中通过使用 MODIFY 或 CHANGE 重新定义字段的方式添加，也可以通过 ALTER TABLE 语句中的 ADD 添加。使用 ADD 的方式语法更简洁，通常添加唯一约束时会选择使用这种方式。

接下来，通过一个案例演示修改数据表时使用 ADD 添加唯一约束。

例如，为数据表 tb_emp01 中的 email 字段添加唯一约束，具体 SQL 语句及执行结果如下。

```
mysql>ALTER TABLE tb_emp01 ADD  UNIQUE(email);
Query OK, 0 rows affected (0.02 sec)
Records: 0  Duplicates: 0  Warnings: 0
```

从上述执行结果的提示信息可以看出，上述命令成功执行。如果想验证 email 字段是否成功添加唯一约束，可以使用 DESC 语句查看数据表 tb_emp01 的表结构信息，具体 SQL 语句及执行结果如下。

```
mysql> DESC tb_emp01;
+----------+-------------+------+-----+---------+-------+
| Field    | Type        | Null | Key | Default | Extra |
+----------+-------------+------+-----+---------+-------+
| deptname | varchar(16) | YES  | MUL | NULL    |       |
| empno    | int         | YES  | UNI | NULL    |       |
| ename    | varchar(16) | YES  |     | NULL    |       |
| job      | varchar(16) | NO   |     | NULL    |       |
| email    | varchar(30) | YES  | UNI | NULL    |       |
+----------+-------------+------+-----+---------+-------+
5 rows in set (0.00 sec)
```

从上述执行结果可以看出，email 字段的 Key 列为 UNI，说明 email 字段成功添加了唯一约束。

2. 删除唯一约束

创建唯一约束时，系统也同时创建了对应的唯一索引。删除唯一索引时，会将对应的唯一约束同时删除。默认情况下所创建的索引名和字段名一致，如果想要删除字段中已有的唯一约束，可以通过 ALTER TABLE 语句中的“DROP 索引名”实现。

接下来，通过一个案例演示使用 DROP 删除唯一约束。

例如，将数据表 tb_emp01 中的 empno 字段的唯一约束删除，具体 SQL 语句及执行结果如下。

```
mysql> ALTER TABLE tb_emp01 DROP index empno;
Query OK, 0 rows affected (0.04 sec)
Records: 0  Duplicates: 0  Warnings: 0
```

从上述执行结果的提示信息可以看出，ALTER TABLE 语句成功执行。如果想验证 empno 字段是否成功删除唯一约束，可以使用 DESC 语句查看数据表 tb_emp01 的表结构信息，具体 SQL 语句及执行结果如下。

```
mysql> DESC tb_emp01;
+----------+-------------+------+-----+---------+-------+
| Field    | Type        | Null | Key | Default | Extra |
+----------+-------------+------+-----+---------+-------+
| deptname | varchar(16) | YES  | MUL | NULL    |       |
| empno    | int         | YES  |     | NULL    |       |
| ename    | varchar(16) | YES  |     | NULL    |       |
| job      | varchar(16) | NO   |     | NULL    |       |
| email    | varchar(30) | YES  | UNI | NULL    |       |
+----------+-------------+------+-----+---------+-------+
5 rows in set (0.00 sec)
```

从上述执行结果的 empno 字段对应的 Key 列信息可以看出，empno 字段的唯一约束已经删除成功。

2.4.3 主键约束

在 MySQL 中，为快速查找到表中的某条记录，可以通过设置主键约束来实现。主键约束相当于非空约束和唯一约束的组合，要求被约束字段中的值不允许重复，也不允许出现 NULL 值。

例如，在企业内部的员工管理系统中需要高频率地使用员工表中的工号字段，如果允许员工工号重复或者是 NULL 值，管理员工信息时就会出现混乱，系统也没有任何有效性可言，这时就可以为员工工号设置主键约束。为员工工号设置主键约束后，如果往该字段中插入已经存在的值或 NULL 值，所执行的插入操作会报错。

接下来，对设置和删除主键约束进行讲解。

1. 设置主键约束

在 MySQL 中，主键约束是通过 PRIMARY KEY 进行设置，每个数据表中最多只能设置一个主键约束。设置主键约束的方式有两种，分别为创建数据表时设置主键约束和修改数据表时添加主键约束，具体如下。

（1）创建数据表时设置主键约束。

与设置唯一约束一样，可以在创建数据表时设置列级或表级的主键约束，区别在于列级只能对单字段设置主键约束，表级可以对单字段或多字段设置主键约束。

接下来，通过一个案例演示创建数据表时设置主键约束。

例如，在数据库中创建一个用于存放部门信息的数据表 tb_dept02，部门信息中的 ID 编号使用最频繁，并且 id 字段的值不能为 NULL 值也不能重复；部门名称的值不能重复，部门地址的值不能为 NULL 值。数据表 tb_dept02 的表结构信息如表 2-11 所示。

表2-11　数据表tb_dept02的表结构信息

字段名称	数据类型	约　束	备注说明
id	INT	主键约束	ID 编号
dname	VARCHAR(14)	唯一约束	部门名称
local	VARCHAR(13)	非空约束	部门地址

根据表 2-11 的信息创建数据表 tb_dept02，具体 SQL 语句及执行结果如下。

```
mysql> CREATE TABLE tb_dept02(
    ->id INT PRIMARY KEY,
    ->dname VARCHAR(14) UNIQUE,
    ->local VARCHAR(13) NOT NULL
    -> );
Query OK, 0 rows affected (0.07 sec)
```

从上述执行结果的提示信息可以看出，CREATE TABLE 语句成功执行。如果想验证 id 字段是否成功设置主键约束，可以使用 DESC 语句查看数据表 tb_dept02 的表结构信息，具体 SQL 语句及执行结果如下。

```
mysql> DESC tb_dept02;
+-------+-------------+------+-----+---------+-------+
| Field | Type        | Null | Key | Default | Extra |
+-------+-------------+------+-----+---------+-------+
| id    | int         | NO   | PRI | NULL    |       |
| dname | varchar(14) | YES  | UNI | NULL    |       |
| local | varchar(13) | NO   |     | NULL    |       |
+-------+-------------+------+-----+---------+-------+
3 rows in set (0.00 sec)
```

从上述执行结果可以看出，id 字段对应的 Key 列的说明信息为 PRI，说明创建表时字段 ID 成功设置了主键约束。设置主键约束成功后 Key 列的值会有变化，是因为字段设置主键约束时，系统会自动为对应的字段设置主键索引（PRI），并且为对应的字段自动设置非空约束。

创建数据表时为多个字段设置联合主键需要在表级约束的位置进行。读者可以参考 2.4.2 节中设置联合唯一约束的实现，在此不再进行演示。

（2）修改数据表时添加主键约束。

如果数据表创建后，想要为表添加主键约束，则与修改数据表时添加唯一约束类似，可以在ALTER TABLE语句中通过使用MODIFY或CHANGE重新定义字段的方式添加，也可以通过ALTER TABLE语句中的ADD添加。不同的是，添加主键约束之前需要确保数据表中不存在主键约束，否则会添加失败。

接下来，通过一个案例演示修改数据表时使用ADD给字段添加主键约束。

例如，为数据表tb_dept01中的deptno字段添加主键约束，具体SQL语句及执行结果如下。

```
mysql>ALTER TABLE tb_dept01 ADD PRIMARY KEY(deptno);
Query OK, 0 rows affected (0.11 sec)
Records: 0  Duplicates: 0  Warnings: 0
```

从上述执行结果的提示信息可以看出，ALTER TABLE语句成功执行。如果想验证deptno字段是否成功设置主键约束，可以使用DESC语句查看数据表tb_dept01的表结构信息，具体SQL语句及执行结果如下。

```
mysql> DESC tb_dept01;
+--------+-------------+------+-----+---------+-------+
| Field  | Type        | Null | Key | Default | Extra |
+--------+-------------+------+-----+---------+-------+
| deptno | int         | NO   | PRI | NULL    |       |
| dname  | varchar(14) | YES  |     | NULL    |       |
| local  | varchar(13) | NO   |     | NULL    |       |
+--------+-------------+------+-----+---------+-------+
3 rows in set (0.00 sec)
```

从上述执行结果可以看出，字段deptno的Key列为PRI，说明字段deptno成功添加了主键约束。

2. 删除主键约束

对于设置错误或者不再需要的主键约束，可以通过ALTER TABLE语句中的DROP进行删除。由于主键约束在数据表中只能有一个，因此不需要指定主键约束对应的字段名称，直接删除即可。删除主键约束时，也会自动删除主键索引。

接下来，通过一个案例演示使用DROP删除数据表tb_dept01中的主键约束，具体SQL语句及执行结果如下。

```
mysql>ALTER TABLE tb_dept01 DROP PRIMARY KEY;
Query OK, 0 rows affected (0.11 sec)
Records: 0  Duplicates: 0  Warnings: 0
```

从上述执行结果的信息可以看出，ALTER TABLE语句成功执行。下面使用DESC语句查看数据表tb_dept01的表结构信息，验证主键约束的删除情况。具体SQL语句及执行结果如下。

```
mysql> DESC tb_dept01;
+--------+-------------+------+-----+---------+-------+
| Field  | Type        | Null | Key | Default | Extra |
+--------+-------------+------+-----+---------+-------+
| deptno | int         | NO   |     | NULL    |       |
| dname  | varchar(14) | YES  |     | NULL    |       |
| local  | varchar(13) | NO   |     | NULL    |       |
+--------+-------------+------+-----+---------+-------+
3 rows in set (0.00 sec)
```

从上述执行结果可以看出，deptno 字段的 Key 列没有内容了，但是 Null 列还是显示 NO，说明删除主键约束时自动将主键索引删除了，但字段的非空约束并没有被同时删除。如果想要删除字段的非空约束，可以参考 2.4.1 节中的相关内容。

2.4.4 默认值约束

默认值约束用于给数据表中的字段指定默认值，即当在表中插入一条新记录时，如果没有给这个字段赋值，那么数据库系统会自动为这个字段插入指定的默认值。

例如，在企业的员工管理系统中需要记录每个员工的在职状态，以确定员工当前是否在职。如果每次办理员工入职时需要手动设置在职状态，则显得比较烦琐。这时就可以为员工状态设置默认值约束，这样新增员工信息时，即使不填写员工在职状态，数据库也会为员工在职状态插入设置的默认值。

接下来，对设置和删除默认值约束进行讲解。

1. 设置默认值约束

字段的默认值约束可以在创建数据表时进行设置，也可以在修改数据表时进行添加，具体如下。

（1）创建数据表时设置默认值约束。

如果创建数据表时给字段设置默认值约束，只需要在定义字段时使用如下格式即可。

```
<字段名><数据类型> DEFAULT <默认值>;
```

接下来，通过一个案例演示创建数据表时设置默认值约束。

例如，创建一个存放员工信息的员工表 tb_emp02，员工表中 ID 编号的查询频率很高，并且不允许为 NULL 值及重复值；员工姓名不能有重复值；员工状态的值默认为 1。员工表 tb_emp02 的表结构信息如表 2-12 所示。

表2-12 员工表tb_emp02的表结构信息

字段名称	数据类型	约束	默认值	说明
id	INT	主键约束		ID 编号
ename	VARCHAR(16)	唯一约束		员工姓名

续表

字段名称	数据类型	约束	默认值	说明
sal	DECIMAL(7,2)			基本工资
status	VARCHAR(13)	默认值约束	1	员工状态 （1：在职，2：已离职）

根据表 2-12 的信息创建数据表 tb_emp02，具体 SQL 语句及执行结果如下。

```
mysql>  CREATE TABLE tb_emp02(
    ->  id INT PRIMARY KEY,
    ->  ename VARCHAR(16) UNIQUE,
    ->  sal DECIMAL(7,2),
    ->  status VARCHAR(13) DEFAULT 1
    ->  );
Query OK, 0 rows affected (0.07 sec)
```

从上述执行结果的信息可以看出，CREATE TABLE 语句成功执行。下面通过 DESC 语句查看数据表 tb_emp02 的表结构信息，具体 SQL 语句及执行结果如下。

```
mysql> DESC tb_emp02;
+--------+--------------+------+-----+---------+-------+
| Field  | Type         | Null | Key | Default | Extra |
+--------+--------------+------+-----+---------+-------+
| id     | int          | NO   | PRI | NULL    |       |
| ename  | varchar(16)  | YES  | UNI | NULL    |       |
| sal    | decimal(7,2) | YES  |     | NULL    |       |
| status | varchar(13)  | YES  |     | 1       |       |
+--------+--------------+------+-----+---------+-------+
4 rows in set (0.01 sec)
```

从上述执行结果可以看出，status 字段中 Default 列对应的信息为 1，说明创建数据表 tb_emp02 时成功地为 status 字段设置了默认值约束，默认值为 1。

（2）修改数据表时添加默认值约束。

修改数据表时添加默认值约束与修改数据表时添加非空约束类似，可以在 ALTER TABLE 语句中通过使用 MODIFY 或 CHANGE 重新定义字段的方式添加默认值约束。

接下来，通过一个案例演示修改数据表时使用 MODIFY 添加默认值约束。

例如，修改数据表 tb_emp02 时为字段 sal 添加默认值约束（默认值为 0.00），具体 SQL 语句及执行结果如下。

```
mysql>ALTER TABLE tb_emp02 MODIFY sal DECIMAL(7,2) DEFAULT 0.00;
Query OK, 0 rows affected (0.02 sec)
Records: 0  Duplicates: 0  Warnings: 0
```

从上述执行结果的信息可以看出，ALTER TABLE 语句成功执行。下面通过 DESC 语句查看数据表 tb_emp02 的表结构信息，具体 SQL 语句及执行结果如下。

```
mysql> DESC tb_emp02;
+--------+--------------+------+-----+---------+-------+
| Field  | Type         | Null | Key | Default | Extra |
+--------+--------------+------+-----+---------+-------+
| id     | int          | NO   | PRI | NULL    |       |
| ename  | varchar(16)  | YES  | UNI | NULL    |       |
| sal    | decimal(7,2) | YES  |     | 0.00    |       |
| status | varchar(13)  | YES  |     | 1       |       |
+--------+--------------+------+-----+---------+-------+
4 rows in set (0.00 sec)
```

从上述执行结果可以看出，sal 字段中 Default 列对应的信息为 0.00，说明修改数据表 tb_emp02 时成功地为 sal 字段添加了默认值约束，默认值为 0.00。

2. 删除默认值约束

当数据表中的某列不需要设置默认值时，可以通过修改表的语句删除默认值约束。删除默认约束也是通过 ALTER TABLE 语句中的 MODIFY 或 CHANGE 重新定义字段的方式实现。

接下来，通过一个案例演示使用 CHANGE 删除默认值约束。

例如，修改数据表 tb_emp02 时删除字段 sal 的默认值约束，具体 SQL 语句及执行结果如下。

```
mysql> ALTER TABLE tb_emp02 CHANGE sal sal DECIMAL(7,2);
Query OK, 0 rows affected (0.02 sec)
Records: 0  Duplicates: 0  Warnings: 0
```

从上述执行结果的信息可以看出，ALTER TABLE 语句成功执行。接下来使用 DESC 语句查看数据表 tb_emp02 的表结构信息，具体 SQL 语句及执行结果如下。

```
mysql> DESC tb_emp02;
+--------+--------------+------+-----+---------+-------+
| Field  | Type         | Null | Key | Default | Extra |
+--------+--------------+------+-----+---------+-------+
| id     | int          | NO   | PRI | NULL    |       |
| ename  | varchar(16)  | YES  | UNI | NULL    |       |
| sal    | decimal(7,2) | YES  |     | NULL    |       |
| status | varchar(13)  | YES  |     | 1       |       |
+--------+--------------+------+-----+---------+-------+
4 rows in set (0.00 sec)
```

从上述执行结果可以看出，sal 字段中 Default 列对应的信息为 NULL，说明修改数据表 tb_emp02 时成功删除了 sal 字段的默认值约束。

2.5 自动增长

在企业开发中，有时想要数据表为插入的新记录自动生成唯一的 ID。例如，在员工管理系统中，当公司 HR 每次添加员工信息时，如果都需要手动填写员工工号，则会导致新增之前还需要想办法查询最新的工号是多少，也有可能查询出最新工号再进行手动插入时，发现该工号已被其他 HR 提前添加。此时，可以使用 AUTO_INCREMENT 解决这类问题，AUTO_INCREMENT 可以为新行自动生成唯一标识。

在字段中设置 AUTO_INCREMENT 的基本语法格式如下。

```
字段名 数据类型 AUTO_INCREMENT;
```

使用 AUTO_INCREMENT 时，需要注意以下 4 点。

（1）一个数据表中只能有一个字段设置 AUTO_INCREMENT，设置 AUTO_INCREMENT 字段的数据类型可以是整数和浮点类型，并且该字段必须定义为键，如 UNIQUE、PRIMARY KEY。

（2）如果为自动增长字段插入 NULL，则该字段会自动增长值；如果插入的是一个具体值，则不会自动增长值。

（3）默认情况下，设置 AUTO_INCREMENT 的字段的值是从 1 开始自增。如果插入一个大于自动增长值的具体值，则下次自动增长的值为字段中的最大值加 1。

（4）使用 DELETE 删除记录时，自动增长值不会减少或填补空缺。

为了让读者有更好的理解，下面通过一个案例演示 AUTO_INCREMENT 的使用。

例如，在数据库中创建用于存储员工信息的员工表 tb_emp03，员工表中的员工工号需要设置主键约束，并且希望插入的员工数据中员工工号能够自动增长。员工表 tb_emp03 的表结构信息如表 2-13 所示。

表2-13 员工表tb_emp03的表结构信息

字段名称	数据类型	约束	是否自增	备注说明
empno	INT	主键约束	是	员工工号
deptname	VARCHAR(14)	非空约束	否	部门名称
job	VARCHAR(13)		否	员工职位

根据表 2-13 的信息创建数据表 tb_emp03，具体 SQL 语句及执行结果如下。

```
mysql> CREATE TABLE tb_emp03(
    ->empno INT PRIMARY KEY AUTO_INCREMENT,
    ->deptname VARCHAR(14) NOT NULL,
    ->job VARCHAR(13)
    -> );
Query OK, 0 rows affected (0.05 sec)
```

从上述执行结果的提示信息可以看出，CREATE TABLE 语句成功执行。可以使用 DESC 语句查看数据表 tb_emp03 的表结构信息，具体 SQL 语句及执行结果如下。

```
mysql> DESC tb_emp03;
+----------+-------------+------+-----+---------+----------------+
| Field    | Type        | Null | Key | Default | Extra          |
+----------+-------------+------+-----+---------+----------------+
| empno    | int         | NO   | PRI | NULL    | auto_increment |
| deptname | varchar(14) | NO   |     | NULL    |                |
| job      | varchar(13) | YES  |     | NULL    |                |
+----------+-------------+------+-----+---------+----------------+
3 rows in set (0.00 sec)
```

在上述执行结果中，由 empno 字段中 Extra 列对应的信息可以看出，创建数据表 tb_emp03 时成功地给字段 empno 设置了主键值的自动增长。

2.6 上机实践：图书管理系统的数据库及相关数据表的创建

老板看过你设计的图书管理系统 E-R 图之后非常满意，接下来他要求你根据 E-R 图创建数据库及相关数据表。

【实践需求】

（1）为了见名知义，数据库的名称命名为 bms，并且指定数据库的字符集为 utf8mb4。

（2）在数据库 bms 中创建用户表（user）、图书表（book）和记录表（record）分别用于存储用户信息、图书信息和借阅记录，这 3 张数据表的结构分别如表 2-14 ~ 表 2-16 所示。

表2-14　user表的结构

字段名称	数据类型	约束	默认值	是否自增	说　明
id	INT	主键约束		是	用户编号
name	VARCHAR（20）	非空约束 唯一约束		否	用户名称
state	CHAR(1)	非空约束	'0'	否	用户状态（0 表示启用，1 表示禁用）

表2-15 book表的结构

字段名称	数据类型	约 束	默认值	是否自增	说 明
id	INT	主键约束		是	图书编号
name	VARCHAR（20）	非空约束 唯一约束		否	图书名称
price	DECIMAL(6,2)	非空约束		否	图书价格
upload_time	DATETIME	非空约束		否	上架时间
borrower_id	INT			否	借阅人编号
borrow_time	DATETIME			否	借阅时间
state	CHAR(1)	非空约束	'0'	否	图书状态（0 表示可借阅，1 表示已借阅，2 表示已下架）

表2-16 record表的结构

字段名称	数据类型	约 束	默认值	是否自增	说 明
id	INT	主键约束		是	借阅记录编号
book_id	INT	非空约束		否	图书编号
borrower_id	INT	非空约束		否	借阅人编号
borrow_time	DATETIME	非空约束		否	借阅时间
remand_time	DATETIME	非空约束		否	归还时间

（3）为确认创建的数据表准确无误，你查看了创建的数据表的结构信息。

【动手实践】

（1）创建字符集为 utf8mb4 的数据库 bms，具体 SQL 语句及执行结果如下。

```
mysql> CREATE DATABASE bms CHARACTER SET utf8mb4;
Query OK, 1 row affected (0.01 sec)
```

（2）在数据库 bms 中创建数据表 user、数据表 book 和数据表 record。

创建数据表之前，需要先选择使用哪个数据库，具体 SQL 语句及执行结果如下。

```
mysql> USE bms
Database changed
```

创建数据表 user，具体 SQL 语句及执行结果如下。

```
mysql> CREATE TABLE user  (
    ->id INT PRIMARY KEY AUTO_INCREMENT,
    ->name VARCHAR(20) NOT NULL UNIQUE,
    ->state CHAR(1) NOT NULL DEFAULT 0
    -> );
Query OK, 0 rows affected (0.06 sec)
```

创建数据表 book，具体 SQL 语句及执行结果如下。

```
mysql> CREATE TABLE book  (
    ->id INT  PRIMARY KEY AUTO_INCREMENT,
    ->name VARCHAR(20) NOT NULL UNIQUE,
    ->price DECIMAL(6, 2)  NOT NULL,
    ->upload_time DATETIME NOT NULL,
    ->borrower_id INT ,
    ->borrow_time DATETIME,
    ->state CHAR(1) NOT NULL DEFAULT 0
    -> );
Query OK, 0 rows affected (0.05 sec)
```

创建数据表 record，具体 SQL 语句及执行结果如下。

```
mysql>  CREATE TABLE record  (
    ->id INT  PRIMARY KEY AUTO_INCREMENT,
    ->book_id INT NOT NULL,
    ->borrower_id INT NOT NULL,
    ->borrow_time DATETIME NOT NULL,
    ->remand_time DATETIME NOT NULL
    -> );
Query OK, 0 rows affected (0.04 sec)
```

（3）查看数据表 book 的表结构信息。

可以使用 DESC 语句查看数据表 book 的表结构信息，具体 SQL 语句及执行结果如下。

```
mysql> DESC book;
+-------------+--------------+------+-----+---------+----------------+
| Field       | Type         | Null | Key | Default | Extra          |
+-------------+--------------+------+-----+---------+----------------+
| id          | int          | NO   | PRI | NULL    | auto_increment |
| name        | varchar(20)  | NO   | UNI | NULL    |                |
| price       | decimal(6,2) | NO   |     | NULL    |                |
| upload_time | datetime     | NO   |     | NULL    |                |
| borrower_id | int          | YES  |     | NULL    |                |
| borrow_time | datetime     | YES  |     | NULL    |                |
| state       | char(1)      | NO   |     | 0       |                |
+-------------+--------------+------+-----+---------+----------------+
7 rows in set (0.03 sec)
```

2.7 本章小结

本章主要对数据库和数据表的基本操作进行了详细讲解。首先介绍了数据库的基本操作；然后讲解了数据类型以及数据表的基本操作；接着讲解了数据表的约束和自动增长；最后通过一个上机实践加深对数据库和数据表的基本操作的理解。通过本章的学习，读者能够掌握数据库和数据表的基本操作，为后续的学习打下坚实的基础。

2.8 课后习题

一、填空题

1. 创建数据库时，语句中添加________可以防止数据库已存在而引发的程序报错。

2. 如果使用非图形化工具操作数据表，操作之前应该先使用________命令指定操作是在哪个数据库中进行。

3. 在 MySQL 中，小数的表示分为________和定点数两种类型。

4. ________类型的字段用于存储固定长度的字符串。

5. 在 MySQL 中，主键约束是通过________进行设置。

二、判断题

1. 创建的临时表仅在当前会话中可见，会话关闭时会自动删除。(　　)

2. 如果给字段所赋的值超出数据类型的取值范围，会发生错误。(　　)

3. 在 ALTER TABLE 语句中，CHANGE 子句仅可以修改字段名。(　　)

4. 在数据表中不可以为多个字段同时设置非空约束。(　　)

5. 一个数据表中只能有一个字段设置 AUTO_INCREMENT。(　　)

三、选择题

1. 下列选项中可以查看数据表的创建信息的是(　　)。

A. SHOW TABLES;　　B. DESC 数据表名；

C. SHOW TABLE；　　D. SHOW CREATE TABLE 数据表名；

2. 若数据库中存在以下数据表，语句 SHOW TABLES LIKE 'sh_' 的结果为(　　)。

A. fish　　B. mydb　　C. she　　D. unshift

3. 下列选项中对约束的描述错误的是(　　)。

A. 每个数据表中最多只能设置一个主键约束

B. 非空约束通过 NOT NULL 进行限定

C. 唯一约束通过关键字 UNIQUE 进行设置

D. 只可以在数据表中设置 1 个唯一约束

4. 下列选项中（　　）语句可以删除数据库。

A. DELETE DATABASE;　　B. DROP DATABASE;

C. ALTER DATABASE;　　D. CREAT;

E. DATABASE;

5. 下列选项中（　　）语句可以在修改数据表时将字段 id 添加在数据表的第一列。

A. ALTER TABLE dept ADD FIRST id INT;

B. ALTER TABLE dept ADD id INT FIRST;

C. ALTER TABLE dept ADD AFTER id INT;

D. ALTER TABLE dept ADD id INT AFTER;

第 3 章

数据操作

思政案例

学习目标

- ◆ 掌握数据表中数据的插入，能够使用INSERT语句在数据表中插入数据；
- ◆ 掌握数据表中数据的更新，能够使用UPDATE语句更新数据表中的数据；
- ◆ 掌握数据表中数据的删除，能够使用DELETE语句删除数据表中的数据。

通过第 2 章的学习，相信读者对数据库和数据表的基本操作有了一定的了解，但要想操作数据库中的数据，则需要通过数据操纵语言实现。MySQL 提供的数据操纵语言以 INSERT、UPDATE 和 DELETE 语句为核心，使用这 3 种语句分别可以完成数据的插入、更新和删除。本章将通过这 3 种语句对数据的操作进行讲解。

3.1 插入数据

数据表创建好后，就可以在表中插入数据。在 MySQL 中可以使用 INSERT 语句向数据表中一次插入单条或多条数据，本节将对这两种插入数据的方式进行讲解。

3.1.1 一次插入单条数据

向数据表中插入单条数据的语法格式如下。

```
INSERT [INTO] 数据表名
[(字段名 1[, 字段名 2] ...)]
{VALUES | VALUE} (值 1) [, (值 2)] ...;
```

在上述语法格式中，数据表名指的是要插入数据的数据表的名称；字段名指的是插入数据的字段名称；值指的是插入字段对应的数据。

需要注意的是，使用 INSERT 语句插入数据时，字段名是可以省略的。如果不指定字段名，表示插入的数据将按数据表的字段顺序向所有字段插入数据。如果指定需要插入数据的字段名，则插入的值的顺序与指定的字段名顺序需要保持一致。

接下来，针对向所有字段和向部分字段插入数据进行讲解。

1. 向所有字段插入数据

向数据表所有字段插入数据时，可以指定所有字段名，也可以省略所有字段名。接下来，分别通过案例进行演示。

（1）指定所有字段名。

假设现在有一个存储员工信息的员工表 emp，表结构信息如表 3-1 所示。

表3-1 员工表emp的表结构信息

字段名称	数据类型	约束	说明
empno	INT	主键约束	员工编号
ename	VARCHAR(20)	非空约束 唯一约束	员工姓名
job	VARCHAR(20)	非空约束	员工职位
mgr	INT		直属上级编号
sal	DECIMAL(7,2)		基本工资
comm	DECIMAL(7,2)		奖金
deptno	INT		所属部门的编号

我们想向员工表 emp 中插入一条员工数据，员工数据如表 3-2 所示。

表3-2 员工数据（1）

empno	ename	job	mgr	sal	comm	deptno
9902	赵六	分析员	9566	4000.00	NULL	20

接下来，我们先根据表 3-1 的信息在数据库 ems 中创建员工表 emp，具体 SQL 语句及执行结果如下。

```
mysql> CREATE TABLE emp(
    -> empno   INT PRIMARY KEY,
    -> ename   VARCHAR(20) UNIQUE NOT NULL,
    -> job     VARCHAR(20) NOT NULL,
    -> mgr     INT ,
    -> sal     DECIMAL(7,2),
    -> comm    DECIMAL(7,2),
    -> deptno  INT
    -> ) ;
Query OK, 0 rows affected (0.08 sec)
```

创建好员工表 emp 后，使用 INSERT 语句将表 3-2 的员工数据插入其中，具体 SQL 语句及执行结果如下。

```
mysql> INSERT INTO emp (empno,ename,job,mgr,sal,comm,deptno)
       VALUES(9902,'赵六','分析员',9566,4000.00,NULL,20);
Query OK, 1 row affected (0.01 sec)
```

从上述执行结果可以看出，INSERT 语句成功执行。想要验证数据是否按要求插入数据表中，我们使用 SELECT 语句查询数据，具体 SQL 语句和执行结果如下。

```
mysql> SELECT * FROM emp;
+-------+-------+--------+------+---------+------+--------+
| empno | ename | job    | mgr  | sal     | comm | deptno |
+-------+-------+--------+------+---------+------+--------+
|  9902 | 赵六  | 分析员 | 9566 | 4000.00 | NULL |     20 |
+-------+-------+--------+------+---------+------+--------+
1 row in set (0.00 sec)
```

从上述执行结果的信息可以看出，员工表 emp 中成功地插入了一条数据，其中 1 row in set 表示查询出一条数据。关于 SELECT 查询语句的相关知识，将在第 4 章进行详细讲解，这里只需要知道查询使用 SELECT 语句即可。需要注意的是，使用 INSERT 语句插入数据时，数据表名后的字段顺序可以与其在表中定义的顺序不一致，它们只需要与 VALUES 中值的顺序一致即可。

（2）省略所有字段名。

在 MySQL 中，给所有字段插入数据时如果省略所有字段名，插入的效果与指定所有字段名一样。区别在于，由于 INSERT 语句中没有指定字段名，添加的值的顺序必须与字段在表中定义的顺序相同。

下面通过一个案例演示使用省略所有字段名的方式向数据表中插入数据。

例如，向员工表 emp 中插入数据，需要插入的员工数据如表 3-3 所示。

表3-3　员工数据（2）

empno	ename	job	mgr	sal	comm	deptno
9566	李四	经理	9839	3995.00	NULL	20

使用 INSERT 语句将表 3-3 中的员工数据插入员工表 emp 中，具体 SQL 语句及执行结果如下。

```
mysql> INSERT INTO emp VALUES(9566,'李四','经理',9839,3995.00,NULL,20);
Query OK, 1 row affected (0.01 sec)
```

从上述执行结果可以看出，INSERT 语句成功执行。下面使用 SELECT 语句查询员工表 emp 中的数据，具体 SQL 语句和执行结果如下。

```
mysql> SELECT * FROM emp;
+-------+-------+--------+------+---------+------+--------+
| empno | ename | job    | mgr  | sal     | comm | deptno |
```

```
+-------+-------+--------+------+---------+------+--------+
|  9566 | 李四   | 经理    | 9839 | 3995.00 | NULL |     20 |
|  9902 | 赵六   | 分析员  | 9566 | 4000.00 | NULL |     20 |
+-------+-------+--------+------+---------+------+--------+
2 rows in set (0.00 sec)
```

从上述执行结果的信息可以看出，员工表 emp 中成功地插入了新数据。这种省略所有字段名的方式虽然相对简单，但是 VALUES 后面的值必须与数据表中的字段顺序对应。如果数据表中某一个字段不确定插入的值，则可以将其设置为 NULL。

2. 向部分字段插入数据

有时我们只需要或者只有部分数据，那么可以选择向部分字段插入数据。例如，销售人员暂时只获取了客户的部分信息，此时需要往客户管理系统中添加客户信息时，可以先将该部分信息存入系统。

下面通过一个案例演示向部分字段插入数据。

例如，向员工表 emp 中插入数据，需要插入的员工数据如表 3-4 所示。

表3-4 员工数据（3）

empno	ename	job	sal	deptno
9839	刘一	董事长	6000.00	10

使用 INSERT 语句将表 3-4 中的员工数据插入员工表 emp 中，具体 SQL 语句及执行结果如下。

```
mysql> INSERT INTO emp (empno,ename,job,sal,deptno)
    -> VALUES(9839,'刘一','董事长',6000.00,10);
Query OK, 1 row affected (0.01 sec)
```

从上述执行结果的信息可以看出，INSERT 语句成功执行。为验证数据是否按要求进行插入，可以使用 SELECT 语句查询员工表 emp 中的数据，具体 SQL 语句和执行结果如下。

```
mysql> SELECT * FROM emp;
+-------+-------+--------+------+---------+------+--------+
| empno | ename | job    | mgr  | sal     | comm | deptno |
+-------+-------+--------+------+---------+------+--------+
|  9566 | 李四   | 经理    | 9839 | 3995.00 | NULL |     20 |
|  9839 | 刘一   | 董事长  | NULL | 6000.00 | NULL |     10 |
|  9902 | 赵六   | 分析员  | 9566 | 4000.00 | NULL |     20 |
+-------+-------+--------+------+---------+------+--------+
3 rows in set (0.00 sec)
```

从上述执行结果的信息可以看出，员工表中成功地插入了员工刘一的数据，但是字段 mgr 和 comm 的值为 NULL。这是因为在添加新数据时，如果没有为某个字段赋值，系统会自动为该字段添加默认值。

字段的默认值等信息可以通过数据表的创建语句进行查看，可使用 SQL 语句 SHOW CREATE TABLE emp\G 查看数据表 emp 的创建细节，具体 SQL 语句及执行结果如下。

```
mysql> SHOW CREATE TABLE emp\G
*************************** 1. row ***************************
       Table: emp
Create Table: CREATE TABLE `emp` (
  `empno` int NOT NULL,
  `ename` varchar(20) DEFAULT NULL,
  `job` varchar(20) DEFAULT NULL,
  `mgr` int DEFAULT NULL,
  `sal` decimal(7,2) DEFAULT NULL,
  `comm` decimal(7,2) DEFAULT NULL,
  `deptno` int DEFAULT NULL,
  PRIMARY KEY (`empno`),
  UNIQUE KEY `ename` (`ename`)
) ENGINE=InnoDB DEFAULT CHARSET=utf8mb4 COLLATE=utf8mb4_0900_ai_ci
1 row in set (0.00 sec)
```

从数据表的创建语句中可以看出，字段 mgr 和 comm 的默认值为 NULL。本例中没有为字段 mgr 和 comm 赋值，系统会自动为其添加默认值 NULL。

需要注意的是，如果某个字段在定义时添加了非空约束，但没有添加默认值约束，那么插入新数据时就必须为该字段赋值，否则数据库系统会提示错误。

多学一招：INSERT语句的其他写法

INSERT 语句还有一种语法格式，即使用 SET 子句为表中指定的字段或全部字段添加数据，其格式如下。

```
INSERT INTO 数据表名 SET 字段名 1= 值 1[, 字段名 2= 值 2, ...];
```

在上面的语法格式中，“字段名 1”“字段名 2”是指需要添加数据的字段名称，“值 1”“值 2”表示添加的数据。如果在 SET 关键字后面指定了多个“字段名 = 值”数据对，则每个数据对之间使用逗号分隔，最后一个“字段名 = 值”数据对之后不需要逗号。

接下来，通过一个案例演示在 INSERT 语句中使用 SET 子句向员工表 emp 中插入数据，具体内容如表 3-5 所示。

表3-5 员工数据（4）

empno	ename	Job	mgr	sal	comm	deptno
9369	张三	保洁	9902	900.00	NULL	20

使用 INSERT 语句将表 3-5 中的员工数据插入员工表 emp 中，具体 SQL 语句及执行结果如下。

```
mysql> INSERT INTO emp
    -> SET empno=9369,ename='张三',job='保洁',mgr=9902,sal=900.00,comm=NULL
    ,deptno=20;
Query OK, 1 row affected (0.01 sec)
```

从执行结果的信息可以看出，INSERT 语句成功执行。为验证数据是否按要求插入，可以使用 SELECT 语句查询员工表 emp 中的数据，具体 SQL 语句和执行结果如下。

```
mysql> SELECT * FROM emp;
+-------+-------+-------+------+---------+------+--------+
| empno | ename | job   | mgr  | sal     | comm | deptno |
+-------+-------+-------+------+---------+------+--------+
|  9369 | 张三  | 保洁  | 9902 |  900.00 | NULL |     20 |
|  9566 | 李四  | 经理  | 9839 | 3995.00 | NULL |     20 |
|  9839 | 刘一  | 董事长 | NULL | 6000.00 | NULL |     10 |
|  9902 | 赵六  | 分析员 | 9566 | 4000.00 | NULL |     20 |
+-------+-------+-------+------+---------+------+--------+
4 rows in set (0.00 sec)
```

从执行结果可以看出，员工表 emp 中成功插入了员工张三的数据。

3.1.2 一次插入多条数据

如果需要一次向数据表中插入多条数据，可以使用上面学习的方式将数据逐条添加，但这样做需要书写多条 INSERT 语句，比较麻烦。为解决一次插入多条数据，MySQL 允许使用一条 INSERT 语句同时添加多条数据，其语法格式如下。

```
INSERT [INTO] 数据表名 [(字段名 1, 字段名 2, …)]
{VALUES | VALUE}(值 1, 值 2, …), (值 1, 值 2, …),
…
(值 1, 值 2, …);
```

在上述语法格式中，“(字段名 1，字段名 2，…)”是可选的，用于指定插入的字段名，如果向全部字段插入数据，可以省略。“(值 1，值 2，…)”表示要插入的数据，该数据可以有多条，多条数据之间用逗号隔开。

下面通过一个案例演示使用一条 INSERT 语句插入多条数据。

例如，技术人员想要使用 SQL 语句向员工表 emp 中插入多条数据，如表 3-6 所示。

表3-6 员工数据（5）

empno	ename	job	mgr	sal	comm	deptno
9499	孙七	销售	9698	2600	300	30
9521	周八	销售	9698	2250	500	30
9654	吴九	销售	9698	2250	1400	30
9982	陈二	经理	9839	3450	NULL	10
9988	王五	分析员	9566	4000	NULL	20
9844	郑十	销售	9698	2500	NULL	30
9900	萧十一	保洁	9698	1050	NULL	30

使用 INSERT 语句同时将表 3-6 中的员工数据插入员工表 emp 中，具体 SQL 语句及执行结果如下。

```
mysql> INSERT INTO emp
    -> VALUES
    -> (9499,'孙七','销售',9698,2600,300,30),
    -> (9521,'周八','销售',9698,2250,500,30),
    -> (9654,'吴九','销售',9698,2250,1400,30),
    -> (9982,'陈二','经理',9839,3450,NULL,10),
    -> (9988,'王五','分析员',9566,4000,NULL,20),
    -> (9844,'郑十','销售',9698,2500,0,30),
    -> (9900,'萧十一','保洁',9698,1050,NULL,30);
Query OK, 7 rows affected (0.01 sec)
Records: 7  Duplicates: 0  Warnings: 0
```

从执行结果的信息可以看出，INSERT 语句成功执行。在执行结果中，“Records：7”表示添加 7 条数据，“Duplicates：0”表示添加的 7 条数据没有重复，“Warnings：0”表示添加数据时没有警告。在添加多条数据时，可以不指定字段列表，只需要保证 VALUES 后面跟随的值列表依照字段在数据表中定义的顺序即可。

接下来通过查询语句查询数据是否成功添加，执行结果如下。

```
mysql>  SELECT * FROM emp;
+-------+--------+--------+------+---------+---------+--------+
| empno | ename  | job    | mgr  | sal     | comm    | deptno |
+-------+--------+--------+------+---------+---------+--------+
|  9369 | 张三   | 保洁   | 9902 |  900.00 |    NULL |     20 |
|  9499 | 孙七   | 销售   | 9698 | 2600.00 |  300.00 |     30 |
|  9521 | 周八   | 销售   | 9698 | 2250.00 |  500.00 |     30 |
|  9566 | 李四   | 经理   | 9839 | 3995.00 |    NULL |     20 |
```

```
|  9654 | 吴九   | 销售   | 9698 | 2250.00 | 1400.00 |     30 |
|  9839 | 刘一   | 董事长 | NULL | 6000.00 |    NULL |     10 |
|  9844 | 郑十   | 销售   | 9698 | 2500.00 |    0.00 |     30 |
|  9900 | 萧十一 | 保洁   | 9698 | 1050.00 |    NULL |     30 |
|  9902 | 赵六   | 分析员 | 9566 | 4000.00 |    NULL |     20 |
|  9982 | 陈二   | 经理   | 9839 | 3450.00 |    NULL |     10 |
|  9988 | 王五   | 分析员 | 9566 | 4000.00 |    NULL |     20 |
+-------+--------+--------+------+---------+---------+--------+
11 rows in set (0.00 sec)
```

从执行结果可以看到，员工表 emp 中添加了 7 条新数据。

需要注意的是，一次向表中插入多条数据与插入单条数据一样，如果不指定字段名，必须为每个字段添加数据；如果指定了字段名，就只需要为指定的字段添加数据。

3.2 更新数据

更新数据是指对数据表中已经存在的数据进行修改，例如某个部门名称变更了，就需要对数据表中部门名称字段的值进行修改。MySQL 中使用 UPDATE 语句更新表中的数据，其基本的语法格式如下。

```
UPDATE 数据表名 SET 字段名1 = 值1[, 字段名2 = 值2, ...] [WHERE 条件表达式];
```

在上述语法格式中，字段名用于指定要更新的字段名称，值表示字段更新后的数据。WHERE 子句中的条件表达式用于指定更新数据需要满足的条件。

UPDATE 语句可以更新数据表中的部分数据和全部数据，下面对这两种情况进行讲解。

1. 更新部分数据

更新部分数据是指根据指定条件更新数据表中的某条或某几条数据，需要使用 WHERE 子句来指定更新数据的条件。

下面通过一个案例演示使用 UPDATE 语句更新部分数据。

例如，员工张三由于工作表现突出，老板给其涨薪 200 元，老板让技术人员使用 SQL 语句完成这个任务。

工资数据存放在员工表 emp 中的 sal 字段下，修改工资就是修改 sal 字段的值。更新 sal 字段前，我们先使用 SELECT 语句查询张三当前的信息，具体 SQL 语句及执行结果如下。

```
mysql>  SELECT * FROM emp WHERE ename='张三';
+-------+-------+------+------+---------+------+--------+
| empno | ename | job  | mgr  | sal     | comm | deptno |
```

```
+-------+-------+-----+-----+--------+-----+--------+
|  9369 | 张三   | 保洁 | 9902 | 900.00 | NULL |     20 |
+-------+-------+-----+-----+--------+-----+--------+
1 row in set (0.00 sec)
```

下面使用UPDATE语句更新张三的工资，将sal字段的值在原来的基础上增加200，具体SQL语句及执行结果如下。

```
mysql> UPDATE emp SET sal=sal+200 WHERE ename='张三';
Query OK, 1 row affected (0.01 sec)
Rows matched: 1  Changed: 1  Warnings: 0
```

从上述执行结果可以看出，UPDATE语句成功执行。为验证数据是否根据之前的要求完成更新,使用SELECT语句查询张三修改后的信息,具体SQL语句和执行结果如下。

```
mysql> SELECT * FROM emp WHERE ename='张三';
+-------+-------+-----+-----+---------+-----+--------+
| empno | ename | job | mgr | sal     | comm | deptno |
+-------+-------+-----+-----+---------+-----+--------+
|  9369 | 张三   | 保洁 | 9902 | 1100.00 | NULL |     20 |
+-------+-------+-----+-----+---------+-----+--------+
1 row in set (0.00 sec)
```

从上述执行结果可以看到，张三的工资增加了200。

如果数据表中有多条数据满足WHERE子句中的条件表达式，则满足条件的数据都会发生更新。

接下来，通过一个案例演示WHERE子句中条件表达式有多条数据满足时更新数据的操作。例如，全体保洁工作都比较优秀，老板决定给所有保洁人员涨薪300，他让技术人员使用SQL完成这个更新工作。

在更新数据前，首先使用SELECT语句查询保洁职位的数据，具体SQL语句及执行结果如下。

```
mysql>  SELECT * FROM emp WHERE job='保洁';
+-------+--------+------+-----+---------+-----+--------+
| empno | ename  | job  | mgr | sal     | comm | deptno |
+-------+--------+------+-----+---------+-----+--------+
|  9369 | 张三    | 保洁 | 9902 | 1100.00 | NULL |     20 |
|  9900 | 萧十一  | 保洁 | 9698 | 1050.00 | NULL |     30 |
+-------+--------+------+-----+---------+-----+--------+
2 rows in set (0.00 sec)
```

从上述执行结果可以看到，有2名员工的职位是保洁，他们的工资各不相同。下面使用 UPDATE 语句将职位为保洁的员工涨薪 300，具体 SQL 语句及执行结果如下。

```
mysql>  UPDATE emp SET sal=sal+300 WHERE job='保洁';
Query OK, 2 rows affected (0.01 sec)
Rows matched: 2  Changed: 2  Warnings: 0
```

从上述执行结果可以看出，UPDATE 语句成功执行。为验证数据是否根据之前的要求完成更新，使用 SELECT 语句查询更新后职位为保洁的员工数据，具体 SQL 语句和执行结果如下。

```
mysql>  SELECT * FROM emp WHERE job='保洁';
+-------+--------+------+------+---------+------+--------+
| empno | ename  | job  | mgr  | sal     | comm | deptno |
+-------+--------+------+------+---------+------+--------+
|  9369 | 张三   | 保洁 | 9902 | 1400.00 | NULL |     20 |
|  9900 | 萧十一 | 保洁 | 9698 | 1350.00 | NULL |     30 |
+-------+--------+------+------+---------+------+--------+
2 rows in set (0.00 sec)
```

从执行结果可以看出，职位为保洁的员工工资都在原来的基础上增加了 300，这说明满足 WHERE 子句中条件表达式的数据都更新成功。

2. 更新全部数据

UPDATE 语句中如果没有使用 WHERE 子句，则会将表中所有数据的指定字段都进行更新。

例如，公司今年利润翻倍，老板给公司所有员工涨薪 500，这个任务再次安排给了技术人员，要求通过 SQL 语句完成。

在更新数据前，先使用 SELECT 语句查询员工表中当前所有员工的数据，具体 SQL 语句及执行结果如下。

```
mysql> SELECT * FROM emp;
+-------+--------+--------+------+---------+---------+--------+
| empno | ename  | job    | mgr  | sal     | comm    | deptno |
+-------+--------+--------+------+---------+---------+--------+
|  9369 | 张三   | 保洁   | 9902 | 1400.00 |    NULL |     20 |
|  9499 | 孙七   | 销售   | 9698 | 2600.00 |  300.00 |     30 |
|  9521 | 周八   | 销售   | 9698 | 2250.00 |  500.00 |     30 |
|  9566 | 李四   | 经理   | 9839 | 3995.00 |    NULL |     20 |
|  9654 | 吴九   | 销售   | 9698 | 2250.00 | 1400.00 |     30 |
|  9839 | 刘一   | 董事长 | NULL | 6000.00 |    NULL |     10 |
|  9844 | 郑十   | 销售   | 9698 | 2500.00 |    0.00 |     30 |
|  9900 | 萧十一 | 保洁   | 9698 | 1350.00 |    NULL |     30 |
|  9902 | 赵六   | 分析员 | 9566 | 4000.00 |    NULL |     20 |
```

```
| 9982 | 陈二   | 经理   | 9839 | 3450.00 |    NULL |     10 |
| 9988 | 王五   | 分析员 | 9566 | 4000.00 |    NULL |     20 |
+-------+--------+--------+------+---------+---------+--------+
11 rows in set (0.00 sec)
```

从上述执行结果可以看到，员工表中的数据一共有 11 条，它们的 sal 字段值各不相同。下面使用 UPDATE 语句将所有员工涨薪 500，具体 SQL 语句及执行结果如下。

```
mysql> UPDATE emp SET sal=sal+500;
Query OK, 11 rows affected (0.01 sec)
Rows matched: 11  Changed: 11  Warnings: 0
```

从上述执行结果可以看出，UPDATE 语句成功执行。为验证数据是否根据之前的要求完成更新，使用 SELECT 语句查询员工表 emp 中的数据，具体 SQL 语句和执行结果如下。

```
mysql> SELECT * FROM emp;
+-------+--------+--------+------+---------+---------+--------+
| empno | ename  | job    | mgr  | sal     | comm    | deptno |
+-------+--------+--------+------+---------+---------+--------+
|  9369 | 张三   | 保洁   | 9902 | 1900.00 |    NULL |     20 |
|  9499 | 孙七   | 销售   | 9698 | 3100.00 |  300.00 |     30 |
|  9521 | 周八   | 销售   | 9698 | 2750.00 |  500.00 |     30 |
|  9566 | 李四   | 经理   | 9839 | 4495.00 |    NULL |     20 |
|  9654 | 吴九   | 销售   | 9698 | 2750.00 | 1400.00 |     30 |
|  9839 | 刘一   | 董事长 | NULL | 6500.00 |    NULL |     10 |
|  9844 | 郑十   | 销售   | 9698 | 3000.00 |    0.00 |     30 |
|  9900 | 萧十一 | 保洁   | 9698 | 1850.00 |    NULL |     30 |
|  9902 | 赵六   | 分析员 | 9566 | 4500.00 |    NULL |     20 |
|  9982 | 陈二   | 经理   | 9839 | 3950.00 |    NULL |     10 |
|  9988 | 王五   | 分析员 | 9566 | 4500.00 |    NULL |     20 |
+-------+--------+--------+------+---------+---------+--------+
11 rows in set (0.00 sec)
```

从上述执行结果可以看出，员工表中所有员工的工资都在原来的基础上增加了 500，这说明如果没有使用 WHERE 子句，则会将表中所有数据的指定字段都进行更新。

3.3 删除数据

删除数据是指对数据表中已经存在的数据进行删除，例如员工离职后，需要将离职的员工从员工表中删除。MySQL 中使用 DELETE 语句删除数据表中的数据，其语法格式如下。

```
DELETE FROM 数据表名 [WHERE 条件表达式 ];
```

在上面的语法格式中，数据表名指定要删除的数据表的名称，WHERE 子句为可选项，用于指定删除的条件，满足条件的数据会被删除。

DELETE 语句可以删除表中的部分数据和全部数据，下面对这两种情况进行讲解。

1. 删除部分数据

删除部分数据是指根据指定条件删除数据表中的某一条或某几条数据，需要使用 WHERE 子句指定删除数据的条件。

接下来，根据 DELETE 语句的语法格式，删除员工表中的员工信息。例如，员工孙七离职了，需要将他的信息从员工表中删除。

在删除数据之前，先使用 SELECT 语句查询当前是否存在名叫孙七的员工信息，具体 SQL 语句和执行结果如下。

```
mysql>  SELECT * FROM emp WHERE ename=' 孙七 ';
+-------+-------+------+------+---------+--------+--------+
| empno | ename | job  | mgr  | sal     | comm   | deptno |
+-------+-------+------+------+---------+--------+--------+
|  9499 | 孙七  | 销售 | 9698 | 3100.00 | 300.00 |     30 |
+-------+-------+------+------+---------+--------+--------+
1 row in set (0.00 sec)
```

下面使用 DELETE 语句删除员工表中孙七的数据，具体 SQL 语句及执行结果如下。

```
mysql> DELETE FROM emp WHERE ename=' 孙七 ';
Query OK, 1 row affected (0.01 sec)
```

从上述执行结果可以看出，DELETE 语句成功执行。接下来再次通过 SELECT 语句查询孙七的信息，具体 SQL 语句及执行结果如下。

```
mysql> SELECT * FROM emp WHERE ename=' 孙七 ';
Empty set (0.00 sec)
```

从上述执行结果可以看到数据为空，说明孙七的数据被成功删除。

在执行删除操作的数据表中，如果有多条数据满足“WHERE”子句中的条件表达式，则满足条件的数据都会被删除。

例如，由于公司业务调整，不再需要分析员这个岗位。公司全部分析员办理离职后，这些分析员的信息要从员工表 emp 中删除。在删除数据之前，先使用 SELECT 语句查询员工表中当前分析员的所有数据，具体 SQL 语句及执行结果如下。

```
mysql>  SELECT * FROM emp WHERE job='分析员';
+-------+-------+--------+------+---------+------+--------+
| empno | ename | job    | mgr  | sal     | comm | deptno |
+-------+-------+--------+------+---------+------+--------+
|  9902 | 赵六  | 分析员 | 9566 | 4500.00 | NULL |     20 |
|  9988 | 王五  | 分析员 | 9566 | 4500.00 | NULL |     20 |
+-------+-------+--------+------+---------+------+--------+
2 rows in set (0.00 sec)
```

从上述执行结果可以看到，职位为分析员的员工有2名。下面使用DELETE语句删除这2条数据，具体SQL语句及执行结果如下。

```
mysql>  DELETE FROM emp WHERE job='分析员';
Query OK, 2 rows affected (0.01 sec)
```

从上述执行结果可以看出，DELETE语句成功执行。接下来再次通过SELECT语句查询职位为分析员的员工数据，具体SQL语句及执行结果如下。

```
mysql>  SELECT * FROM emp WHERE job='分析员';
Empty set (0.00 sec)
```

从上述执行结果可以看到数据为空，说明职位为分析员的员工数据被成功删除。

2. 删除全部数据

DELETE语句中如果没有使用WHERE子句，则会将数据表中的所有数据都删除。

例如，技术人员在导入员工数据时导入了大批量的错误信息，由于之前正确的员工信息已经备份好，技术人员想将员工表中的所有数据全部删除，再重新进行插入。

在删除数据之前，先使用SELECT语句查询员工表emp中的所有数据，具体SQL语句及执行结果如下。

```
mysql>  SELECT * FROM emp;
+-------+--------+--------+------+---------+---------+--------+
| empno | ename  | job    | mgr  | sal     | comm    | deptno |
+-------+--------+--------+------+---------+---------+--------+
|  9369 | 张三   | 保洁   | 9902 | 1900.00 |    NULL |     20 |
|  9521 | 周八   | 销售   | 9698 | 2750.00 |  500.00 |     30 |
|  9566 | 李四   | 经理   | 9839 | 4495.00 |    NULL |     20 |
|  9654 | 吴九   | 销售   | 9698 | 2750.00 | 1400.00 |     30 |
|  9839 | 刘一   | 董事长 | NULL | 6500.00 |    NULL |     10 |
|  9844 | 郑十   | 销售   | 9698 | 3000.00 |    0.00 |     30 |
|  9900 | 萧十一 | 保洁   | 9698 | 1850.00 |    NULL |     30 |
|  9982 | 陈二   | 经理   | 9839 | 3950.00 |    NULL |     10 |
+-------+--------+--------+------+---------+---------+--------+
8 rows in set (0.00 sec)
```

从上述执行结果可以看到，员工表中现在有 8 条数据。下面使用 DELETE 语句删除这 8 条数据，具体 SQL 语句及执行结果如下。

```
mysql> DELETE FROM emp;
Query OK, 8 rows affected (0.01 sec)
```

从上述执行结果可以看出，DELETE 语句成功执行。接下来再次通过 SELECT 语句查询员工表中的数据，具体 SQL 语句及执行结果如下。

```
mysql> SELECT * FROM emp;
Empty set (0.00 sec)
```

从上述执行结果可以看到数据为空，说明员工表中的所有数据都被删除。

多学一招：使用关键字TRUNCATE删除表中数据

在 MySQL 数据库中，还有一种方式可以用来删除表中所有的数据。这种方式需要用到关键字 TRUNCATE，其语法格式如下。

```
TRUNCATE [TABLE] 数据表名 ;
```

TRUNCATE 的语法格式很简单，只需要通过“数据表名”指定要执行删除操作的表即可。下面通过一个案例来演示 TRUNCATE 的用法。

在数据库 itcast 中创建一张表 tab_truncate，创建 tab_truncate 表的 SQL 语句如下。

```
CREATE TABLE tab_truncate(
    id INT(3) PRIMARY KEY AUTO_INCREMENT,
    name VARCHAR(4)
);
```

在创建的 tab_truncate 表中，id 字段值设置了 AUTO_INCREMENT，在每次添加数据时，系统会为该字段自动添加值。id 字段的默认初始值是 1，每添加一条数据，该字段值会自动加 1。接下来向 tab_truncate 表中添加 5 条数据，且只添加 name 字段的值，具体 SQL 语句及执行结果如下。

```
mysql> INSERT INTO tab_truncate(name)
    -> VALUES( ‘A’ ),( ‘B’ ),( ‘C’ ),( ‘D’ ),( ‘E’ );
Query OK, 5 rows affected (0.01 sec)
Records: 5  Duplicates: 0  Warnings: 0
```

从上述执行结果可以看出，INSERT 语句成功执行。

接下来通过 SELECT 语句查询数据是否成功添加，具体 SQL 语句及执行结果如下。

```
mysql> SELECT * FROM tab_truncate;
+----+------+
| id | name |
+----+------+
|  1 | A    |
|  2 | B    |
|  3 | C    |
|  4 | D    |
|  5 | E    |
+----+------+
5 rows in set (0.00 sec)
```

从执行结果可以看出，tab_truncate表中添加了5条数据，且系统自动为每条数据的id字段添加了值。接下来使用TRUNCATE语句删除tab_truncate表中的所有数据，具体SQL语句及执行结果如下。

```
mysql> TRUNCATE TABLE tab_truncate;
Query OK, 0 rows affected (0.02 sec)
```

从执行结果可以看到TRUNCATE语句成功执行，接下来通过SELECT语句查询tab_truncate表中的数据是否删除成功，执行语句如下。

```
mysql> SELECT * FROM tab_truncate;
Empty set (0.00 sec)
```

通过执行结果可以看到数据为空，说明tab_truncate表中的数据被全部删除。

TRUNCATE语句和DELETE语句都能删除数据表中的所有数据，但两者也有一定的区别，具体如下。

（1）DELETE语句是数据操纵语句，TRUNCATE语句通常被视为数据定义语句。

（2）DELETE语句后面可以跟WHERE子句，通过指定WHERE子句中的条件表达式只删除满足条件的部分数据，而TRUNCATE语句只能用于删除表中的所有数据。

（3）DELETE语句是逐行删除记录，而TRUNCATE语句则是直接删除数据表，再重新创建一个一模一样的新表。

（4）使用TRUNCATE语句删除表中的数据后，再次向表中添加数据时，自动增加字段的默认初始值重新由1开始，而使用DELETE语句删除表中所有数据后，再次向表中添加数据时，自动增加字段的值为删除时该字段的最大值加1。

接下来使用一个案例来演示上述第4条区别。在空表tab_truncate中重新添加5条数据，具体SQL语句及执行结果如下。

```
mysql> INSERT INTO tab_truncate(name)VALUES( 'F' ),( 'G' ),( 'H' ),( 'I' ),
( 'J' );
```

```
Query OK, 5 rows affected (0.01 sec)
Records: 5  Duplicates: 0  Warnings: 0
```

由上述执行结果可以看出，tab_truncate 表中成功添加了 5 条数据。使用 SELECT 语句查询数据表中的数据，具体 SQL 语句及执行结果如下。

```
mysql> SELECT * FROM tab_truncate;
+----+------+
| id | name |
+----+------+
|  1 | F    |
|  2 | G    |
|  3 | H    |
|  4 | I    |
|  5 | J    |
+----+------+
5 rows in set (0.00 sec)
```

从执行结果可以看出，tab_truncate 表中 id 字段默认添加了值，初始值从 1 开始。接下来使用 DELETE 语句删除 tab_truncate 表中的所有数据，具体 SQL 语句及执行结果如下。

```
mysql> DELETE FROM tab_truncate;
Query OK, 5 rows affected (0.00 sec)
```

从上述执行结果可以看出，DELETE 语句成功执行。接下来向 tab_truncate 数据表中添加一条新数据，具体 SQL 语句及执行结果如下。

```
mysql> INSERT INTO tab_truncate(name) VALUES( 'K' );
Query OK, 1 row affected (0.00 sec)
```

从上述执行结果可以看出，INSERT 语句成功执行。使用 SELECT 语句查询数据表中的数据，具体 SQL 语句及执行结果如下。

```
mysql> SELECT * FROM tab_truncate;
+----+------+
| id | name |
+----+------+
|  6 | K    |
+----+------+
1 row in set (0.00 sec)
```

从执行结果可以看到，新添加数据的 id 字段值为 6，这是因为在使用 DELETE 语句删除的 5 条数据中，id 字段的最大值为 5，因此再次添加数据时，新数据的 id 字段值就为 5+1。

3.4 上机实践：图书表的数据操作

图书管理系统的数据库和相关的数据表已经创建，老板安排开发人员对图书和用户的新增、更新和删除功能进行开发。所有的新增、更新和删除功能都需要通过SQL对数据表中的数据进行操作，为确保功能代码的正确执行，开发人员一般先将功能对应的SQL在MySQL客户端执行一遍，确认执行无误后再将SQL写入功能代码中。开发人员编写SQL的需求如下。

【实践需求】

（1）插入单条图书信息。bms系统中提供了录入单本图书信息的功能，其中图书名称、价格是录入图书信息的必填项，图书的上架时间默认为操作系统的当前时间，图书状态如果不填写会使用默认值，本次选择手动填写。开发人员本次插入的单条图书信息如表3-7所示。

表3-7 图书的信息

name	price	state
Java基础入门（第3版）	59.00	'0'

（2）插入用户信息。bms系统中提供了录入用户信息的功能，其中用户名称为必填项，用户状态如果不填写会使用默认值，本次选择手动填写。开发人员本次插入的用户信息如表3-8所示。

表3-8 用户的信息

name	state
张三	'0'
李四	'0'

（3）同时插入多条图书信息。bms系统还提供了同时插入多条图书信息的功能。开发人员本次插入的多条图书信息如表3-9所示。

表3-9 多条图书信息

name	price	state
三国演义	69.00	'2'
MySQL数据库入门	40.00	'0'
Java Web程序开发入门	49.00	'0'
西游记	59.00	'2'

续表

name	price	state
红楼梦	33.00	'2'
水浒传	66.66	'2'

（4）上架图书。当书店进行整理时，想要将没有整理完的图书先进行下架处理，在整理完成后，需要对允许继续借阅的图书进行上架处理。bms 系统提供了图书上架的功能，图书上架其实就是将图书的状态修改为可借阅。开发人员本次上架的图书是《西游记》。

（5）修改单条图书信息。录入图书信息时难免会存在录入错误信息的情况，此时需要将错误的信息进行修改，开发人员本次将《水浒传》的价格修改为 66.00。

（6）修改多条图书信息。书店有时需要批量修改图书的信息，例如借阅的图书如果丢失或损坏，需要用户按图书价格进行赔偿，每年需要按书籍的折旧批量修改图书价格。bms 系统提供了批量修改图书信息的功能，开发人员本次将所有的图书价格下调 10%。

（7）删除图书。对于丢失或破损而不能再提供借阅的图书，书店需要进行图书信息的删除。开发人员本次删除的是图书《红楼梦》的信息。

（8）借阅图书。用户借阅图书时，需要在图书表中修改图书的借阅人信息、借阅时间信息以及将图书状态设置为已借阅。开发人员本次为编号是 1 的用户借阅图书《MySQL 数据库入门》。

【动手实践】

（1）插入单条图书信息。向图书表 book 中插入表 3-7 中的图书信息，具体 SQL 语句及执行结果如下。

```
mysql> INSERT INTO book (name,price,upload_time,state)
    -> VALUES('Java 基础入门（第 3 版）',59.00,CURRENT_TIMESTAMP,0);
Query OK, 1 row affected (0.02 sec)
```

（2）插入用户信息。向用户表 user 中批量插入表 3-8 中的用户信息，具体 SQL 语句及执行结果如下。

```
mysql> INSERT INTO user (name,state)
    -> VALUES ('张三',0),('李四',0);
Query OK, 2 rows affected (0.01 sec)
Records: 2  Duplicates: 0  Warnings: 0
```

（3）同时插入多条图书信息。向图书表 book 中批量插入表 3-9 中的图书信息，具体 SQL 语句及执行结果如下。

```
mysql> INSERT INTO book (name,price,upload_time,state)
    -> VALUES
    -> ('三国演义',69.00,CURRENT_TIMESTAMP,2),
    -> ('MySQL数据库入门',40.00,CURRENT_TIMESTAMP,0),
    -> ('Java Web程序开发入门',49.00,CURRENT_TIMESTAMP,0),
    -> ('西游记',59.00,CURRENT_TIMESTAMP,2),
    -> ('红楼梦',33.00,CURRENT_TIMESTAMP,2),
    -> ('水浒传',66.66,CURRENT_TIMESTAMP,2);
 Query OK, 6 rows affected (0.02 sec)
 Records: 6  Duplicates: 0  Warnings: 0
```

（4）上架图书。将图书表book中图书《西游记》的状态修改为可借阅（state字段的值为0），具体SQL语句及执行结果如下。

```
mysql>  UPDATE book SET state=0 WHERE name='西游记';
Query OK, 1 row affected (0.01 sec)
Rows matched: 1  Changed: 1  Warnings: 0
```

（5）修改单条图书信息。将图书表book中《水浒传》的价格修改为66.00，具体SQL语句及执行结果如下。

```
mysql> UPDATE book SET price=66.00 WHERE name='水浒传';
Query OK, 1 row affected (0.02 sec)
Rows matched: 1  Changed: 1  Warnings: 0
```

（6）修改多条图书信息。将图书表book中所有的图书价格下调10%，具体SQL语句及执行结果如下。

```
mysql> UPDATE book SET price=price*0.9;
Query OK, 7 rows affected (0.02 sec)
Rows matched: 7  Changed: 7  Warnings: 0
```

（7）删除图书。删除图书表中的图书《红楼梦》，具体SQL语句及执行结果如下。

```
mysql>  DELETE FROM book WHERE name='红楼梦';
Query OK, 1 row affected (0.01 sec)
```

（8）借阅图书。为编号是1的用户借阅图书《MySQL数据库入门》，借阅图书时，需要根据被借阅的图书名称，修改图书表中借阅人编号、借阅时间和图书状态的信息，具体SQL语句及执行结果如下。

```
mysql> UPDATE book SET borrower_id=1, borrow_time=CURRENT_TIMESTAMP,state=1
    -> WHERE name='MySQL数据库入门';
```

```
Query OK, 1 row affected (0.01 sec)
Rows matched: 1  Changed: 1  Warnings: 0
```

3.5 本章小结

本章主要对数据表中的数据操作进行了详细讲解。首先介绍了插入数据；其次讲解了更新数据；然后讲解了删除数据；最后通过一个上机实践加深读者对数据表基本操作的理解。通过本章的学习，读者能够掌握数据表的基本操作，为后续的学习打下坚实的基础。

3.6 课后习题

一、填空题

1. 插入数据时，如果不指定________，则必须为每个字段添加数据。
2. MySQL 中使用________语句来更新表中的记录。
3. MySQL 提供________语句用于删除表中的数据。
4. 在 MySQL 中可以使用________语句向数据表中插入数据。
5. 添加新数据时，如果没有为某个字段赋值，系统会自动为该字段添加________。

二、判断题

1. 使用 INSERT 语句插入数据时，字段名是可以省略的。(   )
2. 使用 INSERT 语句插入数据时，必须按数据表字段的顺序指定字段的名称。(   )
3. 如果插入的数据有多条，则多条数据之间用逗号隔开。(   )
4. UPDATE 语句可以更新数据表中的部分数据和全部数据。(   )
5. DELETE 语句中如果没有使用 WHERE 子句，则会将数据表中的所有数据都删除。(   )

三、选择题

1. 以下插入数据的语句错误的是（   ）。

   A. INSERT 数据表名 VALUE（值列表）;
   B. INSERT INTO 数据表名 VALUES（值列表）;
   C. INSERT 数据表名 VALUES（值列表）;
   D. INSERT 数据表名（值列表）;

2. 下列选项中向数据表 Student 中添加 id 为 1、name 为小王的 SQL 语句正确是（   ）。

A. INSERT INTO Student（"id","name"）VALUES（1," 小王 "）;

B. INSERT INTO Student（id,name）VALUES（1," 小王 "）;

C. INSERT INTO Student VALUES（1, 小王）;

D. INSERT INTO Student（id,"name"）VALUES（1," 小王 "）;

3. 下列关于删除数据表记录的 SQL 语句正确的是（　　）。

A. DELETE student ,where id=11;

B. DELETE FROM student where id=11;

C. DELETE INTO student where id=11;

D. DELETE student where id=11;

4. 下列关于 UPDATE 语句的描述正确的是（　　）。

A. UPDATE 只能更新表中的部分记录

B. UPDATE 只能更新表中的全部记录

C. UPDATE 语句更新数据时可以有条件地更新记录

D. 以上说法都不对

5. 下列关于更新数据的 SQL 语句正确的是（　　）。

A. UPDATE user SET id = u001;

B. UPDATE user（id,username）VALUES（'u001','jack'）;

C. UPDATE user SET id='u001',username='jack';

D. UPDATE INTO user SET id = 'u001', username='jack';

第 4 章

单表查询

学习目标

- 熟悉SELECT语句的作用，能够说出SELECT语句中各子句的含义；
- 掌握简单查询，能够使用SELECT语句查询所有字段、查询指定字段，以及查询去重数据；
- 掌握条件查询，能够使用比较运算符和逻辑运算符进行条件查询；
- 掌握高级查询，能够使用聚合函数、分组查询、排序查询和限量查询进行查询；
- 熟悉别名的设置，能够为数据表和字段设置别名。

关于对数据库中的数据进行操作，除了之前章节中讲解到的插入、更新和删除，还有一个使用频率更高、更重要的操作就是查询操作。查询是指从数据库中获取所需的数据，使用不同的查询方式可以获取不同的数据。一般将只涉及一张数据表的查询称为单表查询，本章将对单表查询进行讲解。

4.1 SELECT语句

从数据表中查询数据的基本语句是 SELECT 语句，该语句的基本语法格式如下。

```
SELECT  [DISTINCT] *|{select_expr1, select_expr2, …}
          FROM 数据表名
          [WHERE 条件表达式 1]
          [GROUP BY 字段名 [HAVING 条件表达式 2]]
          [ORDER BY 字段名 [ASC|DESC]]
          [LIMIT [OFFSET] 记录数 ]
```

在上述语法格式中，SELECT 语句由多个子句组成，各子句的含义如下。

（1）SELECT [DISTINCT] * | {select_expr1, select_expr2,…}：指定查询结果中需要

返回的值，其中 DISTINCT 是可选项，用于剔除执行结果中重复的数据；通配符 * 是执行结果中所有字段名称的简写方式；{select_expr1, select_expr2,…} 表示要检索的列表，可以是字段名或表达式，可以指定字段名称。通配符与 {select_expr1, select_expr2,…} 两者为互斥关系，任选其一。

（2）FROM 数据表名：表示从指定名称的数据表中查询数据。

（3）WHERE 条件表达式 1：WHERE 子句，是可选项，用于指定查询条件。

（4）[GROUP BY 字段名 [HAVING 条件表达式 2]]：GROUP BY 子句，是可选项，用于将查询结果按照指定字段进行分组；HAVING 子句也是可选项，用于对分组后的结果进行过滤。

（5）[ORDER BY 字段名 [ASC|DESC]]：ORDER BY 子句，是可选项，用于将查询结果按指定字段进行排序；排序方式由参数 ASC 或 DESC 控制，其中 ASC 表示按升序进行排列，DESC 表示按降序进行排列。如果不指定参数，默认为升序排列。

（6）[LIMIT [OFFSET] 记录数]：LIMIT 子句，是可选项，用于限制查询结果的数量。LIMIT 后面可以跟 2 个参数：第一个参数 OFFSET 表示偏移量，如果偏移量为 0 则从查询结果的第一条记录开始，偏移量为 1 则从查询结果的第二条记录开始……以此类推，偏移量为 n 则从查询结果的第 n+1 条记录开始。OFFSET 为可选值，如果不指定，其默认值为 0；第二个参数“记录数”表示返回查询记录的条数。

SELECT 语法相对比较复杂，对于初学者来说目前可能无法完全理解，本章将结合具体的案例对 SELECT 语句的各个子句进行逐一讲解。

4.2 简单查询

4.2.1 查询所有字段

查询所有字段是指返回数据表中符合条件的所有字段的值。查询所有字段的方式有两种，分别为列出所有字段名称进行查询和使用通配符 * 进行查询，接下来将对这两种方式进行讲解。

1. 列出所有字段名称进行查询

在 SELECT 语句中，列出所有字段名称进行查询的基本语法格式如下。

```
SELECT 字段名 1, 字段名 2,… FROM  数据表名 ;
```

在上述语法格式中，“字段名 1, 字段名 2,…”表示要查询的字段名称。如果要查询数据表中所有字段，则需要列出表中所有字段的名称。

下面通过案例演示列出所有字段名称进行查询。

例如，技术人员想要使用 SQL 语句查询 ems 数据库中员工表 emp 所有字段的数据。

由于上一章已经将员工表中的数据全部删除，因此查询之前需要将员工表的原始数据重新插入，插入语句如下。

```
INSERT INTO emp
VALUES
(9839,'刘一','董事长',NULL,6000,NULL,10),
(9982,'陈二','经理',9839,3450,NULL,10),
(9369,'张三','保洁',9902,900,NULL,20),
(9566,'李四','经理',9839,3995,NULL,20),
(9988,'王五','分析员',9566,4000,NULL,20),
(9902,'赵六','分析员',9566,4000,NULL,20),
(9499,'孙七','销售',9698,2600,300,30),
(9521,'周八','销售',9698,2250,500,30),
(9654,'吴九','销售',9698,2250,1400,30),
(9844,'郑十','销售',9698,2500,0,30),
(9900,'萧十一','保洁',9698,1050,NULL,30);
```

INSERT 语句执行成功后，使用 SELECT 语句以列出所有字段名称的方式查询员工表中的所有数据，具体 SQL 语句及执行结果如下。

```
mysql>SELECT empno,ename,job,mgr,sal,comm,deptno FROM emp;
+-------+--------+--------+------+---------+---------+--------+
| empno | ename  | job    | mgr  | sal     | comm    | deptno |
+-------+--------+--------+------+---------+---------+--------+
|  9369 | 张三   | 保洁   | 9902 |  900.00 |    NULL |     20 |
|  9499 | 孙七   | 销售   | 9698 | 2600.00 |  300.00 |     30 |
|  9521 | 周八   | 销售   | 9698 | 2250.00 |  500.00 |     30 |
|  9566 | 李四   | 经理   | 9839 | 3995.00 |    NULL |     20 |
|  9654 | 吴九   | 销售   | 9698 | 2250.00 | 1400.00 |     30 |
|  9839 | 刘一   | 董事长 | NULL | 6000.00 |    NULL |     10 |
|  9844 | 郑十   | 销售   | 9698 | 2500.00 |    0.00 |     30 |
|  9900 | 萧十一 | 保洁   | 9698 | 1050.00 |    NULL |     30 |
|  9902 | 赵六   | 分析员 | 9566 | 4000.00 |    NULL |     20 |
|  9982 | 陈二   | 经理   | 9839 | 3450.00 |    NULL |     10 |
|  9988 | 王五   | 分析员 | 9566 | 4000.00 |    NULL |     20 |
+-------+--------+--------+------+---------+---------+--------+
11 rows in set (0.00 sec)
```

从执行结果可以看出，SELECT 语句成功地查出表中所有字段的数据。需要注意的是，在 SELECT 语句的字段列表中，字段的顺序是可以改变的，无须按照字段在数据表中定义的顺序进行排列。例如，在 SELECT 语句中将 ename 字段放在查询列表的最后一列，具体 SQL 语句及执行结果如下。

```
mysql> SELECT empno,job,mgr,sal,comm,deptno,ename FROM emp;
+-------+--------+------+---------+---------+--------+--------+
| empno | job    | mgr  | sal     | comm    | deptno | ename  |
+-------+--------+------+---------+---------+--------+--------+
|  9369 | 保洁   | 9902 |  900.00 |    NULL |     20 | 张三   |
|  9499 | 销售   | 9698 | 2600.00 |  300.00 |     30 | 孙七   |
|  9521 | 销售   | 9698 | 2250.00 |  500.00 |     30 | 周八   |
|  9566 | 经理   | 9839 | 3995.00 |    NULL |     20 | 李四   |
|  9654 | 销售   | 9698 | 2250.00 | 1400.00 |     30 | 吴九   |
|  9839 | 董事长 | NULL | 6000.00 |    NULL |     10 | 刘一   |
|  9844 | 销售   | 9698 | 2500.00 |    0.00 |     30 | 郑十   |
|  9900 | 保洁   | 9698 | 1050.00 |    NULL |     30 | 萧十一 |
|  9902 | 分析员 | 9566 | 4000.00 |    NULL |     20 | 赵六   |
|  9982 | 经理   | 9839 | 3450.00 |    NULL |     10 | 陈二   |
|  9988 | 分析员 | 9566 | 4000.00 |    NULL |     20 | 王五   |
+-------+--------+------+---------+---------+--------+--------+
11 rows in set (0.00 sec)
```

从上述SQL语句和执行结果可以看出，SELECT语句中将ename字段放在最后一位，执行结果中ename字段的数据就在最后一列显示。

2. 使用通配符*进行查询

在SELECT语句中还可以使用通配符*匹配数据表中所有字段，其语法格式如下。

```
SELECT * FROM 数据表名;
```

在上述语法格式中，通配符*表示查询数据表中所有字段信息。例如，使用通配符*查询员工表emp中的所有记录，具体SQL语句及执行结果如下。

```
mysql> SELECT * from emp;
+-------+--------+--------+------+---------+---------+--------+
| empno | ename  | job    | mgr  | sal     | comm    | deptno |
+-------+--------+--------+------+---------+---------+--------+
|  9369 | 张三   | 保洁   | 9902 |  900.00 |    NULL |     20 |
|  9499 | 孙七   | 销售   | 9698 | 2600.00 |  300.00 |     30 |
|  9521 | 周八   | 销售   | 9698 | 2250.00 |  500.00 |     30 |
|  9566 | 李四   | 经理   | 9839 | 3995.00 |    NULL |     20 |
|  9654 | 吴九   | 销售   | 9698 | 2250.00 | 1400.00 |     30 |
|  9839 | 刘一   | 董事长 | NULL | 6000.00 |    NULL |     10 |
|  9844 | 郑十   | 销售   | 9698 | 2500.00 |    0.00 |     30 |
|  9900 | 萧十一 | 保洁   | 9698 | 1050.00 |    NULL |     30 |
|  9902 | 赵六   | 分析员 | 9566 | 4000.00 |    NULL |     20 |
|  9982 | 陈二   | 经理   | 9839 | 3450.00 |    NULL |     10 |
|  9988 | 王五   | 分析员 | 9566 | 4000.00 |    NULL |     20 |
+-------+--------+--------+------+---------+---------+--------+
```

```
11 rows in set (0.00 sec)
```

从执行结果可以看出，使用通配符 * 同样可以查出数据表中所有字段的数据，这种方式比较简单，但执行结果只能按照字段在表中定义的顺序显示。

注意：

当不知道字段的名称时，可以使用通配符获取字段信息。一般情况下，查询数据表中所有字段的数据时，不建议使用通配符，因为使用通配符虽然可以节省输入查询语句的时间，但会降低查询的效率。

4.2.2　查询指定字段

查询数据时，有时不需要查询所有字段的信息。例如，公司制定一项新的规约，需要查询出所有在职人员的名单并让员工签字确认，此时只需要查询员工的姓名即可。

查询指定字段可以在 SELECT 语句的字段列表中指定要查询的字段，其语法格式如下。

```
SELECT 字段名 1, 字段名 2,… FROM  数据表名 ;
```

在上面的语法格式中，“字段名 1, 字段名 2,…”表示需要查询的字段名称。

下面通过案例演示使用 SELECT 语句查询指定字段。

例如，技术人员想要使用 SQL 语句查询员工表 emp 中的信息，查询出的信息只需要展示员工编号和员工名称，具体 SQL 语句及执行结果如下。

```
mysql> SELECT empno,ename FROM emp;
+-------+--------+
| empno | ename  |
+-------+--------+
|  9839 | 刘一   |
|  9654 | 吴九   |
|  9521 | 周八   |
|  9499 | 孙七   |
|  9369 | 张三   |
|  9566 | 李四   |
|  9988 | 王五   |
|  9900 | 萧十一 |
|  9902 | 赵六   |
|  9844 | 郑十   |
|  9982 | 陈二   |
+-------+--------+
11 rows in set (0.00 sec)
```

从上述执行结果可以看到，执行 SELECT 语句后只查询出 empno 字段和 ename 字段的数据。

如果在 SELECT 语句中改变查询字段的顺序，则执行结果中字段显示的顺序也会作相应改变。例如，技术人员想要使用 SQL 查询员工表的信息，查询出的信息中第一列显示员工姓名，第二列显示员工编号，具体 SQL 语句及执行结果如下。

```
mysql> SELECT ename,empno FROM emp;
+--------+-------+
| ename  | empno |
+--------+-------+
| 刘一   |  9839 |
| 吴九   |  9654 |
| 周八   |  9521 |
| 孙七   |  9499 |
| 张三   |  9369 |
| 李四   |  9566 |
| 王五   |  9988 |
| 萧十一 |  9900 |
| 赵六   |  9902 |
| 郑十   |  9844 |
| 陈二   |  9982 |
+--------+-------+
11 rows in set (0.00 sec)
```

从上述执行结果可以看出，执行结果中第一列显示员工姓名，第二列显示员工编号。

4.2.3 查询去重数据

数据表的字段如果没有设置唯一约束，那么该字段就可能存储重复的值。有时需要将结果中的重复值去除后进行展示，例如人力资源部门想要获取一份历年的优秀员工名单，考虑有的员工可能多次获得优秀员工，此时需要将查询到的重复姓名去重后展示。MySQL 中提供了 DISTINCT 关键字，可以在查询时去除重复的值，基本语法格式如下。

```
SELECT DISTINCT 字段名 FROM 数据表名;
```

在上面的语法格式中，字段名表示要去除重复值的字段名称。

下面通过一个案例演示在 SELECT 语句中使用 DISTINCT 去除重复值。

例如，技术人员想要使用 SQL 语句查询员工表 emp 中所有员工所属的部门编号，具体 SQL 语句及执行结果如下。

```
mysql>SELECT DISTINCT deptno FROM emp;
+--------+
| deptno |
+--------+
```

```
|     20 |
|     30 |
|     10 |
+--------+
3 rows in set (0.03 sec)
```

从查询记录可以看到，这次查询只返回 3 个 deptno 字段的值，分别为 20、30 和 10，没有重复值。这说明当前员工所属的部门编号有 20、30 和 10。

多学一招：DISTINCT关键字作用于多个字段

在 SELECT 语句中，DISTINCT 关键字可以作用于多个字段，其语法格式如下。

```
SELECT DISTINCT 字段名 1, 字段名 2,… FROM 表名 ;
```

在上面的语法格式中，DISTINCT 关键字后指定了多个字段名称，只有这些字段的值完全相同，才会被视为重复记录。

例如，查询数据表 emp 中的字段 ename、字段 job 和字段 deptno 不重复的数据，具体 SQL 语句及执行结果如下。

```
mysql> SELECT DISTINCT ename,job,deptno FROM emp;
+--------+--------+--------+
| ename  | job    | deptno |
+--------+--------+--------+
| 张三   | 保洁   |     20 |
| 孙七   | 销售   |     30 |
| 周八   | 销售   |     30 |
| 李四   | 经理   |     20 |
| 吴九   | 销售   |     30 |
| 刘一   | 董事长 |     10 |
| 郑十   | 销售   |     30 |
| 萧十一 | 保洁   |     30 |
| 赵六   | 分析员 |     20 |
| 陈二   | 经理   |     10 |
| 王五   | 分析员 |     20 |
+--------+--------+--------+
11 rows in set (0.00 sec)
```

从执行结果可以看到，返回的记录中 job 字段和 deptno 字段仍然出现重复值，这是因为 DISTINCT 关键字同时作用于字段 ename、字段 job 和字段 deptno，只有这 3 个字段的值都相同时才被视为重复记录。

接下来，使用 DISTINCT 仅作用于 job 字段和 deptno 字段，即 job 字段和 deptno 字段的值都相同时去除重复的记录，具体 SQL 语句及执行结果如下。

```
mysql> SELECT DISTINCT job,deptno FROM emp;
+--------+--------+
| job    | deptno |
+--------+--------+
| 保洁   |     20 |
| 销售   |     30 |
| 经理   |     20 |
| 董事长 |     10 |
| 保洁   |     30 |
| 分析员 |     20 |
| 经理   |     10 |
+--------+--------+
7 rows in set (0.00 sec)
```

从执行结果可以看到，上述命令只查出7条记录，比上一次结果少4条记录，这说明DISTINCT去除了job字段和deptno字段的4条重复记录。

4.3 条件查询

在MySQL中，如果需要有条件地从数据表中查询数据，可以使用WHERE关键字来指定查询条件。查询条件可以是带比较运算符的查询，也可以是带逻辑运算符的查询条件，接下来对基于这两种查询条件的查询进行讲解。

4.3.1 带比较运算符的查询

MySQL提供了一系列的比较运算符，在查询数据时，可以使用比较运算符对数据进行过滤。MySQL常见的比较运算符如表4-1所示。

表4-1 MySQL常见的比较运算符

比较运算符	说　明
=	比较运算符左右两侧的操作数是否相等
<>	比较运算符左右两侧的操作数是否不相等
!=	比较运算符左右两侧的操作数是否不相等
<	比较运算符左侧操作数是否小于右侧操作数
<=	比较运算符左侧操作数是否小于或等于右侧操作数
>	比较运算符左侧操作数是否大于右侧操作数
>=	比较运算符左侧操作数是否大于或等于右侧操作数
BETWEEN ... AND ...	比较数据是否存在于指定范围内
IN	比较数据是否存在于指定集合内
IS NULL	比较数据是否为NULL
IS NOT NULL	比较数据是否不为NULL
LIKE	通配符匹配，获取匹配到的数据

读者对于表 4-1 中的大部分运算符应该都比较熟悉，接下来，通过一些例子学习常见比较运算符在条件查询中的使用。

1. 带=运算符的查询

= 运算符用于比较运算符左右两边的操作数，如果操作数的字段类型为字符串，则需要使用单引号对操作数进行包裹。在 WHERE 子句的条件表达式中，字符串以不区分大小写的方式进行比较运算。

例如，技术人员想要使用 SQL 语句查询员工表 emp 中员工张三的信息，具体 SQL 语句及执行结果如下。

```
mysql>SELECT * FROM emp WHERE ename='张三';
+-------+-------+------+------+--------+------+--------+
| empno | ename | job  | mgr  | sal    | comm | deptno |
+-------+-------+------+------+--------+------+--------+
|  9369 | 张三  | 保洁 | 9902 | 900.00 | NULL |     20 |
+-------+-------+------+------+--------+------+--------+
1 row in set (0.00 sec)
```

由执行结果可知，SELECT 语句按要求查询出员工张三的信息。

2. 带<>运算符的查询

<> 运算符和 != 运算符都用于比较操作数是否不相等。例如，技术人员想要使用 SQL 语句查询员工表中所属部门编号不是 30 的员工信息，可以在查询时使用 <> 运算符对部门编号进行比较，具体 SQL 语句及执行结果如下。

```
mysql>SELECT * FROM emp WHERE deptno<>30;
+-------+-------+--------+------+---------+------+--------+
| empno | ename | job    | mgr  | sal     | comm | deptno |
+-------+-------+--------+------+---------+------+--------+
|  9369 | 张三  | 保洁   | 9902 |  900.00 | NULL |     20 |
|  9566 | 李四  | 经理   | 9839 | 3995.00 | NULL |     20 |
|  9839 | 刘一  | 董事长 | NULL | 6000.00 | NULL |     10 |
|  9902 | 赵六  | 分析员 | 9566 | 4000.00 | NULL |     20 |
|  9982 | 陈二  | 经理   | 9839 | 3450.00 | NULL |     10 |
|  9988 | 王五  | 分析员 | 9566 | 4000.00 | NULL |     20 |
+-------+-------+--------+------+---------+------+--------+
6 rows in set (0.00 sec)
```

由执行结果可知，SELECT 语句按要求查询出所属部门编号不是 30 的员工信息。需要注意的是，NULL 不能使用 <> 运算符和 != 运算符进行比较。

3. 带<运算符的查询

< 运算符用于判断左侧操作数是否小于右侧操作数。例如，技术人员想要使用 SQL 语句查询员工表中工资小于 1000 元的员工信息，可以在查询时使用 < 运算符对员

工工资进行比较，具体 SQL 语句及执行结果如下。

```
mysql> SELECT * FROM emp WHERE sal<1000;
+-------+-------+-----+------+--------+------+--------+
| empno | ename | job | mgr  | sal    | comm | deptno |
+-------+-------+-----+------+--------+------+--------+
|  9369 | 张三  | 保洁 | 9902 | 900.00 | NULL |     20 |
+-------+-------+-----+------+--------+------+--------+
1 row in set (0.00 sec)
```

由执行结果可知，SELECT 语句按要求查询出工资小于 1000 元的员工信息。

4. 带>=运算符的查询

>= 运算符用于判断左侧操作数是否大于或等于右侧操作数。例如，技术人员想要使用 SQL 语句查询员工表中基本工资大于或等于 3000 元的员工信息，可以在查询时使用 >= 运算符对员工工资进行比较，具体 SQL 语句及执行结果如下。

```
mysql> SELECT * FROM emp WHERE sal>=3000;
+-------+-------+-------+------+---------+------+--------+
| empno | ename | job   | mgr  | sal     | comm | deptno |
+-------+-------+-------+------+---------+------+--------+
|  9566 | 李四  | 经理   | 9839 | 3995.00 | NULL |     20 |
|  9839 | 刘一  | 董事长 | NULL | 6000.00 | NULL |     10 |
|  9902 | 赵六  | 分析员 | 9566 | 4000.00 | NULL |     20 |
|  9982 | 陈二  | 经理   | 9839 | 3450.00 | NULL |     10 |
|  9988 | 王五  | 分析员 | 9566 | 4000.00 | NULL |     20 |
+-------+-------+-------+------+---------+------+--------+
5 rows in set (0.00 sec)
```

由执行结果可知，SELECT 语句按要求查询出工资大于或等于 3000 元的员工信息。

5. 带IN运算符的查询

IN 运算符用于判断某个值是否在指定集合中，如果值存在集合中，则满足条件。IN 运算符的语法格式如下。

```
SELECT *| 字段名 1, 字段名 2,…
FROM 数据表名
WHERE 值 [NOT] IN (元素 1, 元素 2,…);
```

在上面的语法格式中，“元素 1, 元素 2...”表示集合中的元素；NOT 是可选项，表示查询集合元素之外的数据。

例如，技术人员想要使用 SQL 语句查询员工表中所属部门编号为 10 或 20 的员工信息。可以在查询时使用 IN 运算符对员工所属部门编号进行比较，具体 SQL 语句及执行结果如下。

```
mysql> SELECT * FROM emp WHERE deptno IN(10,20);
+-------+-------+--------+------+---------+------+--------+
| empno | ename | job    | mgr  | sal     | comm | deptno |
+-------+-------+--------+------+---------+------+--------+
|  9369 | 张三  | 保洁   | 9902 |  900.00 | NULL |     20 |
|  9566 | 李四  | 经理   | 9839 | 3995.00 | NULL |     20 |
|  9839 | 刘一  | 董事长 | NULL | 6000.00 | NULL |     10 |
|  9902 | 赵六  | 分析员 | 9566 | 4000.00 | NULL |     20 |
|  9982 | 陈二  | 经理   | 9839 | 3450.00 | NULL |     10 |
|  9988 | 王五  | 分析员 | 9566 | 4000.00 | NULL |     20 |
+-------+-------+--------+------+---------+------+--------+
6 rows in set (0.00 sec)
```

由执行结果可知，SELECT 语句按要求查询出部门编号为 10 和 20 的员工信息。

6. 带IS NULL运算符的查询

当操作数为 NULL 时，不能使用运算符 =、<>、!= 进行比较，这是因为 NULL 代表未指定或不可预知的值。如果需要判断数据是否为 NULL，可以使用 IS NULL 进行比较。

例如，技术人员想要使用 SQL 语句查询员工表中直属上级编号为 NULL 的员工信息，可以在查询时使用 IS NULL 运算符对直属上级编号进行比较，具体 SQL 语句及执行结果如下。

```
mysql> SELECT * FROM emp WHERE mgr IS NULL;
+-------+-------+--------+------+---------+------+--------+
| empno | ename | job    | mgr  | sal     | comm | deptno |
+-------+-------+--------+------+---------+------+--------+
|  9839 | 刘一  | 董事长 | NULL | 6000.00 | NULL |     10 |
+-------+-------+--------+------+---------+------+--------+
1 row in set (0.00 sec)
```

由执行结果可知，SELECT 语句按要求查询出直属上级编号为 NULL 的员工信息。

7. 带LIKE运算符的查询

在查询数据时，有时需要对数据进行模糊查询，例如查询 emp 表中 ename 字段的值以字符 a 开头的记录。为实现这种查询，MySQL 提供了 LIKE 关键字。LIKE 关键字用于比较两个操作数是否匹配。使用 LIKE 关键字的 SELECT 语句的语法格式如下。

```
SELECT *|{ 字段名 1, 字段名 2,…}
FROM 数据表名
WHERE 值 [NOT] LIKE 匹配的字符串 ;
```

在上面的语法格式中，NOT 是可选项，表示查询与指定字符串不匹配的记录。“匹配的字符串”是用来和值进行匹配的字符串，必须使用单引号或双引号进行包裹。

使用LIKE进行字符串的匹配时，匹配的字符串可以是确定的，也可以是模糊的。换句话说，LIKE后面紧跟的匹配的字符串可以是一个普通字符串，也可以是不确定的字符串。当匹配的字符串不确定时，可以使用通配符代替一个或多个真正的字符。LIKE关键字支持的通配符有两个，分别是百分号（%）和下画线（_）。下面分别讲解这两个通配符在LIKE查询中的使用。

（1）%通配符。

%通配符是模糊查询最常用的通配符，它可以匹配任意长度的字符串，包括空字符串。例如，字符串c%可以匹配所有以字符c开始的任意长度的字符串，如c、cu、cut等。

假设技术人员想要使用SQL语句查询员工表中姓名以“一”结尾的员工信息，可以在查询时使用%通配符对员工姓名进行匹配，具体SQL语句及执行结果如下。

```
mysql>SELECT * FROM emp WHERE ename LIKE '%一';
+-------+--------+--------+------+---------+------+--------+
| empno | ename  | job    | mgr  | sal     | comm | deptno |
+-------+--------+--------+------+---------+------+--------+
|  9839 | 刘一   | 董事长 | NULL | 6000.00 | NULL |     10 |
|  9900 | 萧十一 | 保洁   | 9698 | 1050.00 | NULL |     30 |
+-------+--------+--------+------+---------+------+--------+
2 rows in set (0.00 sec)
```

在上述SELECT语句中，使用LIKE进行模糊查询，字符“一”之前使用%通配符为任意长度的字符串占位，表示匹配以字符“一”结尾的字符串；由执行结果可知，SELECT语句按要求查询出姓名以“一”结尾的员工信息。

%通配符可以出现在匹配字符串的任意位置。技术人员想要使用SQL语句查询员工表中姓名以“萧”开头且以“一”结尾的员工信息，具体SQL语句及执行结果如下。

```
mysql>SELECT * FROM emp WHERE ename LIKE '萧%一';
+-------+--------+------+------+---------+------+--------+
| empno | ename  | job  | mgr  | sal     | comm | deptno |
+-------+--------+------+------+---------+------+--------+
|  9900 | 萧十一 | 保洁 | 9698 | 1050.00 | NULL |     30 |
+-------+--------+------+------+---------+------+--------+
1 row in set (0.00 sec)
```

在上述SELECT语句中，使用LIKE进行模糊查询，“萧”字符和“一”字符的中间使用%通配符为任意长度的字符串占位；由执行结果可知，SELECT语句按要求查询出姓名以“萧”开头且以“一”结尾的员工信息。

使用LIKE模糊查询时，可以出现多个%通配符。例如，技术人员想要使用SQL语句查询员工表中姓名包含字符“十”的员工信息，具体SQL语句及执行结果如下。

```
mysql>SELECT * FROM emp WHERE ename LIKE '%十%';
+-------+--------+------+------+---------+------+--------+
| empno | ename  | job  | mgr  | sal     | comm | deptno |
+-------+--------+------+------+---------+------+--------+
|  9844 | 郑十   | 销售 | 9698 | 2500.00 | 0.00 |     30 |
|  9900 | 萧十一 | 保洁 | 9698 | 1050.00 | NULL |     30 |
+-------+--------+------+------+---------+------+--------+
2 rows in set (0.00 sec)
```

在上述SELECT语句中，使用LIKE进行模糊查询，字符“十”的左右两边都使用%通配符为任意长度的字符串占位，表示查询所有包含字符“十”的字符串。由执行结果可知，SELECT语句按要求查询出姓名包含字符“十”的员工信息。

（2）_通配符。

_通配符用于匹配单个字符，如果要匹配多个字符，需要使用多个_通配符，每个_通配符代表一个字符。例如，字符串cu_可以匹配以字符串cu开始，长度为3的字符串，如cut、cup等；字符串c__l匹配在字符c和字符l之间包含两个字符的字符串，如cool、coal等。需要注意的是，空格字符也是一个字符，例如，通配字符串“M__QL”能匹配字符串“MySQL”，而不能匹配字符串“My SQL”。如果使用多个连续的下画线匹配多个连续的字符，下画线之间不能有空格。

例如，技术人员想要使用SQL语句查询员工表中姓名长度为3且以字符“一”结尾的员工信息，具体SQL语句及执行结果如下。

```
mysql> SELECT * FROM emp WHERE ename LIKE '__一';
+-------+--------+------+------+---------+------+--------+
| empno | ename  | job  | mgr  | sal     | comm | deptno |
+-------+--------+------+------+---------+------+--------+
|  9900 | 萧十一 | 保洁 | 9698 | 1050.00 | NULL |     30 |
+-------+--------+------+------+---------+------+--------+
1 row in set (0.00 sec)
```

在上述SELECT语句中，使用LIKE进行模糊查询，字符串“一”之前使用2个_通配符为任意的2个字符占位；由执行结果可知，SELECT语句按要求查询出姓名长度为3且以字符“一”结尾的员工信息。

多学一招：字符%和_的转义

%和_作为通配符进行条件查询时，它们在通配字符串中有特殊含义，如果要匹配的普通字符串中也包含%和_，就需要使用右斜线(\)进行转义。例如，\%匹配字符%，

_ 匹配字符 _。

假设查询emp表中姓名包含%的员工信息。为演示查询方式，我们先在emp表中添加姓名包含%的员工信息，具体SQL及执行结果如下。

```
mysql> INSERT INTO emp VALUES(9936,'张%一','保洁',9982,1200,NULL,NULL);
Query OK, 1 row affected (0.02 sec)
```

从上面的执行语句中可以看到，新增记录的ename字段的值为“张%一”，包含一个百分号字符。

使用转义字符查询姓名包含%的员工信息，具体SQL语句及执行结果如下。

```
mysql> SELECT * FROM emp WHERE ename LIKE '%\%%';
+-------+-------+-----+------+---------+------+--------+
| empno | ename | job | mgr  | sal     | comm | deptno |
+-------+-------+-----+------+---------+------+--------+
|  9936 | 张%一 | 保洁 | 9982 | 1200.00 | NULL |   NULL |
+-------+-------+-----+------+---------+------+--------+
1 row in set (0.00 sec)
```

在上述SELECT语句中，使用LIKE进行模糊查询，通配字符串'%\%%'首尾分别使用2个%通配符为任意长度的字符占位，\% 转义后匹配字符%；由执行结果可知，语句按要求查询出姓名包含%的员工信息。

4.3.2 带逻辑运算符的查询

逻辑运算符又称为布尔运算符，用于判断表达式的真假。MySQL中常见的逻辑运算符如表4-2所示。

表4-2 MySQL中常见的逻辑运算符

逻辑运算符	说明
NOT	逻辑非，返回和操作数相反的结果
!	
AND	逻辑与，操作数全部为真，则结果为1，否则结果为0
&&	
OR	逻辑或，操作数只要有一个为真，则结果为1，否则结果为0
||	

接下来，通过一些例子学习表4-2中逻辑运算符在条件查询中的使用。

1. 带NOT运算符的查询

运算符NOT和！都表示逻辑非，返回和操作数相反的结果。例如，技术人员想要使用 SQL 语句查询员工表中部门编号不是 10 和 30 的员工信息。可以在查询时使用 NOT 运算符对员工所属的部门编号进行判断，具体 SQL 语句及执行结果如下。

```
mysql>SELECT * FROM emp WHERE deptno NOT IN(10,30);
+-------+-------+--------+------+---------+------+--------+
| empno | ename | job    | mgr  | sal     | comm | deptno |
+-------+-------+--------+------+---------+------+--------+
|  9369 | 张三  | 保洁   | 9902 |  900.00 | NULL |     20 |
|  9566 | 李四  | 经理   | 9839 | 3995.00 | NULL |     20 |
|  9902 | 赵六  | 分析员 | 9566 | 4000.00 | NULL |     20 |
|  9988 | 王五  | 分析员 | 9566 | 4000.00 | NULL |     20 |
+-------+-------+--------+------+---------+------+--------+
4 rows in set (0.00 sec)
```

在上述 SELECT 语句中，使用 NOT 运算符对 deptno 字段中的值进行判断，如果不是 10 或 30 的数据，则进行返回。由执行结果可知，SELECT 语句已按要求查询出部门编号不是 10 和 30 的员工信息。

2. 带AND运算符的查询

在使用 SELECT 语句查询数据时，有时为了使执行结果更精确，可以使用多个查询条件。在 MySQL 中，可以使用 AND 运算符连接两个或多个查询条件，只有满足所有条件的记录才会被返回。带 AND 运算符的查询语法格式如下。

```
SELECT *|{ 字段名 1, 字段名 2,...}
FROM 表名
WHERE 条件表达式 1 AND 条件表达式 2 ...AND 条件表达式 n;
```

从上面的语法格式可以看到，在 WHERE 关键字后面跟了多个条件表达式，条件表达式之间用 AND 运算符连接。

使用 AND 连接多个条件表达式时，查询出的数据需要满足所有条件表达式的结果。例如，技术人员想要使用 SQL 语句查询员工表中职位为经理且所属部门编号为 20 的员工信息。可以在查询时使用 AND 运算符对这两个条件进行连接，具体 SQL 语句及执行结果如下。

```
mysql>SELECT * FROM emp WHERE job='经理' AND deptno=20;
+-------+-------+------+------+---------+------+--------+
| empno | ename | job  | mgr  | sal     | comm | deptno |
+-------+-------+------+------+---------+------+--------+
|  9566 | 李四  | 经理 | 9839 | 3995.00 | NULL |     20 |
+-------+-------+------+------+---------+------+--------+
1 row in set (0.00 sec)
```

由执行结果可知，SELECT 语句按要求查询出职位为经理且所属部门编号为 20 的员工信息。

除此之外，AND 运算符还可以结合 BETWEEN 运算符判断某个字段的值是否在指定的范围之内。如果字段的值在指定范围内，则字段的值将被查询出来，反之则不会被查询出来。结合使用 BETWEEN 和 AND 进行查询的语法格式如下。

```
SELECT *|{ 字段名 1, 字段名 2,…}
FROM 数据表名
WHERE 字段名 [NOT] BETWEEN 值 1 AND 值 2;
```

在上述语法格式中，值 1 表示范围条件的起始值，值 2 表示范围条件的结束值。NOT 是可选项，表示查询指定范围之外的记录，通常情况下值 1 需要小于值 2，否则查询不到任何结果。

例如，技术人员想要使用 SQL 语句查询员工表中员工编号为 9900~9935 的员工信息，可以在查询时结合使用 BETWEEN 和 AND 关键字对员工编号指定范围，具体 SQL 语句及执行结果如下。

```
mysql>SELECT * FROM emp WHERE empno BETWEEN 9900 AND 9935;
+-------+-------+-------+------+---------+------+--------+
| empno | ename | job   | mgr  | sal     | comm | deptno |
+-------+-------+-------+------+---------+------+--------+
|  9900 | 萧十一 | 保洁   | 9698 | 1050.00 | NULL |     30 |
|  9902 | 赵六   | 分析员 | 9566 | 4000.00 | NULL |     20 |
+-------+-------+-------+------+---------+------+--------+
2 rows in set (0.00 sec)
```

由执行结果可知，SELECT 语句按要求查询出员工编号为 9900~9935 的员工信息。

如果想查询指定范围之外的记录，可以使用 NOT 关键字。例如，技术人员想要使用 SQL 语句查询员工表中员工编号不是 9500~9900 的员工信息，具体 SQL 语句及执行结果如下。

```
mysql> SELECT * FROM emp WHERE empno NOT BETWEEN 9500 AND 9900;
+-------+-------+--------+------+---------+--------+--------+
| empno | ename | job    | mgr  | sal     | comm   | deptno |
+-------+-------+--------+------+---------+--------+--------+
|  9369 | 张三   | 保洁   | 9902 |  900.00 |   NULL |     20 |
|  9499 | 孙七   | 销售   | 9698 | 2600.00 | 300.00 |     30 |
|  9902 | 赵六   | 分析员 | 9566 | 4000.00 |   NULL |     20 |
|  9982 | 陈二   | 经理   | 9839 | 3450.00 |   NULL |     10 |
|  9936 | 张%一  | 保洁   | 9982 | 1200.00 |   NULL |   NULL |
|  9988 | 王五   | 分析员 | 9566 | 4000.00 |   NULL |     20 |
```

```
+-------+-------+-------+------+--------+-------+--------+
6 rows in set (0.00 sec)
```

从执行结果可以看出，查出的记录中 empno 的值都小于 9500 或大于 9900。

3. 带OR运算符的查询

在使用 SELECT 语句查询数据时，可以使用 OR 运算符连接多个查询条件。与 AND 运算符不同，在使用 OR 运算符查询时，只要满足任意一个查询条件，对应的数据就会被查询出来。带 OR 运算符的查询语法格式如下。

```
SELECT *|{ 字段名 1, 字段名 2,…}
FROM 数据表名
WHERE 条件表达式 1 OR 条件表达式 2 [...OR 条件表达式 n];
```

从上述语法格式中可以看到，WHERE 子句中可以有多个条件表达式，多个条件表达式之间用 OR 运算符分隔。

例如，技术人员想要使用 SQL 语句查询员工表中员工职位为经理或者所属部门编号为 10 的员工信息。在查询时可以使用 OR 运算符连接这两个条件，具体 SQL 语句及执行结果如下。

```
mysql>SELECT * FROM emp WHERE job='经理' OR deptno=10;
+-------+------+-------+-----+---------+-----+--------+
| empno | ename | job    | mgr  | sal     | comm | deptno |
+-------+------+-------+-----+---------+-----+--------+
|  9566 | 李四  | 经理   | 9839 | 3995.00 | NULL |     20 |
|  9839 | 刘一  | 董事长 | NULL | 6000.00 | NULL |     10 |
|  9982 | 陈二  | 经理   | 9839 | 3450.00 | NULL |     10 |
+-------+------+-------+-----+---------+-----+--------+
3 rows in set (0.00 sec)
```

在上述 SELECT 语句中，使用 OR 运算符查询 job 字段的值是经理或者 deptno 字段的值是 10 的记录；由执行结果可知，输出结果中的员工信息要么 job 字段的值是经理，要么 deptno 字段的值是 10。这就说明，只要记录满足 OR 运算符连接的任意一个条件就会被查询出来，而不需要同时满足两个条件表达式。

多学一招：OR和AND关键字一起使用的情况

OR 关键字和 AND 关键字也可以一起使用。需要注意的是，AND 的优先级高于 OR，因此当两者在一起使用时，应该先运算 AND 两边的条件表达式，再运算 OR 两边的条件表达式。

例如，查询 emp 表中员工姓名为刘一或者员工姓名为李四且部门编号为 30 的员工信息，具体 SQL 语句及执行结果如下。

```
mysql> SELECT * FROM emp WHERE ename='刘一' or ename='李四' AND deptno=30;
+-------+------+-------+------+---------+------+--------+
| empno | ename | job   | mgr  | sal     | comm | deptno |
+-------+------+-------+------+---------+------+--------+
|  9839 | 刘一  | 董事长 | NULL | 6000.00 | NULL |     10 |
+-------+------+-------+------+---------+------+--------+
1 row in set (0.00 sec)
```

从执行结果可以看到，如果AND的优先级和OR相同或者比OR低，会先执行ename='刘一' or ename='李四'，再执行AND deptno=30，因为员工刘一和李四都不属于部门编号为30的员工，所以将会查询到0条记录。而本例中返回了1条记录，这说明先执行了ename='李四' AND deptno=30操作，然后执行ename='刘一' or操作，即AND的优先级高于OR。

4.4 高级查询

通过条件查询可以查询到符合条件的数据，但如同要实现对字段的值进行计算、根据一个或多个字段对查询结果进行分组等操作时，就需要使用更高级的查询，MySQL提供了聚合函数、分组查询、排序查询、限量查询、内置函数以实现更复杂的查询需求。接下来将针对这些高级查询的知识进行讲解。

4.4.1 聚合函数

在实际开发中，经常需要做一些数据统计操作，例如统计某个字段的最大值、最小值、平均值等。像这样对一组值执行计算并将计算后的值返回的操作称为聚合操作，聚合操作一般通过聚合函数实现。使用聚合函数实现查询的基本语法格式如下。

```
SELECT [字段名1,字段名2,...,字段名n}] 聚合函数 FROM 数据表名;
```

MySQL中常用的聚合函数如表4-3所示。

表4-3 MySQL中常用的聚合函数

函数声明	功能描述
COUNT(e)	返回查询的记录总数，参数e可以是字段名或*号
SUM(e)	返回e字段中值的总和
AVG(e)	返回e字段中值的平均值
MAX(e)	返回e字段中的最大值
MIN(e)	返回e字段中的最小值

表4-3中的聚合函数都是MySQL中内置的函数，使用者根据函数的语法格式直接

调用即可。

接下来，通过一些例子学习聚合函数在数据统计中的使用。

1. COUNT()函数

COUNT() 函数用于检索数据表行中的值的计数，COUNT（*）可以统计数据表中记录的总条数，即数据表中有多少行记录。例如，技术人员想要使用 SQL 语句查询员工表中有多少个员工的记录。在查询时可以使用 COUNT() 函数进行统计，具体 SQL 语句及执行结果如下。

```
mysql>SELECT COUNT(*) FROM emp;
+----------+
| COUNT(*) |
+----------+
|       12 |
+----------+
1 row in set (0.00 sec)
```

由上述执行结果可以得出，数据表 emp 中有 12 条记录，也就是说员工表中有 12 个员工的记录。

COUNT() 函数中的参数除可以使用 * 号，还可以使用字段的名称。两者不同的是，使用 COUNT（*）统计结果时，相当于统计数据表的行数，不会忽略字段中值为 NULL 的行；如果使用 COUNT（字段）统计，那么字段值为 NULL 的记录不会被统计。例如，技术人员想要使用 SQL 语句查询员工表中奖金不为 NULL 的员工个数，具体 SQL 语句及执行结果如下。

```
mysql> SELECT COUNT(COMM) FROM emp;
+-------------+
| COUNT(COMM) |
+-------------+
|           4 |
+-------------+
1 row in set (0.00 sec)
```

由上述执行结果可以得出，数据表 emp 中奖金不为 NULL 的员工有 4 个。

2. SUM()函数

如果字段中存放的是数值型数据，需要统计该字段中所有值的总数，可以使用 SUM() 函数。SUM() 函数会对指定字段中的值进行累加，并且在数据累加时忽略字段中的 NULL 值。

例如，技术人员想要使用 SQL 语句查询员工表中员工奖金的总和。可以在查询时使用 SUM() 函数进行统计，具体 SQL 语句及执行结果如下。

```
mysql>SELECT SUM(COMM) FROM emp;
+-----------+
| SUM(COMM) |
+-----------+
|   2200.00 |
+-----------+
1 row in set (0.00 sec)
```

上述 SELECT 语句使用 SUM() 函数对 COMM 字段中的值进行求和统计，执行结果中显示员工奖金的总和为 2200.00。

3. AVG()函数

如果字段中存放的是数值型数据，需要统计该字段中所有值的平均值，可以使用 AVG() 函数。AVG() 函数会计算指定字段值的平均值，并且计算时会忽略字段中的 NULL 值。

例如，技术人员想要使用 SQL 语句查询员工表中员工的平均奖金。查询时可以使用 AVG() 函数进行统计，具体 SQL 语句及执行结果如下。

```
mysql>SELECT AVG(COMM) FROM emp;
+------------+
| AVG(COMM)  |
+------------+
| 550.000000 |
+------------+
1 row in set (0.00 sec)
```

上述 SELECT 语句使用 AVG() 函数计算 COMM 字段的平均值。由执行结果可以得出，COMM 字段的平均值为 550.000000。AVG() 函数在计算时会忽略 COMM 字段中的 NULL 值，即只对非 NULL 的数值进行累加，然后将累加和除以非 NULL 的行数计算出平均值。

如果想要统计所有员工的平均奖金，即奖金平均到所有员工身上，可以借助 IFNULL() 函数。IFNULL() 函数的声明格式如下。

```
IFNULL(v1,v2)
```

上述格式表示，如果 v1 的值不为 NULL，则返回 v1 的值，否则返回 v2。例如，技术人员想要使用 SQL 语句查询所有员工的平均奖金。查询时可以调用 AVG() 函数和 IFNULL() 函数进行统计，先调用 IFNULL() 函数将 COMM 字段中所有的 NULL 值转换为 0，再调用 AVG() 函数统计平均值，具体 SQL 语句及执行结果如下。

```
mysql>SELECT AVG(IFNULL(COMM,0)) FROM emp;
+---------------------+
| AVG(IFNULL(COMM,0)) |
+---------------------+
|          183.333333 |
+---------------------+
1 row in set (0.00 sec)
```

上述 SELECT 语句在执行 AVG() 函数之前调用 IFNULL() 函数对 COMM 字段中的值进行判断，如果是 NULL 值就转换成 0 返回；由执行结果并结合数据表中的数据可以得出，本次统计的平均奖金是所有员工的平均奖金。

4. MAX()函数

MAX() 函数用于计算指定字段中的最大值，如果字段的值是数值类型，则比较的是值的大小。例如，技术人员想要使用 SQL 语句查询员工表中最高的工资。查询时可以使用 MAX() 函数进行计算，具体 SQL 语句及执行结果如下。

```
mysql>SELECT MAX(sal) FROM emp;
+----------+
| MAX(sal) |
+----------+
|  6000.00 |
+----------+
1 row in set (0.00 sec)
```

上述 SELECT 语句使用 MAX() 函数获取了 sal 字段中最大的数值。

5. MIN()函数

MIN() 函数用于计算指定字段中的最小值，如果字段的值是数值类型，则比较的是值的大小。例如，技术人员想要使用 SQL 语句查询员工表中最低的工资。查询时可以使用 MIN() 函数进行计算，具体 SQL 语句及执行结果如下。

```
mysql>SELECT MIN(sal) FROM emp;
+----------+
| MIN(sal) |
+----------+
|   900.00 |
+----------+
1 row in set (0.00 sec)
```

在上述代码中，使用 MIN() 函数获取了 sal 字段中最小的数值。

4.4.2 分组查询

在对数据表中的数据进行统计时，有时需要按照一定的类别作统计。例如，财务在统计每个部门的工资总数时，属于同一个部门的所有员工就是一个分组。在 MySQL 中，可以使用 GROUP BY 根据指定的字段对结果集进行分组，如果某些记录的指定字段具有相同的值，那么分组后被合并为一条数据。使用 GROUP BY 分组查询的语法格式如下。

```
SELECT 字段名 1，字段名 2,[ 表达式 ]...
FROM 数据表名
GROUP BY 字段名 1，字段名 2，...[HAVING 条件表达式 ];
```

在上面的语法格式中，GROUP BY 后指定的字段名 1 和字段名 2 是对数据分组的依据，HAVING 关键字指定条件表达式对分组后的内容进行过滤。

由于分组查询相对比较复杂，接下来分几种情况对分组查询进行讲解。

1. 单独使用GROUP BY分组

单独使用 GROUP BY 进行分组时将根据指定的字段合并数据行。例如，技术人员想要使用 SQL 语句查询员工表的部门编号有哪几种，具体 SQL 语句及执行结果如下。

```
mysql>SELECT deptno FROM emp GROUP BY deptno;
+--------+
| deptno |
+--------+
|     20 |
|     30 |
|     10 |
|   NULL |
+--------+
4 rows in set (0.00 sec)
```

在上述 SELECT 语句中，使用 GROUP BY 根据 deptno 字段中的值对数据表中的记录进行分组；从执行结果可以得出，员工表的部门编号共有 4 种。

2. GROUP BY和聚合函数一起使用

如果分组查询时要进行统计汇总，此时需要将 GROUP BY 和聚合函数一起使用。例如，统计员工表各部门的薪资总和或平均薪资，可以使用 GROUP BY 和聚合函数 AVG()、SUM() 进行统计，具体 SQL 语句及执行结果如下。

```
mysql> SELECT deptno,AVG(sal),SUM(sal) FROM emp GROUP BY deptno;
+--------+------------+----------+
```

```
| deptno | AVG(sal)    | SUM(sal) |
+--------+-------------+----------+
|     20 | 3223.750000 | 12895.00 |
|     30 | 2130.000000 | 10650.00 |
|     10 | 4725.000000 |  9450.00 |
|   NULL | 1200.000000 |  1200.00 |
+--------+-------------+----------+
4 rows in set (0.01 sec)
```

在上述 SELECT 语句中，使用 GROUP BY 根据 deptno 字段中的值对数据表的记录进行分组，值相同的为一组。由执行结果可知，返回了不同部门的平均工资和工资总和。

3. GROUP BY和HAVING关键字一起使用

通常情况下 GROUP BY 和 HAVING 关键字一起使用，用于对分组后的结果进行条件过滤。例如，技术人员想要使用 SQL 语句查询员工表中平均工资小于 3000 的部门编号及这些部门的平均工资。查询时可以使用 GROUP BY 和 HAVING 进行统计，具体 SQL 语句及执行结果如下。

```
mysql> SELECT deptno,AVG(sal) FROM emp GROUP BY deptno HAVING AVG(sal)<3000;
+--------+-------------+
| deptno | AVG(sal)    |
+--------+-------------+
|     30 | 2130.000000 |
|   NULL | 1200.000000 |
+--------+-------------+
2 rows in set (0.00 sec)
```

在上述 SELECT 语句中，使用 GROUP BY 根据 deptno 字段中的值对数据表的记录进行分组，并且使用 HAVING 筛选平均工资小于 3000 的数据，最终返回了平均工资小于 3000 的部门编号及平均工资。

4.4.3 排序查询

对数据表的数据进行查询时，可能查询出来的数据是无序的，或者其排列顺序不是用户期望的。如果想要对查询结果按指定的方式排序，例如对员工信息按姓名顺序排列等，可以使用 ORDER BY 对查询结果进行排序。查询语句中使用 ORDER BY 的基本语法格式如下。

```
SELECT *|{ 字段名 1, 字段名 2,...}
FROM 表名
```

```
ORDER BY 字段名1 [ASC | DESC], 字段名2 [ASC | DESC]...;
```

在上面的语法格式中，ORDER BY 后指定的字段名 1、字段名 2 等是对查询结果排序的依据，即按照哪一个字段进行排序。参数 ASC 表示按照升序进行排序，DESC 表示按照降序进行排序。

使用 ORDER BY 对查询结果进行排序时，如果不指定排序方式，默认按照 ASC 方式进行排序。例如，技术人员想要使用 SQL 语句查询员工表中部门编号为 30 的员工信息，查询出的结果根据员工工资升序排列，具体 SQL 语句及执行结果如下。

```
mysql>SELECT * from emp WHERE deptno=30 ORDER BY sal;
+-------+--------+-----+-----+---------+---------+--------+
| empno | ename  | job | mgr | sal     | comm    | deptno |
+-------+--------+-----+-----+---------+---------+--------+
|  9900 | 萧十一 | 保洁 | 9698 | 1050.00 |    NULL |     30 |
|  9521 | 周八   | 销售 | 9698 | 2250.00 |  500.00 |     30 |
|  9654 | 吴九   | 销售 | 9698 | 2250.00 | 1400.00 |     30 |
|  9844 | 郑十   | 销售 | 9698 | 2500.00 |    0.00 |     30 |
|  9499 | 孙七   | 销售 | 9698 | 2600.00 |  300.00 |     30 |
+-------+--------+-----+-----+---------+---------+--------+
5 rows in set (0.00 sec)
```

上述 SELECT 语句使用 ORDER BY 对 deptno 字段值为 30 的所有记录按照工资从低到高进行排序，即 sal 字段的值按升序排序。

如果技术人员想要使用 SQL 语句查询员工表中部门编号为 30 的员工信息，查询出的结果根据工资降序排列，具体 SQL 语句及执行结果如下。

```
mysql>SELECT * from emp WHERE deptno=30 ORDER BY sal DESC;
+-------+--------+-----+-----+---------+---------+--------+
| empno | ename  | job | mgr | sal     | comm    | deptno |
+-------+--------+-----+-----+---------+---------+--------+
|  9499 | 孙七   | 销售 | 9698 | 2600.00 |  300.00 |     30 |
|  9844 | 郑十   | 销售 | 9698 | 2500.00 |    0.00 |     30 |
|  9521 | 周八   | 销售 | 9698 | 2250.00 |  500.00 |     30 |
|  9654 | 吴九   | 销售 | 9698 | 2250.00 | 1400.00 |     30 |
|  9900 | 萧十一 | 保洁 | 9698 | 1050.00 |    NULL |     30 |
+-------+--------+-----+-----+---------+---------+--------+
5 rows in set (0.00 sec)
```

上述 SELECT 语句使用 ORDER BY 对 deptno 字段值为 30 的所有记录按照工资从高到低进行排序，即 sal 字段的值按降序排序。

值得一提的是，按照指定字段进行排序时，如果字段的值中包含 NULL，NULL 会被当作最小值进行排序。例如，技术人员想要使用 SQL 语句查询员工表中部门编号为

30 的员工信息，并且根据奖金升序排序，具体 SQL 语句及执行结果如下。

```
mysql> SELECT * from emp WHERE deptno=30 ORDER BY comm;
+-------+-------+-----+-----+---------+---------+--------+
| empno | ename | job | mgr | sal     | comm    | deptno |
+-------+-------+-----+-----+---------+---------+--------+
|  9900 | 萧十一 | 保洁 | 9698 | 1050.00 |    NULL |     30 |
|  9844 | 郑十   | 销售 | 9698 | 2500.00 |    0.00 |     30 |
|  9499 | 孙七   | 销售 | 9698 | 2600.00 |  300.00 |     30 |
|  9521 | 周八   | 销售 | 9698 | 2250.00 |  500.00 |     30 |
|  9654 | 吴九   | 销售 | 9698 | 2250.00 | 1400.00 |     30 |
+-------+-------+-----+-----+---------+---------+--------+
5 rows in set (0.00 sec)
```

上述 SELECT 语句查询部门编号为 30 的员工信息，并且根据员工奖金值进行升序排序。从执行结果可以看出，奖金值为 NULL 的员工信息排在第一位，说明排序时 NULL 被当作最小值。

ORDER BY 可以对多个字段的值进行排序，并且每个排序字段可以有不同的排序顺序。例如，技术人员想要使用 SQL 语句查询员工表中部门编号为 30 的所有记录，查询出的记录先按职位升序排序，职位相同的记录再按员工编号降序排序，具体 SQL 语句及执行结果如下。

```
mysql>SELECT * from emp WHERE deptno=30 ORDER BY job,empno DESC;
+-------+-------+-----+-----+---------+---------+--------+
| empno | ename | job | mgr | sal     | comm    | deptno |
+-------+-------+-----+-----+---------+---------+--------+
|  9900 | 萧十一 | 保洁 | 9698 | 1050.00 |    NULL |     30 |
|  9844 | 郑十   | 销售 | 9698 | 2500.00 |    0.00 |     30 |
|  9654 | 吴九   | 销售 | 9698 | 2250.00 | 1400.00 |     30 |
|  9521 | 周八   | 销售 | 9698 | 2250.00 |  500.00 |     30 |
|  9499 | 孙七   | 销售 | 9698 | 2600.00 |  300.00 |     30 |
+-------+-------+-----+-----+---------+---------+--------+
5 rows in set (0.00 sec)
```

在上述 SELECT 语句中，查询 deptno 字段值为 30 的所有记录，先将这些记录按照 job 字段的值升序排序，如果 job 字段的值相同，则按照 empno 字段的值进行降序排序。如果排序字段的值是字符串类型，则会按字符串中字符的 ASCII 码值进行排序。

4.4.4 限量查询

查询数据时，SELECT 语句可能会返回很多条记录，而用户需要的记录可能只是其中的一条或几条。例如，在员工管理系统中，希望每一页默认展示 10 条员工信息，并且可以通过下拉框更改每页展示的员工信息数。MySQL 中提供了一个关键字 LIMIT，可以指定查询结果从哪一条记录开始以及一共查询多少条信息。在 SELECT 语句中使用 LIMIT 的基本语法格式如下。

```
SELECT 字段名 1, 字段名 2,...
FROM 数据表名
LIMIT [OFFSET, ] 记录数 ;
```

在上面的语法格式中,LIMIT 后面可以跟 2 个参数。第一个参数 OFFSET 为可选值，表示偏移量，如果偏移量为 0 则从查询结果的第一条记录开始，偏移量为 1 则从查询结果的第二条记录开始，以此类推。如果不指定 OFFSET 的值，其默认值为 0。第二个参数“记录数”表示返回查询记录的条数。

例如，技术人员想要使用 SQL 语句查询员工表中工资最高的前 5 名的员工信息，查询时可以使用 LIMIT 进行限量，具体 SQL 语句及执行结果如下。

```
mysql> SELECT * FROM emp ORDER BY sal DESC LIMIT 5;
+-------+-------+--------+------+---------+------+--------+
| empno | ename | job    | mgr  | sal     | comm | deptno |
+-------+-------+--------+------+---------+------+--------+
|  9839 | 刘一  | 董事长 | NULL | 6000.00 | NULL |     10 |
|  9902 | 赵六  | 分析员 | 9566 | 4000.00 | NULL |     20 |
|  9988 | 王五  | 分析员 | 9566 | 4000.00 | NULL |     20 |
|  9566 | 李四  | 经理   | 9839 | 3995.00 | NULL |     20 |
|  9982 | 陈二  | 经理   | 9839 | 3450.00 | NULL |     10 |
+-------+-------+--------+------+---------+------+--------+
5 rows in set (0.00 sec)
```

在上述 SELECT 语句中，首先使用 ORDER BY 根据字段 sal 的值对数据表中的记录进行降序排序，接着使用 LIMIT 指定返回第 1~5 条记录。

除指定查询记录数，LIMIT 还可以通过指定 OFFSET 的值指定查询的偏移量，也就是查询时跳过几条记录。例如，技术人员想要使用 SQL 语句查询员工表中工资前 2~5 名的员工信息，具体 SQL 语句及执行结果如下。

```
mysql> SELECT * FROM emp ORDER BY sal DESC LIMIT 1,4;
+-------+-------+--------+------+---------+------+--------+
| empno | ename | job    | mgr  | sal     | comm | deptno |
+-------+-------+--------+------+---------+------+--------+
|  9902 | 赵六  | 分析员 | 9566 | 4000.00 | NULL |     20 |
|  9988 | 王五  | 分析员 | 9566 | 4000.00 | NULL |     20 |
|  9566 | 李四  | 经理   | 9839 | 3995.00 | NULL |     20 |
```

```
| 9982 | 陈二  | 经理   | 9839 | 3450.00 | NULL |     10 |
+-------+-------+-------+-----+--------+-----+--------+
4 rows in set (0.00 sec)
```

在上述 SELECT 语句中，先使用 ORDER BY 根据字段 sal 的值对数据表中的记录进行降序排序，然后指定返回记录的偏移量为 1，查询记录的条数为 4。执行结果跳过了排序后的第一条员工信息，返回工资前 2~5 名的员工信息。

4.4.5 内置函数

为提高用户对数据库和数据的管理和操作效率，MySQL 提供了大量的内置函数供开发者使用。内置函数也可以称为系统函数，无须开发者定义，直接调用即可。这些内置函数从功能方面划分，可分为数学函数、字符串函数、日期和时间函数、条件判断函数、加密函数等。由于 MySQL 内置函数数量较多，因此不可能进行一一讲解，接下来对其中一些常用的函数进行说明，具体如表 4-4~ 表 4-8 所示。

表4-4 数学函数

函数声明	功能描述
ABS(x)	返回 x 的绝对值
SQRT(x)	返回 x 的非负 2 次方根
MOD(x,y)	返回 x 被 y 除后的余数
CEILING(x)	返回不小于 x 的最小整数
FLOOR(x)	返回不大于 x 的最大整数
ROUND(x,y)	对 x 进行四舍五入操作，小数点后保留 y 位
TRUNCATE(x,y)	舍去 x 中小数点 y 位后面的数
SIGN(x)	返回 x 的符号，x 的值为负数、零和正数时依次返回 -1、0 和 1

表4-5 字符串函数

函数声明	功能描述
LENGTH(str)	返回字符串 str 的长度
CONCAT(s1,s2,...)	返回一个或多个字符串连接产生的新字符串
TRIM(str)	删除字符串两侧的空格
REPLACE(str,s1,s2)	使用字符串 s2 替换字符串 str 中所有的字符串 s1
SUBSTRING(str,n,len)	返回字符串 str 的子串，起始位置为 n，长度为 len
REVERSE(str)	返回字符串反转后的结果
LOCATE(s1,str)	返回子串 s1 在字符串 str 中的起始位置

表4-6 日期和时间函数

函数声明	功能描述
CURDATE()	获取系统当前日期
CURTIME()	获取系统当前时间
SYSDATE()	获取当前系统日期和时间
TIME_TO_SEC()	返回将时间转换成秒的结果
ADDDATE()	执行日期的加运算
SUBDATE()	执行日期的减运算
DATE_FORMAT()	格式化输出日期和时间值

表4-7 条件判断函数

函数声明	功能描述
IF(expr,v1,v2)	如果 expr 表达式为 true 返回 v1，否则返回 v2
IFNULL(v1,v2)	如果 v1 不为 NULL 返回 v1，否则返回 v2
CASE expression WHEN c1 THEN result1 WHEN c2 THEN result2 ... WHEN cN THEN resultN ELSE result END	CASE 表示函数开始，END 表示函数结束。如果 c1 成立，则返回 result1；如果 c2 成立，则返回 result2；当全部不成立，则返回 result。在执行过程中，当有一个条件成立后，后面的就不执行

表4-8 加密函数

函数声明	功能描述
MD5(str)	对字符串 str 进行 MD5 加密
ENCODE(str,pwd_str)	使用 pwd_str 作为密码加密字符串 str
DECODE(str,pwd_str)	使用 pwd_str 作为密码解密字符串 str

表 4-4~ 表 4-8 对 MySQL 中常见函数的用法作了介绍，由于篇幅关系，下面以函数 CONCAT（s1,s2,...）和 IF（expr,v1,v2）为例进行演示。

1. CONCAT()函数

执行 CONCAT() 函数会返回函数参数连接之后的字符串。例如执行 CONCAT（'a','_'，'b'），会返回字符串 'a_b'。

例如，技术人员想要使用 SQL 语句查询员工信息时，将部门编号为 30 的员工姓名、员工职位及员工所属部门编号的信息在一列中显示，各个字段值之间使用下画线 "_" 进行连接。此时就可以使用 CONCAT() 函数进行实现，具体 SQL 语句及执行结果如下。

```
mysql>SELECT CONCAT(ename,'_',job,'_',deptno) FROM emp WHERE deptno=30;
+---------------------------------+
| CONCAT(ename,'_',job,'_',deptno) |
+---------------------------------+
| 孙七_销售_30                     |
| 周八_销售_30                     |
| 吴九_销售_30                     |
| 郑十_销售_30                     |
| 萧十一_保洁_30                   |
+---------------------------------+
5 rows in set (0.00 sec)
```

从执行结果可以看到，通过调用 CONCAT 函数将员工姓名、职位和部门编号的值使用下画线连接起来了。

需要注意的是，CONCAT（str1,str2,...）的返回结果为所有参数连接后组成的字符串。如果 CONCAT() 函数有任何一个参数为 NULL，则返回值为 NULL。例如，技术人员想要使用 SQL 语句查询员工信息时，将部门编号为 30 的员工姓名、员工奖金及员工部门编号的信息在一列中显示，各个字段值之间使用下画线“_”进行连接，具体 SQL 语句及执行结果如下。

```
mysql> SELECT CONCAT(ename,'_',comm,'_',deptno) FROM emp WHERE deptno=30;
+----------------------------------+
| CONCAT(ename,'_',comm,'_',deptno) |
+----------------------------------+
| 孙七_300.00_30                    |
| 周八_500.00_30                    |
| 吴九_1400.00_30                   |
| 郑十_0.00_30                      |
| NULL                              |
+----------------------------------+
5 rows in set (0.00 sec)
```

在上述 SELECT 语句中，使用 WHERE 子句筛选出部门编号为 30 的记录，再使用 CONCAT() 函数将这些记录的多个字段的值通过下画线进行连接并返回。由执行结果可以看到，有 1 条记录显示 NULL，因为部门编号为 30 的员工中有 1 个员工的奖金为 NULL。

2. IF()函数

IF() 函数有 3 个参数，具体格式为 IF（expr,v1,v2）。如果表达式 expr 成立，返回结果 v1；否则返回结果 v2。例如，技术人员想要使用 SQL 语句查询员工表中部门编号为 30 的员工姓名、员工奖金及员工部门编号的信息；如果奖金为 NULL，则返回“无奖金”。查询时可以使用IF()函数对奖金进行判断，具体SQL语句及执行结果如下所示。

```
mysql>SELECT ename,IF(ISNULL(comm),'无 奖 金',comm),deptno FROM emp WHERE deptno=30;
+--------+-------------------------------+--------+
| ename  | IF(ISNULL(comm),'无奖金',comm) | deptno |
+--------+-------------------------------+--------+
| 孙七   | 300.00                        |     30 |
| 周八   | 500.00                        |     30 |
| 吴九   | 1400.00                       |     30 |
| 郑十   | 0.00                          |     30 |
| 萧十一 | 无奖金                        |     30 |
+--------+-------------------------------+--------+
5 rows in set (0.00 sec)
```

在上述SELECT语句中，使用WHERE子句筛选出部门编号为30的记录，并且使用IF()函数判断奖金的值是否为空，如果为空，返回字符串“无奖金”；否则返回具体的奖金。由执行结果可知，部门编号为30的员工中奖金为NULL的员工有1个。

4.5 设置别名

在查询数据时，可以为数据表和字段取别名，可使用这个别名代替原来的数据表名和字段名。本节将分别讲解如何为数据表和字段设置别名。

4.5.1 为数据表设置别名

在进行查询操作时，如果数据表名很长或者需要执行一些特殊查询，为方便操作，可以为数据表取一个别名，用这个别名代替数据表的名称。MySQL中为数据表起别名的基本语法格式如下。

```
SELECT * FROM 数据表名 [AS] 别名；
```

在上面的语法格式中，AS为可选项，用于指定数据表的别名。下面通过一个案例演示在SELECT语句中为数据表设置别名。

例如，技术人员想要使用SQL语句查询员工信息时，为emp数据表起一个别名e并且使用别名e查询部门编号为30的员工信息，具体SQL语句及执行结果如下。

```
mysql>SELECT * FROM emp e WHERE e.deptno=30;
+-------+--------+------+------+---------+---------+--------+
| empno | ename  | job  | mgr  | sal     | comm    | deptno |
```

```
+-------+--------+-----+-----+--------+--------+--------+
|  9499 | 孙七    | 销售 | 9698 | 2600.00 |  300.00 |     30 |
|  9521 | 周八    | 销售 | 9698 | 2250.00 |  500.00 |     30 |
|  9654 | 吴九    | 销售 | 9698 | 2250.00 | 1400.00 |     30 |
|  9844 | 郑十    | 销售 | 9698 | 2500.00 |    0.00 |     30 |
|  9900 | 萧十一  | 保洁 | 9698 | 1050.00 |    NULL |     30 |
+-------+--------+-----+-----+--------+--------+--------+
5 rows in set (0.00 sec)
```

在上述SELECT语句中，emp e表示为emp数据表定义别名为e，此时在语句中使用别名e和数据表名emp有相同的效果；e.deptno＝30表示筛选emp数据表中deptno字段的值为30的记录。由执行结果可知，上述SELECT语句返回的都是部门编号为30的记录。

4.5.2 为字段设置别名

在前面的查询操作中，每条记录中的列名都是定义表时的字段名，有时为了将查询结果更加直观地显示，可以为查询的字段取一个别名。SELECT语句中为字段起别名的基本语法格式如下。

```
SELECT 字段名 [AS] 别名 [, 字段名 [AS] 别名 ,...] FROM 数据表名 ;
```

在上面的语法格式中，AS为可选项，用于指定字段的别名。下面通过一个案例演示在SELECT语句中为字段设置别名。

例如，技术人员想要使用SQL语句查询员工表中部门编号为30的员工姓名、员工奖金及员工部门编号的信息，查询结果返回时将字段ename的名称设置别名“姓名”，字段comm的名称设置别名“奖金”，字段deptno的名称设置别名“部门编号”，具体SQL语句及执行结果如下。

```
mysql>SELECT ename AS '姓名', comm '奖金',deptno '部门编号' FROM emp WHERE
deptno=30;
+--------+--------+----------+
| 姓名    | 奖金    | 部门编号  |
+--------+--------+----------+
| 孙七    |  300.00 |       30 |
| 周八    |  500.00 |       30 |
| 吴九    | 1400.00 |       30 |
| 郑十    |    0.00 |       30 |
| 萧十一  |    NULL |       30 |
+--------+--------+----------+
5 rows in set (0.00 sec)
```

在上述SELECT语句中，使用WHERE子句查询出部门编号为30的记录后，SELECT关键字后的字段名使用对应的别名显示。由执行结果可知，返回结果的字段名都用别名替代了。

4.6 上机实践：图书管理系统的单表查询

图书管理系统的新增、修改和删除图书的功能已经开发完成，此时bms数据库中也存储了一些图书信息。开发人员接下来需要实现的是图书查询功能，与图书的新增、修改和删除功能一样，图书查询功能也需要通过SQL对数据表中的数据进行操作。开发人员编写图书查询的SQL需求如下。

【实践需求】

（1）查询可借阅图书清单。开发人员需要新增的功能是，查询当前书店中可借阅图书的清单，清单中只显示图书名称和上架时间即可。

（2）根据图书名称排序查询。开发人员需要新增的功能是，根据图书名称升序排序图书信息，图书信息只需要显示查询结果前5条的图书名称、价格和状态即可。

（3）根据图书价格查询。开发人员需要新增的功能是，查询价格大于50的图书信息，图书信息只需要显示图书名称和价格即可。

（4）根据图书区间价格查询。开发人员需要新增的功能是，查询当前价格大于或等于30并且小于或等于50的图书信息，图书信息只需要显示图书名称和价格即可。

（5）根据借阅状态查询。开发人员需要新增的功能是，查询已借阅的图书信息，图书信息只需要显示图书名称、借阅人编号和借阅时间即可。

（6）根据书名包含的关键字查询。开发人员需要新增的功能是，查询书店中名称包含Java的图书信息，图书信息只需要显示图书名称即可。

（7）根据书名结尾关键字查询。开发人员需要新增的功能是，查询书店中以“入门”结尾的图书信息，图书信息只需要显示图书名称即可。

（8）根据多条件查询。开发人员需要新增的功能是，查询“西游记”或“红楼梦”的图书信息，图书信息只需要显示图书名称和价格即可。

【动手实践】

（1）查询可借阅图书清单。查询只显示图书名称和上架时间的可借阅图书清单，具体SQL语句及执行结果如下。

```
mysql>SELECT name,upload_time FROM book WHERE state=0;
+----------------------+---------------------+
| name                 | upload_time         |
+----------------------+---------------------+
| Java 基础入门（第 3 版） | 2021-08-06 11:08:01 |
```

```
| Java Web 程序开发入门    | 2021-08-06 11:09:05 |
| 西游记                  | 2021-08-06 11:09:05 |
+----------------------+--------------------+
3 rows in set (0.00 sec)
```

（2）根据图书名称排序查询。根据图书名称升序排序的前 5 条图书的信息，查询出的结果只需要显示图书的名称、价格和状态，具体 SQL 语句及执行结果如下。

```
mysql>SELECT name,price,state FROM book ORDER BY name ASC LIMIT 5;
+----------------------+-------+-------+
| name                 | price | state |
+----------------------+-------+-------+
| Java Web 程序开发入门   | 44.10 | 0     |
| Java 基础入门（第 3 版） | 53.10 | 0     |
| MySQL 数据库入门        | 36.00 | 1     |
| 三国演义               | 62.10 | 2     |
| 水浒传                 | 59.40 | 2     |
+----------------------+-------+-------+
5 rows in set (0.00 sec)
```

（3）根据图书价格查询。查询价格大于 50 的图书的名称，具体 SQL 语句及执行结果如下。

```
mysql>SELECT name, price FROM book WHERE price>50;
+----------------------+-------+
| name                 | price |
+----------------------+-------+
| Java 基础入门（第 3 版） | 53.10 |
| 三国演义               | 62.10 |
| 西游记                 | 53.10 |
| 水浒传                 | 59.40 |
+----------------------+-------+
4 rows in set (0.00 sec)
```

（4）根据图书区间价格查询。查询价格大于或等于 30 并且小于或等于 50 的图书的名称和价格，具体 SQL 语句及执行结果如下。

```
mysql> SELECT name, price FROM book WHERE price BETWEEN 30 AND 50;
+---------------------+-------+
| name                | price |
+---------------------+-------+
| MySQL 数据库入门       | 36.00 |
| Java Web 程序开发入门  | 44.10 |
```

```
+--------------------+-------+
2 rows in set (0.00 sec)
```

（5）根据借阅状态查询。查询已借阅图书的图书名称、借阅人编号和借阅时间，具体 SQL 语句及执行结果如下。

```
mysql>SELECT name,borrower_id,borrow_time FROM book WHERE state=1;
+-----------------+-------------+---------------------+
| name            | borrower_id | borrow_time         |
+-----------------+-------------+---------------------+
| MySQL 数据库入门  |           1 | 2021-08-06 11:16:05 |
+-----------------+-------------+---------------------+
1 row in set (0.00 sec)
```

（6）根据书名包含的关键字查询。查询包含 Java 的所有图书名称，具体 SQL 语句及执行结果如下。

```
mysql>SELECT name FROM book WHERE name LIKE '%Java%';
+-----------------------+
| name                  |
+-----------------------+
| Java Web 程序开发入门    |
| Java 基础入门（第 3 版） |
+-----------------------+
2 rows in set (0.00 sec)
```

（7）根据书名结尾关键字查询。查询以“入门”结尾的所有图书名称，具体 SQL 语句及执行结果如下。

```
mysql>SELECT name FROM book WHERE name LIKE '%入门';
+---------------------+
| name                |
+---------------------+
| Java Web 程序开发入门 |
| MySQL 数据库入门      |
+---------------------+
2 rows in set (0.00 sec)
```

（8）根据多条件查询。查询“西游记”或“红楼梦”的图书信息，只需要显示图书名称和价格，具体 SQL 语句及执行结果如下。

```
mysql>SELECT name,price FROM book WHERE name IN('西游记','红楼梦');
+--------+-------+
| name   | price |
```

```
+-------+-------+
| 西游记  | 53.10 |
+-------+-------+
1 row in set (0.00 sec)
```

4.7 本章小结

本章主要对单表查询进行了详细讲解。首先介绍了 SELECT 语句；其次讲解了简单查询以及条件查询；然后讲解了高级查询和设置别名；最后通过一个上机实践让读者提高单表查询的动手能力。通过本章的学习，读者能够掌握单表查询的基本操作，为后续的学习打下坚实的基础。

4.8 课后习题

一、填空题

1.MySQL 中提供了________关键字，可以在查询时去除重复的值。

2. 使用 ORDER BY 对查询结果进行排序时，默认是按________排列。

3. 在 SELECT 语句中，用于对分组查询结果再进行过滤的关键字是________。

4 为了使查询结果满足用户的要求，可以使用________对查询结果进行排序。

5. 在聚合函数中，用于求出某个字段平均值的函数是________。

二、判断题

1. 当 DISTINCT 作用于多个字段时，只有 DISTINCT 关键字后指定的多个字段值都相同，才会被视为重复记录。(　　)

2. 在数据表中，某些列的值可能为空值（NULL），那么在 SQL 语句中可以通过 = NULL 来判断是否为空值。(　　)

3. 在对字符串进行模糊查询时，一个下画线通配符可匹配多个字符。(　　)

4. 在 SELECT 语句的 WHERE 条件中，BETWEEN AND 用于判断某个字段的值是否在指定的范围之内。(　　)

5. SELECT 语句中可以使用 AS 关键字指定表名的别名或字段的别名，AS 关键字也可以省略不写。(　　)

三、选择题

1. 下列选项中查询 student 表中 id 值不在 2 和 5 之间的学生的 SQL 语句是（　　）。

A. SELECT * FROM student where id!=2,3,4,5;

B. SELECT * FROM student where id not between 5 and 2;

C. SELECT * FROM student where id not between 2 and 5;

D. SELECT * FROM student where id not in 2,3,4,5;

2. 要想分页（每页显示 10 条）显示 test 表中的数据，那么获取第 2 页数据的 SQL 语句是（　　）。

A. SELECT * FROM test LIMIT 10,10;

B. SELECT * FROM test LIMIT 11,10;

C. SELECT * FROM test LIMIT 10,20;

D. SELECT * FROM test LIMIT 11,20;

3. 下列选项中代表匹配任意长度字符串的通配符是（　　）。

A. %　　B. *　　C. _　　D. ?

4. 下列选项中用于求出表中某个字段所有值的总和的函数是（　　）。

A. AVG()　　B. SUM()　　C. MIN()　　D. MAX()

5. 下列选项中可以查询 student 表中 id 字段值小于 5 并且 gender 字段值为“女”的学生姓名的 SQL 语句是（　　）。

A. SELECT name FROM student WHERE id<5 OR gender=' 女 ';

B. SELECT name FROM student WHERE id<5 AND gender=' 女 ';

C. SELECT name FROM student WHERE id<5 ,gender=' 女 ';

D. SELECT name FROM student WHERE id<5 AND WHERE gender=' 女 ';

第 5 章

多表操作

学习目标

◆ 掌握多表查询，能够使用交叉连接、内连接、外连接及复合条件连接进行多表查询；

◆ 掌握子查询，能够使用子查询结合IN、EXISTS、ANY、ALL及比较运算符进行查询；

◆ 掌握外键约束的使用，能够为表添加和删除外键约束；

◆ 了解关联表的3种关联关系，能够说出如何向关联表中添加和删除数据。

之前章节对数据的操作都是基于一张数据表完成的，即单表操作，然而实际应用中业务逻辑较为复杂，表与表之间可能存在业务联系，有时需要基于两张或两张以上的数据表进行操作，即多表操作。本章将针对多表操作的相关知识进行讲解。

5.1 多表查询

在关系数据库中，一张数据表通常存储一个实体的信息。当两张或多张数据表中存在相同意义的字段时，如果需要同时显示多张数据表中的数据，便可以通过这些意义相同的字段将不同的数据表进行连接并对连接后的数据表进行查询，这样的查询通常称为连接查询。在 MySQL 中，连接查询包括交叉连接查询、内连接查询、外连接查询、复合条件连接查询，本节将对这些连接查询进行讲解。

5.1.1 交叉连接查询

交叉连接（CROSS JOIN）查询返回的结果是被连接的两张数据表中所有数据行的笛卡儿积。例如，数据库 ems 中的部门表 dept 有 3 条部门记录，员工表 emp 有 14 条员工记录，如果对这两张数据表进行交叉连接查询，那么交叉连接查询后的笛卡儿积就有 42（3 × 14）条记录。

交叉连接的语法格式如下。

```
SELECT <字段名> FROM <数据表名1> CROSS JOIN <数据表名2> ;
```

或

```
SELECT <字段名> FROM <数据表名1>, <数据表名2> ;
```

在上述语法格式中，两种语法格式的返回结果相同，其中 <字段名> 指的是需要查询的字段名称；<数据表名1> 和 <数据表名2> 指的是需要交叉连接的数据表的名称；CROSS JOIN 用于连接两个要查询的数据表，通过 CROSS JOIN 语句可以查询两个表中所有的数据组合。

下面通过一个案例演示交叉连接查询。

例如，技术人员想要通过 SQL 语句对数据库 ems 中员工表 emp 和部门表 dept 进行交叉连接查询，具体如下。

部门表 dept 用于存储部门信息，由于在第 2 章的讲解中将部门表删除了，因此查询之前需要先创建一个部门表并完善部门表中的数据，具体 SQL 语句如下。

```
# 创建部门表
CREATE TABLE dept(
   deptno INT PRIMARY KEY,
   dname VARCHAR(20) UNIQUE
);
# 插入部门数据
INSERT INTO dept
VALUES
(10, '总裁办'),
(20, '研究院'),
(30, '销售部'),
(40, '运营部');
```

接着对员工表和部门表进行交叉连接查询，具体 SQL 语句及执行结果如下。

```
mysql>SELECT * FROM emp,dept;
+------+-------+------+------+---------+--------+--------+--------+--------+
|empno |ename  |job   |mgr   |sal      |comm    |deptno  |deptno  | dname  |
+------+-------+------+------+---------+--------+--------+--------+--------+
| 9369 | 张三  | 保洁 | 9902 | 900.00  |  NULL  |     20 |     30 | 销售部 |
| 9369 | 张三  | 保洁 | 9902 | 900.00  |  NULL  |     20 |     40 | 运营部 |
| 9369 | 张三  | 保洁 | 9902 | 900.00  |  NULL  |     20 |     20 | 研究院 |
```

```
| 9369 | 张三   | 保洁 | 9902 | 900.00  |  NULL  |    20  |     10 | 总裁办 |
| 9499 | 孙七   | 销售 | 9698 | 2600.00 | 300.00 |    30  |     30 | 销售部 |
| 9499 | 孙七   | 销售 | 9698 | 2600.00 | 300.00 |    30  |     40 | 运营部 |
| 9499 | 孙七   | 销售 | 9698 | 2600.00 | 300.00 |    30  |     20 | 研究院 |
| 9499 | 孙七   | 销售 | 9698 | 2600.00 | 300.00 |    30  |     10 | 总裁办 |
| 9521 | 周八   | 销售 | 9698 | 2250.00 | 500.00 |    30  |     30 | 销售部 |
| 9521 | 周八   | 销售 | 9698 | 2250.00 | 500.00 |    30  |     40 | 运营部 |
| 9521 | 周八   | 销售 | 9698 | 2250.00 | 500.00 |    30  |     20 | 研究院 |
| 9521 | 周八   | 销售 | 9698 | 2250.00 | 500.00 |    30  |     10 | 总裁办 |
...因篇幅有限，此处省略了其他的记录
+------+-------+-----+-----+---------+-------+-------+------+-------+
48 rows in set (0.00 sec)
```

从上述执行结果可以看出，交叉连接查询的结果就是两个连接表中所有数据的组合，查询出的记录数为48，即员工表emp的记录数12乘以部门表dept的记录数4；查询出的字段数为9，即员工表emp的字段数7加上部门表dept的字段数2。由于交叉连接查询的结果中存在很多不合理的数据，因此在实际应用中应避免交叉连接查询，而是使用具体的条件对数据进行有目的的查询。

5.1.2 内连接查询

内连接（INNER JOIN）查询又称简单连接查询或自然连接查询，是常见的连接查询。内连接查询根据连接条件可以对交叉连接查询的部分结果进行筛选，仅筛选出两张表中相互匹配的记录。

内连接查询的语法格式如下。

```
SELECT 查询字段 FROM 数据表1 [INNER] JOIN 数据表2 ON 匹配条件;
```

在上述语法格式中，INNER JOIN用于连接两张数据表，其中INNER可以省略；ON用于指定查询的匹配条件，即同时匹配两张数据表的条件。由于内连接查询是对两张数据表进行操作，因此需要在匹配条件中指定所操作的字段来源于哪一张数据表，如果为数据表设置了别名，也可以通过别名指定数据表。

例如，技术人员想要通过SQL语句查询已经分配了部门（部门号不为NULL）的员工的信息，员工信息只需要显示员工姓名和对应部门的名称，具体SQL语句及执行结果如下。

```
mysql>SELECT ename,dname FROM emp e JOIN dept d ON e.deptno=d.deptno;
+--------+--------+
| ename  | dname  |
+--------+--------+
| 张三   | 研究院 |
```

```
| 孙七    | 销售部  |
| 周八    | 销售部  |
| 李四    | 研究院  |
| 吴九    | 销售部  |
| 刘一    | 总裁办  |
| 郑十    | 销售部  |
| 萧十一  | 销售部  |
| 赵六    | 研究院  |
| 陈二    | 总裁办  |
| 王五    | 研究院  |
+--------+--------+
11 rows in set (0.00 sec)
```

在上述查询语句中，通过匹配员工表 emp 和部门表 dept 中的字段 deptno，使用内连接查询分配了部门的员工信息；由执行结果可知，查询出了员工姓名和对应部门的名称。

如果在一个连接查询中，涉及的两张数据表是同一张数据表，则这种查询称为自连接查询。自连接是一种特殊的内连接，它是指相互连接的数据表在物理上为同一张数据表，但逻辑上分为两张数据表。

例如，技术人员想要通过 SQL 语句查询员工王五所在部门的所有员工信息。查询时可以使用自连接查询实现，具体 SQL 语句及执行结果如下。

```
mysql>SELECT e1.* FROM emp e1 JOIN emp e2 ON e1.deptno=e2.deptno
    -> WHERE e2.ename='王五';
+-------+-------+--------+------+---------+------+--------+
| empno | ename | job    | mgr  | sal     | comm | deptno |
+-------+-------+--------+------+---------+------+--------+
|  9369 | 张三  | 保洁   | 9902 |  900.00 | NULL |     20 |
|  9566 | 李四  | 经理   | 9839 | 3995.00 | NULL |     20 |
|  9902 | 赵六  | 分析员 | 9566 | 4000.00 | NULL |     20 |
|  9988 | 王五  | 分析员 | 9566 | 4000.00 | NULL |     20 |
+-------+-------+--------+------+---------+------+--------+
4 rows in set (0.00 sec)
```

在上述查询语句中，名称为 e1 和名称为 e2 的数据表在物理上是同一张数据表 emp，e1 和 e2 通过字段 deptno 进行关联，并且通过 WHERE 指定筛选的条件；执行结果中，返回了王五所在部门的所有员工信息。由执行结果可知，王五所在部门有 4 个员工，分别是张三、李四、赵六和王五。

5.1.3 外连接查询

内连接的查询结果是符合连接条件的记录，然而有时在查询时，除了要查询出符合条件的数据外，还需要查询出其中一张数据表中符合条件之外的其他数据，此时就需要使用外连接查询。

外连接查询的语法格式如下。

```
SELECT 所查字段 FROM 数据表 1 LEFT|RIGHT [OUTER] JOIN 数据表 2 ON 匹配条件
```

外连接查询分为左连接（LEFT JOIN）查询和右连接（RIGHT JOIN）查询，一般上述语法格式中的数据表 1 被称为左表，数据表 2 被称为右表。使用左连接查询和右连接查询的区别如下。

- LEFT JOIN：返回左表中的所有记录和右表中符合连接条件的记录。
- RIGHT JOIN：返回右表中的所有记录和左表中符合连接条件的记录。

为了让初学者更好地理解外连接查询，下面分别对左连接查询和右连接查询进行讲解。

1. 左连接查询

左连接查询的结果包括 LEFT JOIN 子句中左表的所有记录以及右表中满足连接条件的记录。如果左表的某条记录在右表中不存在，则右表中对应字段的值显示为 NULL。

例如，技术人员想要通过 SQL 语句查询所有部门名称及部门对应员工的姓名。因为需要查询出所有部门的名称，所以查询时可以使用左连接查询，将部门表作为查询中的左表，具体 SQL 语句及执行结果如下。

```
mysql>SELECT d.dname,e.ename FROM dept d LEFT JOIN emp e ON e.deptno=d.
deptno;
+--------+--------+
| dname  | ename  |
+--------+--------+
| 总裁办 | 陈二   |
| 总裁办 | 刘一   |
| 研究院 | 王五   |
| 研究院 | 赵六   |
| 研究院 | 李四   |
| 研究院 | 张三   |
| 运营部 | NULL   |
| 销售部 | 萧十一 |
| 销售部 | 郑十   |
| 销售部 | 吴九   |
| 销售部 | 周八   |
| 销售部 | 孙七   |
+--------+--------+
12 rows in set (0.00 sec)
```

在上述查询语句中，使用左连接将部门表和员工表通过 deptno 字段进行连接；由执行结果可知，上述查询语句返回了 12 条记录，其中返回了左表 dept 中 dname 字段所有的数据，运营部没有员工，对应的员工姓名字段显示为 NULL。

2. 右连接查询

右连接查询的结果包括 RIGHT JOIN 子句中右表的所有记录以及左表中满足连接条件的记录。如果右表的某条记录在左表中没有匹配，则左表中对应字段的值显示为 NULL。

例如，技术人员想要通过 SQL 语句查询所有员工姓名及对应部门的名称，没有分配部门的员工也需要查询出来。因为需要查询出所有员工的名称，所以查询时可以使用右连接查询，将员工表作为查询中的右表，具体 SQL 语句及执行结果如下。

```
mysql>SELECT d.dname,e.ename FROM dept d RIGHT JOIN emp e ON e.deptno=d.
deptno;
+--------+--------+
| dname  | ename  |
+--------+--------+
| 研究院 | 张三   |
| 销售部 | 孙七   |
| 销售部 | 周八   |
| 研究院 | 李四   |
| 销售部 | 吴九   |
| 总裁办 | 刘一   |
| 销售部 | 郑十   |
| 销售部 | 萧十一 |
| 研究院 | 赵六   |
| NULL   | 张%一  |
| 总裁办 | 陈二   |
| 研究院 | 王五   |
+--------+--------+
12 rows in set (0.00 sec)
```

上述查询语句使用右连接将 dept 表和 emp 表通过 deptno 字段进行连接；由执行结果可知，上述查询语句返回了 12 条记录，员工张 % 一没有划分部门，其对应部门的名称显示为 NULL。

5.1.4 复合条件连接查询

复合条件连接查询是指在连接查询的过程中通过添加过滤条件限制执行结果，使执行结果更精确。

例如，技术人员想要通过 SQL 语句查询所有员工信息，员工信息包含员工所在部门的名称，并且按员工的工资降序排序。在查询时，可以根据 deptno 字段使用左连接将部门表和员工表进行关联查询，并且使用 ORDER BY 根据 sal 字段的值对查询结果进行排序，具体 SQL 语句及执行结果如下。

```
mysql>SELECT e.*,d.dname FROM emp e LEFT JOIN dept d ON e.deptno=d.deptno
    ->ORDER BY e.sal DESC;
+-------+-------+-------+-----+---------+---------+-------+-------+
| empno | ename | job   | mgr | sal     | comm    | deptno | dname |
+-------+-------+-------+-----+---------+---------+-------+-------+
|  9839 | 刘一  | 董事长 | NULL | 6000.00 |    NULL |    10 | 总裁办 |
|  9902 | 赵六  | 分析员 | 9566 | 4000.00 |    NULL |    20 | 研究院 |
|  9988 | 王五  | 分析员 | 9566 | 4000.00 |    NULL |    20 | 研究院 |
|  9566 | 李四  | 经理   | 9839 | 3995.00 |    NULL |    20 | 研究院 |
|  9982 | 陈二  | 经理   | 9839 | 3450.00 |    NULL |    10 | 总裁办 |
|  9499 | 孙七  | 销售   | 9698 | 2600.00 |  300.00 |    30 | 销售部 |
|  9844 | 郑十  | 销售   | 9698 | 2500.00 |    0.00 |    30 | 销售部 |
|  9521 | 周八  | 销售   | 9698 | 2250.00 |  500.00 |    30 | 销售部 |
|  9654 | 吴九  | 销售   | 9698 | 2250.00 | 1400.00 |    30 | 销售部 |
|  9936 | 张%一 | 保洁   | 9982 | 1200.00 |    NULL |  NULL | NULL   |
|  9900 | 萧十一 | 保洁   | 9698 | 1050.00 |    NULL |    30 | 销售部 |
|  9369 | 张三  | 保洁   | 9902 |  900.00 |    NULL |    20 | 研究院 |
+-------+-------+-------+-----+---------+---------+-------+-------+
12 rows in set (0.00 sec)
```

从执行结果可以得出，使用复合条件查询的结果更精确，符合实际需求。

5.2 子查询

子查询是指一个查询语句嵌套在另一个语句内部的查询，当某个语句执行所需的过滤条件是另一个 SELECT 语句的结果时，可以使用子查询。子查询通常在 WHERE 子句中结合操作符一起使用，操作符可以是 IN、EXISTS、ANY、ALL、比较运算符。本节将对结合这几种操作符的子查询进行讲解。

5.2.1 IN关键字结合子查询

IN 关键字结合子查询使用时，需要内层子查询语句返回的结果是一个数据列，这个数据列中的值供外层语句进行比较操作。

下面通过一个案例演示查询语句中 IN 关键字结合子查询的使用。

例如，技术人员想要通过 SQL 语句查询工资大于 2900 的员工所属部门。查询时可以先通过子查询返回工资大于 2900 的员工所在部门的编号，接着使用 IN 关键字根据部门编号查询部门信息，具体 SQL 语句及执行结果如下所示。

```
mysql> SELECT * FROM dept WHERE deptno IN(SELECT deptno FROM emp WHERE
sal>2900);
+--------+--------+
| deptno | dname  |
+--------+--------+
|     10 | 总裁办 |
|     20 | 研究院 |
+--------+--------+
2 rows in set (0.00 sec)
```

从执行结果可知，只有总裁办和研究院存在工资大于 2900 的员工。

外层 SELECT 语句使用 NOT IN 关键字结合子查询使用时，其作用正好和使用 IN 相反。例如，技术人员想要通过 SQL 语句查询工资小于 2900 的员工所在的部门信息，具体 SQL 语句及执行结果如下。

```
mysql>SELECT * FROM dept WHERE deptno NOT IN(SELECT deptno FROM emp WHERE
sal>2900);
+--------+--------+
| deptno | dname  |
+--------+--------+
|     40 | 运营部 |
|     30 | 销售部 |
+--------+--------+
2 rows in set (0.00 sec)
```

从上述执行结果可以得出，使用 NOT IN 的查询结果是数据表中使用 IN 查询到的结果之外的其他数据，只有运营部和销售部不存在工资大于 2900 的员工。

5.2.2 EXISTS关键字结合子查询

EXISTS 关键字用于判断子查询的结果集是否为空，若子查询的结果集不为空，返回 TRUE，否则返回 FALSE。使用 EXISTS 关键字结合子查询进行查询时，会先执行外层查询语句，再根据 EXISTS 关键字后面子查询的查询结果，判断是否保留外层语句查询出的记录。EXISTS 的判断结果为 TRUE 时，保留对应的记录，否则去除记录。

下面通过一个案例演示查询语句中 EXISTS 关键字结合子查询的使用。

例如，技术人员想要通过 SQL 语句查询工资大于 2900 的员工所在的部门信息。首先查询出部门的所有信息，然后通过子查询筛选出工资大于 2900 的员工信息，接着使用 EXISTS 关键字将符合子查询结果的记录返回；具体 SQL 语句及执行结果如下。

```
mysql>SELECT * FROM dept  WHERE EXISTS
    ->(SELECT * FROM emp WHERE emp.deptno=dept.deptno AND emp.sal>2900);
+--------+--------+
| deptno | dname  |
+--------+--------+
|     10 | 总裁办 |
|     20 | 研究院 |
+--------+--------+
2 rows in set (0.00 sec)
```

从上述执行结果可以得出，只有总裁办和研究院存在工资大于 2900 的员工。

使用 EXISTS 关键字结合子查询和使用 IN 关键字结合子查询的结果一致，但在表数据量不同时，这两种方式的性能也不同。当外表数据量比较大而内表数据量比较小时，适合使用 IN 关键字结合子查询进行查询；当外表数据量比较小而内表数据量比较大时，适合使用 EXISTS 关键字结合子查询进行查询。

5.2.3 ANY关键字结合子查询

ANY 关键字表示“任意一个”的意思，必须和比较操作符一起使用，例如 ANY 和 > 结合起来使用表示大于任意一个。ANY 关键字结合子查询使用时，表示子查询的查询结果集中的任一查询结果，例如“值 1>ANY（子查询）”比较值 1 是否大于子查询返回的结果集中的任意一个结果。

下面通过一个案例演示查询语句中 ANY 关键字结合子查询的使用。

例如，技术人员想要通过 SQL 语句查询部门编号为 10 的员工信息，要求查询到的员工信息中工资都高于部门编号为 20 的部门中的最低工资。查询时可以先使用子查询语句查询出部门编号为 20 的部门中所有员工工资，接着查询部门编号为 10 的部门中所有员工信息，最后使用 ANY 连接两者的工资进行比较。具体 SQL 语句及执行结果如下。

```
mysql>SELECT * FROM emp WHERE deptno=10 AND sal>ANY(SELECT sal FROM emp
WHERE deptno=20);
+-------+-------+--------+------+---------+------+--------+
| empno | ename | job    | mgr  | sal     | comm | deptno |
+-------+-------+--------+------+---------+------+--------+
|  9839 | 刘一  | 董事长 | NULL | 6000.00 | NULL |     10 |
|  9982 | 陈二  | 经理   | 9839 | 3450.00 | NULL |     10 |
+-------+-------+--------+------+---------+------+--------+
2 rows in set (0.00 sec)
```

5.2.4 ALL关键字结合子查询

ALL 关键字表示“所有”的意思，该关键字结合子查询使用时，表示子查询结果集中的所有结果，例如“值 1>ALL（子查询）”比较值 1 是否大于子查询返回的结果集中的所有结果。

下面通过一个案例演示查询语句中 ALL 关键字结合子查询的使用。

例如，技术人员想要通过 SQL 语句查询部门编号为 10 的员工信息，要求查询到的员工信息中工资都高于部门编号为 20 的部门中的最高工资。查询时可以使用子查询将部门编号为 20 的所有员工工资查询出来，然后将部门编号为 10 的所有员工工资与子查询的结果进行比较，只要大于子查询中的所有值，就是符合查询条件的记录。具体 SQL 语句及执行结果如下。

```
mysql>SELECT * FROM emp WHERE deptno=10 AND sal>ALL(SELECT sal FROM emp WHERE deptno=20);
+-------+-------+--------+-----+---------+-----+--------+
| empno | ename | job    | mgr | sal     | comm | deptno |
+-------+-------+--------+-----+---------+-----+--------+
|  9839 | 刘一  | 董事长 | NULL | 6000.00 | NULL |     10 |
+-------+-------+--------+-----+---------+-----+--------+
1 row in set (0.00 sec)
```

5.2.5 比较运算符结合子查询

前面讲解的 ANY 关键字和 ALL 关键字的子查询中使用了比较运算符 >。除了 > 运算符，子查询中还可以使用其他的比较运算符，如 <、=、!= 等。

下面通过一个案例演示查询语句中比较运算符结合子查询的使用。

例如，技术人员想要通过 SQL 语句查询与王五职位相同的员工信息。查询时可以先使用子查询获取王五的职位，接着根据子查询的结果筛选出职位和王五相同的员工信息，具体 SQL 语句及执行结果如下。

```
mysql> SELECT * FROM emp WHERE job=(SELECT job FROM emp WHERE ename='王五')
    -> AND ename !='王五';
+-------+-------+--------+-----+---------+-----+--------+
| empno | ename | job    | mgr | sal     | comm | deptno |
+-------+-------+--------+-----+---------+-----+--------+
|  9902 | 赵六  | 分析员 | 9566 | 4000.00 | NULL |     20 |
+-------+-------+--------+-----+---------+-----+--------+
1 row in set (0.00 sec)
```

从执行结果可知，王五的职位是分析员，和王五职位相同的员工只有赵六。

一般情况下，表连接查询都可以用子查询替换，但反过来却不一定适用。子查询相对比较灵活、方便、形式多样，适合作为查询的筛选条件，而表连接查询更适合查看连接表的数据。

5.3 外键约束

在实际开发的项目中，一个健壮数据库中的数据一定有很好的参照完整性。例如，员工管理系统中有员工表和部门表，如果员工表的部门编号字段使用了部门编号 20，而部门表中的编号 20 却被删除了，那么就会产生垃圾数据或错误数据。为保证数据的完整性，可以在员工表中添加外键约束。本节将对外键约束进行讲解。

5.3.1 添加外键约束

外键是数据表中的一个特殊字段，它引用另一张数据表中的一列或多列，被引用的列应该具有主键约束或唯一约束。例如在员工表 emp 的 deptno 字段上添加外键约束，引用部门表 dept 的主键字段 deptno，如此就通过外键加强了员工表和部门表数据之间的关联，如图 5-1 所示。

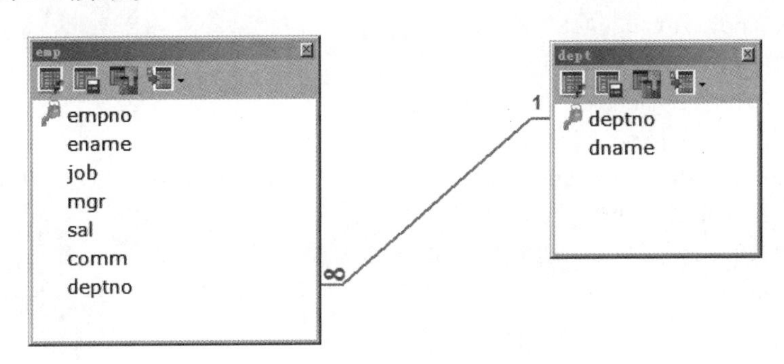

图5-1　员工表和部门表数据之间的关联

对于两个具有关联关系的数据表来说，相关联字段中主键所在的数据表就是主表，外键所在的数据表就是从表。从图 5-1 可以得出 dept 表是主表，emp 表是从表，emp 表通过 deptno 连接 dept 表中的信息，从而建立了两张数据表之间的关联。

在 MySQL 中为从表添加外键约束的语法格式如下。

```
ALTER TABLE 从表名 ADD CONSTRAINT [ 外键名称 ] FOREIGN KEY( 外键字段名 )
REFERENCES 主表名 ( 主键字段名 );
```

在上述语法格式中，ADD CONSTRAINT 表示添加约束；外键名称是可选参数，用来指定添加的外键约束的名称；FOREIGN KEY 表示外键约束；使用 REFERENCES 指定创建的外键引用哪个表的主键。

接下来，根据上述语法格式，为员工表 emp 添加外键约束，具体语句及执行结果如下。

```
    mysql> ALTER TABLE emp ADD CONSTRAINT fk_deptno FOREIGN KEY(deptno)
REFERENCES dept(deptno);
    Query OK, 12 rows affected (0.20 sec)
    Records: 12  Duplicates: 0  Warnings: 0
```

添加外键成功之后，可以使用 SHOW CREATE TABLE 语句查看员工表 emp 的创建语句，查询语句及结果如下。

```
1  mysql> SHOW CREATE TABLE emp;
2  +-------+--------------------------------------------------------------+
3  | Table| Create Table                                                  |
4  +----+-----------------------------------------------------------------+
5  | emp   | CREATE TABLE `emp` (
6    `empno` int NOT NULL,
7    `ename` varchar(20) DEFAULT NULL,
8    `job` varchar(20) DEFAULT NULL,
9    `mgr` int DEFAULT NULL,
10   `sal` decimal(7,2) DEFAULT NULL,
11   `comm` decimal(7,2) DEFAULT NULL,
12   `deptno` int DEFAULT NULL,
13    PRIMARY KEY (`empno`),
14    UNIQUE KEY `ename` (`ename`),
15    KEY `fk_deptno` (`deptno`),
16    CONSTRAINT `fk_deptno` FOREIGN KEY (`deptno`) REFERENCES `dept`
      (`deptno`)
17  ) ENGINE=InnoDB DEFAULT CHARSET=utf8                           |
18  +-------+--------------------------------------------------------------+
19  1 row in set (0.00 sec)
```

在上述输出结果中，第 15 行表示创建了一个和外键名称同名的索引，第 16 行表示 deptno 字段上创建了名称为 fk_deptno 的外键，fk_deptno 外键引用部门表 dept 中的 deptno 字段。

在为表添加外键约束时，需要注意以下情况。

- 建立外键的表必须使用 InnoDB 引擎（默认的存储引擎），不能是临时表，因为在 MySQL 中只有 InnoDB 引擎才允许使用外键。
- 定义的外键名称不能加引号，如 CONSTRAINT 'FK_ID' 或 CONSTRAINT " FK_ID " 都是错误的。
- 外键所在列的数据类型必须和主表中主键对应列的数据类型相同。

多学一招：添加外键约束的参数说明

建立外键是为了保证数据的完整性和统一性，但如果主表中的数据被删除或被修改，从表中对应的数据也应该被删除或被修改，否则数据库中会存在很多无意义的垃圾数据。MySQL 可以在建立外键时添加 ON DELETE 或 ON UPDATE 子句来告诉数据库如何避免垃圾数据的产生。建立外键时避免垃圾数据的语法格式如下。

```
ALTER TABLE 从表名 ADD CONSTRAINT [ 外键名称 ] FOREIGN KEY( 外键字段名 )
REFERENCES 外表表名 ( 主键字段名 );
[ON DELETE {CASCADE | SET NULL | NO ACTION | RESTRICT}]
[ON UPDATE {CASCADE | SET NULL | NO ACTION | RESTRICT}]
```

上述语法格式中各参数的具体说明如表 5-1 所示。

表5-1　添加外键约束的参数说明

参数名称	功能描述
CASCADE	主表中删除或更新记录时，同时自动删除或更新从表中对应的记录
SET NULL	主表中删除或更新记录时，使用 NULL 值替换从表中对应的记录（不适用于已标记为 NOT NULL 的字段）
NO ACTION	拒绝主表删除或修改外键关联列
RESTRICT	拒绝主表删除或修改外键关联列（在未定义 ON DELETE 和 ON UPDATE 子句时，这是默认设置，也是最安全的设置）

5.3.2　操作关联表

在实际开发中，需要根据实体的内容设计数据表，实体间会有各种关联关系，因此数据表之间也存在着各种关联关系。下面对数据表的关联关系、关联表添加数据、关联表删除数据进行讲解。

1. 数据表的关联关系

根据数据关系，MySQL 中数据表的关联关系可以分为一对一、多对一、多对多 3 种。这 3 种关联关系具体介绍如下。

（1）一对一。

一对一在实际生活中比较常见，例如人与身份证之间就是一对一的关系，一个人对应一张身份证，一张身份证只能匹配一个人。

一对一关系的两张数据表建立外键时，要分清主从关系。例如，身份证是人的附属，身份证需要人的存在才有意义。同样，在数据表的主从关系中，从表需要主表的存在才有意义。假如有身份证和人两张数据表，那么人为主表，身份证为从表，需要在身份证表中建立外键。

需要注意的是，一对一关联关系在数据库中并不常见，因为以这种方式存储的信息通常会放在一个表中。在实际开发中，一对一关联关系可以应用于如下场景。

- 分割具有很多列的表。
- 由于安全原因而隔离表的一部分。

- 保存临时数据，并且可以毫不费力地通过删除保存临时数据的表而删除这些数据。

（2）多对一。

多对一关联是数据表之间最常见的一种关联关系。例如员工与部门之间的关系，一个部门可以有多个员工，而一个员工不能属于多个部门；也就是说部门表中的一行记录在员工表中可以有多行匹配的记录，但员工表中的一行记录在部门表中只能有一行匹配的记录。

通过之前的讲解可以知道，表之间的关系是通过外键建立的。在多对一的表关系中，应该将外键添加在“多”的一方，否则会造成数据的冗余。

（3）多对多。

多对多也是数据表之间的一种关联关系。例如学生与课程之间的关系，一个学生可以选择多门课程，当然一门课程也供多个学生选择；也就是说学生表中一行记录在课程表中可以有多行匹配的记录，课程表中的一行记录在学生表中也可以有多行匹配的记录。

通常情况下，为实现多对多关联关系，需要定义一张中间表（称为连接表）。中间表会存在两个外键，分别引用课程表和学生表。

2. 关联表添加数据

5.3.1 节中已经为员工表 emp 添加外键约束。此时员工表 emp 和部门表 dept 之间是多对一的关联关系。下面演示在这两个关联表中添加数据。

（1）往主表 dept 中插入数据。因为从表 emp 的外键列只能插入所引用的列（部门表的 deptno 字段）中存在的值，所以如果要为两个数据表添加数据，就需要先为主表 dept 添加数据，插入数据的 SQL 语句如下。

```
INSERT INTO dept VALUES(50, '人力资源部');
```

（2）往从表 emp 中插入数据。在主表中添加的数据中，主键 deptno 的值包含 10、20、30、40 和 50，由于员工表 emp 的外键引用部门表的主键 deptno，因此在往员工表 emp 中添加数据时，其 deptno 字段的值只能是 10、20、30、40 和 50，不能使用其他的值，具体语句如下。

```
INSERT INTO emp VALUES(9966,'八戒','运营专员',9839,3000,2000,40);
INSERT INTO emp VALUES(9999,'悟空','人事专员',9982,3000,NULL,50);
```

数据插入成功后，如果要查询人力资源部有哪些员工，可以使用连接查询完成，也可以使用子查询完成。例如使用内连接查询完成查询需求，具体 SQL 语句及执行结果如下。

```
mysql>SELECT e.*,d.dname FROM emp e,dept d
    ->WHERE e.deptno=d.deptno AND d.dname='人力资源部';
+-------+-------+---------+-----+--------+-----+--------+-----------+
```

```
| empno | ename | job      | mgr  | sal     | comm | deptno | dname      |
+-------+-------+----------+------+---------+------+--------+------------+
|  9999 | 悟空  | 人事专员 | 9982 | 3000.00 | NULL |     50 | 人力资源部 |
+-------+-------+----------+------+---------+------+--------+------------+
1 row in set (0.00 sec)
```

从上述执行结果可以得出，人力资源部只有1名员工。需要注意的是，外键约束是为了保证数据的完整性和统一性，主表和从表中进行数据的新增、编辑、删除时需要遵循外键约束的要求，但是对数据的查询没有约束性。

3. 关联表删除数据

除了为关联表添加数据，某些情况下也存在删除关联表中数据的需求。例如，因为公司组织架构调整，需要取消人力资源部，此时就需要在数据库中将人力资源部删除。下面演示删除关联表中部门表的数据。

由于员工表emp和部门表dept之间使用外键进行了关联，因此主表dept中已经被引用的值不能直接删除。如果要删除人力资源部，需要先将人力资源部中的员工删除，或者转移到其他部门，又或者不分配部门（部门编号设置为NULL）。在此选择先删除人力资源部中的员工，再删除部门表中的人力资源部。

（1）删除从表emp中属于人力资源部的员工信息，具体SQL语句及执行结果如下。

```
mysql>DELETE FROM emp WHERE deptno=(SELECT deptno FROM dept WHERE dname='人力资源部');
Query OK, 1 row affected (0.01 sec)
```

从上述语句的执行结果可以得出，删除语句执行成功。为验证删除的情况，可以在员工表emp中查询属于人力资源部的员工信息，具体SQL语句及执行结果如下。

```
mysql>SELECT e.*,d.dname FROM emp e,dept d
    ->WHERE e.deptno=d.deptno AND d.dname='人力资源部';
Empty set (0.00 sec)
```

从上述语句可以看出，员工表emp中已经没有人力资源部的员工信息。

（2）删除主表dept中的数据。此时从表emp中已经没有数据引用主表dept中主键值为人力资源部的记录，可以删除主表dept中部门名称为人力资源部的记录，具体SQL语句及执行结果如下。

```
mysql>DELETE FROM  dept WHERE dname='人力资源部';
Query OK, 1 row affected (0.01 sec)
```

从上述语句的执行结果可以得出，删除语句执行成功。为验证删除的情况，可以对名称为人力资源部的部门信息进行查询，具体SQL语句及执行结果如下。

```
mysql> SELECT * FROM dept WHERE dname='人力资源部';
Empty set (0.00 sec)
```

从上述语句可以看出，部门表 dept 中已经没有人力资源部的记录。

如果删除关联表的数据时，没有先删除从表中有关联的数据，而直接删除主表的数据，会删除失败。例如，直接删除部门表 dept 中名称为运营部的记录，具体 SQL 语句及执行结果如下。

```
mysql> DELETE FROM  dept WHERE dname='运营部';
ERROR 1451 (23000): Cannot delete or update a parent row: a foreign key
constraint fails
(`ems`.`emp`, CONSTRAINT `fk_deptno` FOREIGN KEY (`deptno`) REFERENCES
`dept` (`deptno`))
```

由运行结果可以看出，执行删除语句报错了。这说明在两个具有关联关系的表中删除数据时，需要先解除从表中外键对主表中主键值的引用，然后再删除主表中的数据，否则会报错。

5.3.3 删除外键约束

在实际开发中，根据业务逻辑的需求，如果需要解除两个表之间的关联关系，就需要删除外键约束。删除外键约束的语法格式如下。

```
ALTER TABLE 表名 DROP FOREIGN KEY 外键名;
```

接下来，将员工表 emp 中的外键约束删除，具体 SQL 语句及执行结果如下所示。

```
mysql> ALTER TABLE emp DROP FOREIGN KEY fk_deptno;
Query OK, 0 rows affected (0.02 sec)
Records: 0  Duplicates: 0  Warnings: 0
```

语句执行成功后，查看员工表 emp 的创建信息，查询语句及执行结果如下。

```
mysql> SHOW CREATE TABLE emp;
+-------+------------------------------------------------------------+
| Table | Create Table
+-------+------------------------------------------------------------+
| emp   | CREATE TABLE `emp` (
  `empno` int NOT NULL,
  `ename` varchar(20) DEFAULT NULL,
  `job` varchar(20) DEFAULT NULL,
  `mgr` int DEFAULT NULL,
  `sal` decimal(7,2) DEFAULT NULL,
  `comm` decimal(7,2) DEFAULT NULL,
```

```
  `deptno` int DEFAULT NULL,
  PRIMARY KEY (`empno`),
  UNIQUE KEY `ename` (`ename`),
  KEY `fk_deptno` (`deptno`)
) ENGINE=InnoDB DEFAULT CHARSET=utf8                                           |
+-------+--------------------------------------------------------------+
1 row in set (0.00 sec)
```

从执行结果可以看出，员工表 dept 中的外键已经被成功删除。

5.4 上机实践：图书管理系统的多表操作

开发人员实现的图书查询功能中有一部分涉及多表操作，具体的多表操作功能对应的 SQL 需求如下。

【实践需求】

（1）根据借阅者查询图书借阅信息。开发人员想要查询张三当前借阅的图书信息，图书信息只需要显示借阅人编号、借阅人名称、图书名称和借阅时间。

（2）查询高于某个定价的图书信息。开发人员想要查询价格比《西游记》的价格高的图书信息，图书信息只需要显示图书名称和图书价格。

（3）查询高于平均价的图书信息。开发人员想要查询价格比所有图书的平均价格还低的图书信息，图书信息只需要显示图书名称和图书价格。

（4）根据图书状态查询同类状态的图书。开发人员想要查询图书状态和《三国演义》相同的图书信息，图书信息只需要显示图书名称、图书价格和状态。

（5）查询已借阅的低于某价格的图书信息。开发人员想要查询已借阅图书中价格比任意未借阅的图书价格还低的图书信息，图书信息只需要显示图书名称、图书价格和状态。

（6）开发人员查询已借阅图书中定价最高的图书信息，图书信息只需要显示图书名称、图书价格和状态。

（7）添加外键约束。开发人员发现用户在借阅图书时，随意录入一个不存在的借阅人编号也能修改图书的信息，为此想要对图书表中的借阅者编号添加外键约束，以保证数据的完整性。

【动手实践】

（1）查询张三当前借阅的图书信息，图书信息只需要显示借阅人编号、借阅人名称、图书名称和借阅时间，具体 SQL 语句及执行结果如下。

```
mysql>SELECT u.id,u.name borrower,b.name bookname,b.borrow_time FROM book
b,user u
    ->WHERE b.borrower_id=u.id AND u.name='张三';
```

```
+----+----------+-----------------+--------------------+
| id | borrower | bookname        | borrow_time        |
+----+----------+-----------------+--------------------+
|  1 | 张三     | MySQL 数据库入门 | 2021-08-06 11:16:05 |
+----+----------+-----------------+--------------------+
1 row in set (0.00 sec)
```

（2）查询价格比《西游记》的价格高的图书信息，图书信息只需要显示图书名称和图书价格，具体 SQL 语句及执行结果如下。

```
mysql>SELECT name,price FROM book
    ->WHERE price>(SELECT price FROM book WHERE name='西游记');
+---------+-------+
| name    | price |
+---------+-------+
| 三国演义 | 62.10 |
| 水浒传   | 59.40 |
+---------+-------+
2 rows in set (0.00 sec)
```

（3）查询价格比所有图书的平均价格还低的图书信息，图书信息只需要显示图书名称和图书价格，具体 SQL 语句及执行结果如下。

```
mysql> SELECT name,price FROM book
    ->WHERE price<(SELECT AVG(price) FROM book);
+--------------------+-------+
| name               | price |
+--------------------+-------+
| MySQL 数据库入门     | 36.00 |
| Java Web 程序开发入门 | 44.10 |
+--------------------+-------+
2 rows in set (0.00 sec)
```

（4）查询图书状态和《三国演义》相同的图书信息，图书信息只需要显示图书名称、图书价格和状态，具体 SQL 语句及执行结果如下。

```
mysql>SELECT name,price,state FROM book
    ->WHERE state=(SELECT state FROM book WHERE name='三国演义');
+----------+-------+-------+
| name     | price | state |
+----------+-------+-------+
| 三国演义  | 62.10 | 2     |
| 水浒传    | 59.40 | 2     |
+----------+-------+-------+
```

```
2 rows in set (0.00 sec)
```

（5）查询已借阅图书中价格比任意未借阅的图书价格还低的图书信息，图书信息只需要显示图书名称、图书价格和状态，具体 SQL 语句及执行结果如下。

```
mysql>SELECT name,price,state FROM book
    -> WHERE state=1 AND price<ANY(SELECT price FROM book WHERE state=0);
+----------------+-------+-------+
| name           | price | state |
+----------------+-------+-------+
| MySQL 数据库入门 | 36.00 | 1     |
+----------------+-------+-------+
1 row in set (0.00 sec)
```

（6）查询价格比任意已借阅的图书价格还高的图书信息，图书信息只需要显示图书名称、图书价格和状态，具体 SQL 语句及执行结果如下。

```
mysql>SELECT name,price,state FROM book
    ->WHERE price>ALL(SELECT price FROM book WHERE state=1);
+----------------------+-------+-------+
| name                 | price | state |
+----------------------+-------+-------+
| Java 基础入门（第 3 版） | 53.10 | 0     |
| 三国演义              | 62.10 | 2     |
| Java Web 程序开发入门   | 44.10 | 0     |
| 西游记                | 53.10 | 0     |
| 水浒传                | 59.40 | 2     |
+----------------------+-------+-------+
5 rows in set (0.00 sec)
```

（7）对图书表中的借阅者编号添加外键约束，以保证数据的完整性，具体 SQL 语句及执行结果如下。

```
mysql> ALTER TABLE book ADD CONSTRAINT FK_ID FOREIGN KEY(borrower_id)
REFERENCES user (id);
Query OK, 6 rows affected (0.14 sec)
Records: 6  Duplicates: 0  Warnings: 0
```

5.5 本章小结

本章主要对多表操作进行了详细讲解。首先介绍了多表查询；其次讲解了子查询；然后讲解了外键约束；最后通过一个上机实践加深读者对多表操作的熟练度。通过本章的学习，读者能够掌握多表操作的基本使用，为后续的学习打下坚实的基础。

5.6 课后习题

一、填空题

1. 交叉连接查询返回的结果是被连接的两张数据表中所有数据行的________。

2. 左连接查询的结果包括 LEFT JOIN 子句中左表的________，以及右表中满足连接条件的记录。

3. 在内连接查询的语法中，ON 用于指定查询的________。

4. 被外键引用的列应该具有________约束或唯一约束。

5. ________关键字结合子查询使用时，表示子查询的查询结果集中的任一查询结果。

二、判断题

1. 在进行左外连接时，如果左表的某条记录在右表中不存在，则在右表中显示为NULL。(　　)

2. 子查询是指一个查询语句嵌套在另一个语句内部的查询。(　　)

3. 右连接查询不一定返回右表中的所有记录。(　　)

4. 内连接使用INNER JOIN关键字连接两张表,其中INNER关键字可以省略。(　　)

5. 外键所在列的数据类型必须和主表中主键对应列的数据类型相同。(　　)

三、选择题

1.A 表 4 条记录，B 表 5 条记录，两表进行笛卡儿积运算后的记录数是（　　）。

A. 1 条　　B. 9 条　　C. 20 条　　D. 2 条

2. 阅读下面的 SQL 语句：

```
SELECT * FROM dept WHERE EXISTS
(SELECT * FROM emp WHERE emp.deptno=dept.deptno AND emp.age > 21);
```

其中 dept 为部门表，emp 为员工表，下列选项中对上述语句的功能描述正确的是(　　)。

A. 查询年龄大于 21 的员工信息

B. 查询存在年龄大于 21 的员工所对应的部门信息

C. 查询存在年龄大于 21 的员工所对应的员工信息

D. 查询存在年龄大于 21 的员工信息

3. 下列选项中用于实现交叉连接的关键字是（　　）。

A. INNER JOIN

B. CROSS JOIN

C. LEFT JOIN

D. RIGHT JOIN

4. 下列选项中表示满足其中任意一个条件就成立的关键字是（　　）。

A. ANY　　B. ON　　C. EXISTS　　D. IN

5. 下列关于左连接查询的描述正确的是（　　）。

A. 返回左表和右表中所有记录

B. 返回左表中的所有记录和右表中符合连接条件的记录

C. 只返回左表中的所有记录

D. 返回右表中的所有记录和左表中符合连接条件的记录

第6章

索引和视图

学习目标

- ◆ 了解索引的概念，能够说出索引的作用；
- ◆ 掌握索引的创建，能够在创建和修改数据表的同时创建索引、在已有的数据表上创建索引；
- ◆ 掌握索引的查看，能够通过SHOW语句查看数据表中索引的信息；
- ◆ 掌握索引的删除，能够使用ALTER TABLE语句和DROP INDEX语句删除索引；
- ◆ 了解视图的概念，能够说出视图的优点；
- ◆ 掌握视图的管理，能够创建、查看、修改和删除视图；
- ◆ 掌握视图数据操作，能够通过视图添加、修改和删除基本表中的数据。

在 MySQL 中，索引类似于书籍的目录，如果想要快速访问数据表中的特定信息，可以建立索引加快数据查询效率。使用数据库时，不仅需要提高对数据的查询效率，也需要考虑数据的安全问题。在 MySQL 中可以创建一种叫作视图的虚拟表，让使用视图的用户只能访问被允许访问的结果集，从而提高数据的安全性。除了安全性，视图还具备简化查询语句和逻辑数据独立性等优点，本章将对数据库中的索引和视图分别进行讲解。

6.1 索引

查询数据库中的数据时，默认会对全表的数据进行扫描，如果数据库中数据较大，会导致查询的效率比较低。如果能快速到达一个位置去搜寻数据，而不必查看所有数据的话，查询效率会明显提高，索引就是这样一种数据库性能调优的技术，使用索引可以快速找出数据表中的特定记录。接下来对索引进行详细讲解。

6.1.1 索引概述

索引是数据库中为提高数据查询效率而常用的数据库对象，它好比新华字典的音序表，通过音序表可以快速地查找内容。索引在数据表中一列或多列的值与记录行之间按照一定的顺序建立关系，以提高对数据表中数据的查询速度。根据索引的实现语法不同，MySQL 中常见的索引大致分为 5 种，具体描述如下。

1. 普通索引

普通索引是 MySQL 中的基本索引类型，使用 KEY 或 INDEX 定义，不需要添加任何限制条件。

2. 唯一性索引

创建唯一性索引的字段允许有 NULL 值，但需要保证索引对应字段中的值是唯一的。例如，在员工表 emp 的 ename 字段上建立唯一性索引，那么 ename 字段的值必须是唯一的。

3. 主键索引

主键索引是一种特殊的唯一性索引，用于根据主键自身的唯一性标识每一条记录。主键索引的字段不允许有 NULL 值。

4. 全文索引

全文索引主要用于提高在数据量较大的字段中的查询效率。全文索引和 SQL 中的 LIKE 模糊查询类似，不同的是 LIKE 模糊查询适合用于在内容较少的文本中进行模糊匹配，全文检索更擅长在大量的文本中进行数据检索。全文索引只能创建在 CHAR、VARCHAR 或 TEXT 类型的字段上。

5. 空间索引

空间索引只能创建在空间数据类型的字段上，其中空间数据类型存储的空间数据是指含有位置、大小、形状以及自身分布特征等多方面信息的数据。MySQL 中的空间数据类型有 4 种，分别是 GEOMETRY、POINT、LINESTRING 和 POLYGON。需要注意的是，对于创建空间索引的字段，必须将其声明为 NOT NULL。

上述 5 种索引可以在一列或多列字段上进行创建。根据创建索引的字段个数，可以将索引分为单列索引和复合索引，具体介绍如下。

- 单列索引。单列索引指的是在表中单个字段上创建索引，它可以是普通索引、唯一性索引或全文索引，只要保证该索引只对应表中一个字段即可。
- 复合索引。复合索引指的是在表中多个字段上创建一个索引，并且只有在查询条件中使用了这些字段中的第一个字段时，该索引才会被使用。例如，在员工表 emp 的 ename 和 deptno 字段上创建一个复合索引，那么只有查询条件中使用了 ename 字段时，该索引才会被使用。

需要注意的是，虽然索引可以提高数据的查询速度，但它会占用一定的磁盘空间，并且在创建和维护索引时，其消耗的时间是随着数据量的增加而增加的。因此，使用索引时，应该综合考虑其优点和缺点。

6.1.2 索引的创建

要想使用索引提高数据表的访问速度，首先必须创建索引。MySQL 提供了 3 种创建索引的方式，分别是创建数据表的同时创建索引、在已有的数据表上创建索引、修改数据表的同时创建索引，接下来对这 3 种创建方式进行讲解。

1. 创建数据表的同时创建索引

创建数据表的同时创建索引的基本语法格式如下。

```
CREATE TABLE 表名（字段名1 数据类型 [ 完整性约束条件 ],
                ...
        {INDEX | KEY} [ 索引名 ] [ 索引类型 ] ( 字段列表 )
            | UNIQUE [INDEX | KEY] [ 索引名 ] [ 索引类型 ] ( 字段列表 )
            | PRIMARY KEY  [ 索引类型 ] ( 字段列表 )
            | {FULLTEXT | SPATIAL} [INDEX | KEY]  [ 索引名 ] ( 字段列表 )
                ...
                );
```

上述语法格式中各选项的含义如下。

- {INDEX | KEY}：INDEX 和 KEY 为同义词，表示索引，二者选一即可。
- 索引名：可选项，表示为创建的索引定义的名称。不使用该选项时，默认使用建立索引的字段表示，复合索引则使用第一个字段的名称作为索引名称。
- 索引类型：可选项，某些存储引擎允许在创建索引时指定索引类型，使用的语法是 USING {BTREE | HASH}。不同的存储引擎支持的索引类型也不同，例如存储引擎 InnoDB 和 MyISAM 支持 BTREE，而 MEMORY 则同时支持 BTREE 和 HASH。
- UNIQUE：可选项，表示唯一性索引。
- FULLTEXT：表示全文索引。
- SPATIAL：表示空间索引。

创建索引时，如果字段列表中为单个字段，则设定的索引为单列索引；如果字段列表中为多个字段，则同时在多个字段上创建一个索引，即创建复合索引。下面根据 CREATE TABLE 语句的基本语法格式分别演示单列索引和复合索引的创建，具体如下。

（1）创建单列索引。

为方便读者更好地理解索引的创建，下面通过案例演示如何在创建数据表 dept_index 时创建单列的普通索引、唯一性索引、主键索引、全文索引和空间索引，具体 SQL 语句及执行结果如下。

```
mysql> CREATE TABLE dept_index(
```

```
    ->id INT,
    ->deptno INT ,
    ->dname VARCHAR(20),
    ->introduction VARCHAR(200),
    -> address GEOMETRY NOT NULL SRID 4326,
    -> PRIMARY KEY(id),          -- 创建主键索引
    -> UNIQUE INDEX (deptno),   -- 创建唯一性索引
    -> INDEX (dname),           -- 创建普通索引
    -> FULLTEXT (introduction),-- 创建全文索引
    -> SPATIAL INDEX (address) -- 创建空间索引
    -> ) ;
Query OK, 0 rows affected (0.41 sec)
```

下面通过 SHOW CREATE TABLE 语句显示创建数据表 dept-index 的语句，具体 SQL 语句及执行结果如下。

```
1  mysql>SHOW CREATE TABLE dept_index\G
2  *************************** 1. row ***************************
3         Table: dept_index
4  Create Table: CREATE TABLE `dept_index` (
5    `id` int NOT NULL,
6    `deptno` int DEFAULT NULL,
7    `dname` varchar(20) DEFAULT NULL,
8    `introduction` varchar(200) DEFAULT NULL,
9    `address` geometry NOT NULL /*!80003 SRID 4326 */,
10   PRIMARY KEY (`id`),
11   UNIQUE KEY `deptno` (`deptno`),
12   KEY `dname` (`dname`),
13   SPATIAL KEY `address` (`address`),
14   FULLTEXT KEY `introduction` (`introduction`)
15 ) ENGINE=InnoDB DEFAULT CHARSET=utf8mb4 COLLATE=utf8mb4_0900_ai_ci
16 1 row in set (0.00 sec)
```

在上述执行结果中，第 10 行的 id 字段是主键索引；第 11 行的 deptno 字段是唯一性索引；第 12 行的 dname 字段是普通索引；第 13 行的 address 字段是空间索引；第 14 行的 introduction 字段是全文索引。

上述案例只是为了演示创建数据表时创建单列索引，真实开发中一般不会为字段都加索引。我们需要避免过度使用索引，因为索引不仅会占用一定的物理空间，而且当对数据表中的数据进行增加、删除和修改时，也需要动态维护索引，会导致数据库的写性能降低和减缓数据表的修改速度。

（2）创建复合索引。

上面创建的索引都是对数据表中的单个字段设定的索引，下面对创建数据表时创建

复合索引进行演示。

例如，创建数据表 index_multi，在数据表中的 id 和 name 字段上建立索引名为 multi 的普通索引，具体 SQL 语句及执行结果如下。

```
mysql> CREATE TABLE index_multi(
    ->id INT NOT NULL,
    ->name VARCHAR(20) NOT NULL,
    ->score FLOAT,
    -> INDEX multi(id,name)
    -> );
Query OK, 0 rows affected (0.04 sec)
```

从上述执行结果可以得出，创建语句成功执行。

下面通过 SHOW CREATE TABLE 语句查看数据表 index_multi 的创建信息，以验证多列字段的普通索引 multi 是否创建成功，具体 SQL 语句及执行结果如下。

```
1  mysql>SHOW CREATE TABLE index_multi\G
2  *************************** 1. row ***************************
3         Table: index_multi
4  Create Table: CREATE TABLE `index_multi` (
5    `id` int NOT NULL,
6    `name` varchar(20) NOT NULL,
7    `score` float DEFAULT NULL,
8    KEY `multi` (`id`,`name`)
9  ) ENGINE=InnoDB DEFAULT CHARSET=utf8mb4 COLLATE=utf8mb4_0900_ai_ci
10  1 row in set (0.00 sec)
```

从上述结果中的第 8 行可以得出，id 字段和 name 字段上共同创建了一个名称为 multi 的普通索引。

需要注意的是，在复合索引中，多个字段的设置顺序要遵守“最左前缀原则”；也就是在创建索引时，把使用最频繁的字段放在索引字段列表的最左边，使用次频繁的字段放在索引字段列表的第二位，以此类推。

2. 在已有的数据表上创建索引

若想在一个已经存在的数据表上创建索引，可以使用 CREATE INDEX 语句。CREATE INDEX 语句创建索引的具体语法格式如下。

```
CREATE [UNIQUE|FULLTEXT|SPATIAL] INDEX 索引名
       [索引类型] ON 数据表名 (字段列表);
```

在上述语法格式中，UNIQUE、FULLTEXT 和 SPATIAL 都是可选参数，分别用于表示唯一性索引、全文索引和空间索引。

为便于读者更好地观察 CREATE INDEX 语句创建索引的结果，先创建一个新数据表 dept_index02。创建 dept_index02 表的 SQL 语句如下。

```
CREATE TABLE dept_index02(
    id INT,
    deptno INT ,
    dname VARCHAR(20),
    introduction VARCHAR(200)
);
```

根据 CREATE INDEX 语句中字段列表的个数，可将创建的索引分为单列索引和复合索引，下面针对这两种情况分别进行讲解。

（1）创建单列索引。

通过 CREATE INDEX 语句可以创建普通索引、唯一性索引、全文索引和空间索引。由于创建索引的格式都一样，此处以创建唯一性索引为例，演示单列索引的创建。

例如，在数据表 dept_index02 中的 id 字段上建立一个名称为 unique_id 的唯一性索引，具体 SQL 语句及执行结果如下。

```
mysql>CREATE UNIQUE INDEX unique_id ON dept_index02(id);
Query OK, 0 rows affected (0.06 sec)
Records: 0  Duplicates: 0  Warnings: 0
```

从上述执行结果可以得出，创建索引的语句成功执行。

下面通过 SHOW CREATE TABLE 语句查看数据表 dept_index02 的创建信息，以验证 id 字段上是否成功创建索引，具体 SQL 语句及执行结果如下。

```
1  mysql>SHOW CREATE TABLE dept_index02\G
2  *************************** 1. row ***************************
3         Table: dept_index02
4  Create Table: CREATE TABLE `dept_index02` (
5    `id` int DEFAULT NULL,
6    `deptno` int DEFAULT NULL,
7    `dname` varchar(20) DEFAULT NULL,
8    `introduction` varchar(200) DEFAULT NULL,
9    UNIQUE KEY `unique_id` (`id`)
10 ) ENGINE=InnoDB DEFAULT CHARSET=utf8mb4 COLLATE=utf8mb4_0900_ai_ci
11 1 row in set (0.00 sec)
```

从上述结果中的第 9 行可以得出，id 字段上新增了一个名称为 unique_id 的唯一性索引。

（2）创建复合索引。

下面使用 CREATE INDEX 语句创建复合索引。例如，在 dept_index02 表中的

deptno 字段和 dname 字段上创建一个名称为 multi_index 的复合索引，具体 SQL 语句和执行结果如下。

```
mysql> CREATE INDEX multi_index ON dept_index02(deptno,dname);
Query OK, 0 rows affected (0.04 sec)
Records: 0  Duplicates: 0  Warnings: 0
```

从上述执行结果可以得出，创建索引的语句成功执行。

下面通过 SHOW CREATE TABLE 语句查看数据表 dept_index02 的创建信息，以验证 deptno 字段和 dname 字段上是否成功创建索引，具体 SQL 语句及执行结果如下。

```
1  mysql>SHOW CREATE TABLE dept_index02\G
2  *************************** 1. row ***************************
3         Table: dept_index02
4  Create Table: CREATE TABLE `dept_index02` (
5    `id` int DEFAULT NULL,
6    `deptno` int DEFAULT NULL,
7    `dname` varchar(20) DEFAULT NULL,
8    `introduction` varchar(200) DEFAULT NULL,
9    UNIQUE KEY `unique_id` (`id`),
10   KEY `multi_index` (`deptno`,`dname`)
11 ) ENGINE=InnoDB DEFAULT CHARSET=utf8mb4 COLLATE=utf8mb4_0900_ai_ci
12 1 row in set (0.00 sec)
```

从上述结果中的第 10 行可以得出，deptno 字段和 dname 字段上新增了一个名称为 multi_index 的复合索引。

3. 修改数据表的同时创建索引

要在已经存在的数据表中创建索引，除可以使用 CREATE INDEX 语句外，还可以使用 ALTER TABLE 语句。使用 ALTER TABLE 语句可在修改数据表的同时创建索引，其基本语法格式如下。

```
ALTER TABLE 数据表名
      ADD {INDEX | KEY} [索引名] [索引类型] (字段列表)
    | ADD UNIQUE [INDEX | KEY] [索引名] [索引类型] (字段列表)
    | ADD PRIMARY KEY  [索引类型] (字段列表)
    | ADD {FULLTEXT | SPATIAL} [INDEX | KEY]  [索引名]  (字段列表)
```

为便于读者更好地查看 ALTER TABLE 语句创建索引的结果，下面创建一个新的数据表 dept_index03。创建数据表 dept_index03 的 SQL 语句如下。

```
CREATE TABLE dept_index03(
id INT,
deptno INT ,
```

```
dname VARCHAR(20)
) ;
```

根据 ALTER TABLE 语句中索引作用的字段列表的个数，可将创建的索引分为单列索引和复合索引，下面针对这两种情况分别进行讲解。

（1）创建单列索引。

下面以创建唯一性索引为例，演示使用 ALTER TABLE 语句创建单列索引。

例如，在数据表 dept_index03 中的 id 字段上创建名称为 index_id 的唯一性索引，具体 SQL 语句及执行结果如下。

```
mysql>ALTER TABLE dept_index03 ADD UNIQUE INDEX index_id(id);
Query OK, 0 rows affected (0.04 sec)
Records: 0  Duplicates: 0  Warnings: 0
```

从上述执行结果可以得出，ALTER TABLE 语句成功执行。

下面通过 SHOW CREATE TABLE 语句查看数据表 dept_index03 的创建信息，以验证 id 字段上是否成功创建唯一性索引，具体 SQL 语句及执行结果如下。

```
1  mysql> SHOW CREATE TABLE dept_index03\G
2  *************************** 1. row ***************************
3         Table: dept_index03
4  Create Table: CREATE TABLE `dept_index03` (
5    `id` int DEFAULT NULL,
6    `deptno` int DEFAULT NULL,
7    `dname` varchar(20) DEFAULT NULL,
8   UNIQUE KEY `index_id` (`id`)
9  ) ENGINE=InnoDB DEFAULT CHARSET=utf8mb4 COLLATE=utf8mb4_0900_ai_ci
10 1 row in set (0.00 sec)
```

从上述结果中的第 9 行可以得出，id 字段上新增了一个名称为 index_id 的索引。

需要注意的是，创建唯一性索引时，需要确保数据表中的数据不存在重复的值，否则会出错。

（2）创建复合索引。

上面使用 ALTER TABLE 语句创建的普通索引、唯一性索引、全文索引和空间索引都是对数据表中的单列字段设定的索引。下面使用 ALTER TABLE 语句演示复合索引的创建。

例如，在 dept_index03 表中的 deptno 字段和 dname 字段上创建一个名称为 multi_index 的复合唯一性索引，具体 SQL 语句和执行结果如下。

```
mysql>ALTER TABLE dept_index03 ADD UNIQUE INDEX multi_index(deptno,dname);
```

```
Query OK, 0 rows affected (0.03 sec)
Records: 0  Duplicates: 0  Warnings: 0
```

从上述执行结果可以得出，ALTER TABLE 语句成功执行。

下面通过 SHOW CREATE TABLE 语句查看数据表 dept_index03 的创建信息，以验证 deptno 字段和 dname 字段上是否成功创建索引，具体 SQL 语句及执行结果如下。

```
1  mysql>SHOW CREATE TABLE dept_index03\G
2  *************************** 1. row ***************************
3         Table: dept_index03
4  Create Table: CREATE TABLE `dept_index03` (
5    `id` int DEFAULT NULL,
6    `deptno` int DEFAULT NULL,
7    `dname` varchar(20) DEFAULT NULL,
8    UNIQUE KEY `index_id` (`id`),
9    UNIQUE KEY `multi_index` (`deptno`,`dname`)
10 ) ENGINE=InnoDB DEFAULT CHARSET=utf8mb4 COLLATE=utf8mb4_0900_ai_ci
11 1 row in set (0.00 sec)
```

从上述结果中的第 9 行可以得出，deptno 字段和 dname 字段上新增了一个名称为 multi_index 的复合索引。

6.1.3 索引的查看

如果需要查看数据表中已经创建的索引的信息，除使用 SHOW CREATE TABLE 语句在数据表的创建语句中查看外，还可以通过如下语法格式的语句进行查看。

```
SHOW {INDEXES|INDEX|KEYS} FROM 数据表名；
```

在上述语法格式中，使用 INDEXES、INDEX、KEYS 含义都一样，都可以查询出数据表中所有的索引信息。

下面查看数据表 dept_index 中的索引，具体 SQL 语句及执行结果如下。

```
mysql>SHOW INDEX FROM dept_index \G
*************************** 1. row ***************************
        Table: dept_index
   Non_unique: 0
     Key_name: PRIMARY
 Seq_in_index: 1
  Column_name: id
    Collation: A
  Cardinality: 0
     Sub_part: NULL
       Packed: NULL
```

```
           Null: 
     Index_type: BTREE
        Comment: 
  Index_comment: 
        Visible: YES
     Expression: NULL
...此处省略了3行记录
*************************** 5. row ***************************
          Table: dept_index
     Non_unique: 1
       Key_name: introduction
   Seq_in_index: 1
    Column_name: introduction
      Collation: NULL
    Cardinality: 0
       Sub_part: NULL
         Packed: NULL
           Null: YES
     Index_type: FULLTEXT
        Comment: 
  Index_comment: 
        Visible: YES
     Expression: NULL
5 rows in set (0.00 sec)
```

由上述执行结果可以得出，查询出5条索引信息，说明数据表dept_index创建了5个索引，其中展示的索引信息字段描述的含义如表6-1所示。

表6-1　索引信息字段的含义

字　段　名	描述的含义
Table	索引所在的数据表的名称
Non_unique	索引是否可以重复，0表示不可以，1表示可以
Key_name	索引的名称，如果索引是主键索引，则它的名称为PRIMARY
Seq_in_index	建立索引的字段序号值，默认从1开始
Column_name	建立索引的字段
Collation	索引字段是否有排序，A表示有排序，NULL表示没有排序
Cardinality	MySQL连接时使用索引的可能性（精确度不高），值越大可能性越高
Sub_part	前缀索引的长度，如字段值都被索引，则Sub_part为NULL
Packed	关键词如何被压缩，如果没有被压缩，则为NULL
Null	索引字段是否含有NULL值，YES表示含有，NO表示不含有
Index_type	索引方式，可选值有FULLTEXT、HASH、BTREE、RTREE
Comment	索引字段的注释信息

续表

字 段 名	描述的含义
Index_comment	创建索引时添加的注释信息
Visible	索引对查询优化器是否可见，YES 表示可见，NO 表示不可见
Expression	使用什么表达式作为建立索引的字段，NULL 表示没有

结合表6-1字段的含义描述可知，数据表dept_index在id字段上创建了一个主键索引。

在 MySQL 中除了可以查看数据表中的索引信息，还可以通过 EXPLAIN 关键字分析 SQL 语句的执行情况，例如分析 SQL 语句执行时是否使用了索引。EXPLAIN 可以分析的语句有 SELECT、UPDATE、DELETE、INSERT 和 REPLACE，下面以查询数据表 dept_index 中 id 为 1 的部门信息为例分析语句的执行情况，具体如下。

①索引是为了提高对数据的查询效率，由于数据表 dept_index 中还不存在任何数据，此时对查询语句进行分析没有太大的意义，因此先往数据表 dept_index 中插入数据，具体 SQL 语句和执行结果如下。

```
mysql>  INSERT INTO dept_index VALUES
    -> (1,'10','总裁办','决定公司发展的部门',
       ST_GeometryFromText('point(88 34)',4326)),
    -> (2,'20','研究院','研发公司核心产品的部门',
       ST_GeometryFromText('point(88 34)',4326));
Query OK, 2 rows affected (0.02 sec)
Records: 2  Duplicates: 0  Warnings: 0
```

②使用 EXPLAIN 关键字查看查询语句的执行情况，具体 SQL 语句及执行结果如下。

```
mysql>EXPLAIN SELECT id FROM ems.dept_index WHERE id=1 \G
*************************** 1. row ***************************
           id: 1
  select_type: SIMPLE
        table: dept_index
   partitions: NULL
         type: const
possible_keys: PRIMARY
          key: PRIMARY
      key_len: 4
          ref: const
         rows: 1
     filtered: 100.00
        Extra: Using index
1 row in set, 1 warning (0.00 sec)
```

在上述执行结果中，possible_keys 表示查询可能用到的索引，key 表示实际查询用到的索引，可以得出此次查询使用到的索引为主键索引。分析执行语句的其余相关字段描述如表 6-2 所示。

表6-2 分析执行语句的字段

字 段 名	描 述
id	查询标识符，默认从 1 开始，如果使用了联合查询，则该值依次递增
select_type	查询类型，它的值包含多种，如 SIMPLE 表示简单 SELECT，不使用 UNION 或子查询
table	输出行所引用的数据表的名称
partitions	匹配的分区
type	连接的类型，它的值有多种，如 ref 表示使用前缀索引或条件中含有运算符 “=” 或 “<=>” 等
key_len	索引字段的长度
ref	表示哪些字段或常量与索引进行了比较
rows	预计需要检索的记录数
filtered	按条件过滤的百分比
Extra	附件信息，如 Using index 表示使用了索引覆盖

在表 6-2 中，字段 select_type 和 type 的值还有很多，读者如有需要可以自行查看官方使用手册进行了解。

6.1.4 索引的删除

由于索引会占用一定的磁盘空间，因此为避免影响数据库性能，应该及时删除不再使用的索引。在 MySQL 中，可以使用 ALTER TABLE 语句或 DROP INDEX 语句删除索引。下面分别讲解这两种索引删除方式。

1. 使用ALTER TABLE删除索引

使用 ALTER TABLE 删除索引的基本语法格式如下所示。

```
ALTER TABLE 表名
{DROP {INDEX | KEY} index_name
|DROP PRIMARY KEY};
```

上述语法格式中 index_name 是索引的名称，依据上述语法格式可以删除普通索引和主键索引，其中删除主键索引时不需要指定索引名称。

下面以删除普通索引为例演示索引的删除，例如删除数据表 dept_index 中名称为 introduction 的全文索引。

在删除索引之前，首先通过 SHOW CREATE TABLE 语句查看数据表 dept_index 的建表语句，具体 SQL 语句及执行结果如下。

```
1  mysql>SHOW CREATE TABLE dept_index \G
2  *************************** 1. row ***************************
3         Table: dept_index
```

```
4  Create Table: CREATE TABLE `dept_index` (
5    `id` int NOT NULL,
6    `deptno` int DEFAULT NULL,
7    `dname` varchar(20) DEFAULT NULL,
8    `introduction` varchar(200) DEFAULT NULL,
9    `address` geometry NOT NULL /*!80003 SRID 4326 */,
10   PRIMARY KEY (`id`),
11   UNIQUE KEY `deptno` (`deptno`),
12   KEY `dname` (`dname`),
13   SPATIAL KEY `address` (`address`),
14   FULLTEXT KEY `introduction` (`introduction`)
15 ) ENGINE=InnoDB DEFAULT CHARSET=utf8mb4 COLLATE=utf8mb4_0900_ai_ci
16 1 row in set (0.00 sec)
```

从上述结果中的第14行可以得出，introduction字段上创建了一个名称为introduction的全文索引。下面通过ALTER TABLE语句删除该索引，具体SQL语句及执行结果如下。

```
mysql>ALTER TABLE dept_index DROP INDEX introduction;
Query OK, 0 rows affected (0.06 sec)
Records: 0  Duplicates: 0  Warnings: 0
```

从上述执行结果可以得出，ALTER TABLE语句成功执行。下面通过查看建表语句，展示数据表dept_index的具体结构，以验证introduction索引是否成功删除，具体SQL语句及执行结果如下。

```
mysql> SHOW CREATE TABLE dept_index \G
*************************** 1. row ***************************
       Table: dept_index
Create Table: CREATE TABLE `dept_index` (
  `id` int NOT NULL,
  `deptno` int DEFAULT NULL,
  `dname` varchar(20) DEFAULT NULL,
  `introduction` varchar(200) DEFAULT NULL,
  `address` geometry NOT NULL /*!80003 SRID 4326 */,
  PRIMARY KEY (`id`),
  UNIQUE KEY `deptno` (`deptno`),
  KEY `dname` (`dname`),
  SPATIAL KEY `address` (`address`)
) ENGINE=InnoDB DEFAULT CHARSET=utf8mb4 COLLATE=utf8mb4_0900_ai_ci
1 row in set (0.00 sec)
```

从上述代码可以看出，introduction索引已经成功删除。

2. 使用DROP INDEX删除索引

使用 DROP INDEX 语句删除索引的基本语法格式如下。

```
DROP INDEX 索引名 ON 数据表名；
```

下面根据 DROP INDEX 语句删除索引的语法格式演示索引的删除，例如删除数据表 dept_index 中名称为 dname 的索引，具体 SQL 语句及执行结果如下。

```
mysql> DROP INDEX dname ON dept_index;
Query OK, 0 rows affected (0.03 sec)
Records: 0  Duplicates: 0  Warnings: 0
```

从上述执行结果可以得出，DROP INDEX 语句成功执行。下面通过查看建表语句，展示数据表 dept_index 的具体结构，以验证 dname 索引是否成功删除，具体 SQL 语句及执行结果如下。

```
mysql>SHOW CREATE TABLE dept_index \G
*************************** 1. row ***************************
       Table: dept_index
Create Table: CREATE TABLE `dept_index` (
  `id` int NOT NULL,
  `deptno` int DEFAULT NULL,
  `dname` varchar(20) DEFAULT NULL,
  `introduction` varchar(200) DEFAULT NULL,
  `address` geometry NOT NULL /*!80003 SRID 4326 */,
  PRIMARY KEY (`id`),
  UNIQUE KEY `deptno` (`deptno`),
  SPATIAL KEY `address` (`address`)
) ENGINE=InnoDB DEFAULT CHARSET=utf8mb4 COLLATE=utf8mb4_0900_ai_ci
1 row in set (0.00 sec)
```

从上述代码可以看出，index_bname 索引已经删除成功。

需要注意的是，删除主键索引时，索引名固定为 PRIMARY。因为 PRIMARY 是保留字，所以必须将其指定为带引号的标识符，示例如下。

```
DROP INDEX `PRIMARY` ON  dept_index;
```

6.2 视图

在实际开发中，有时候为了保障数据的安全性和提高查询效率，希望创建一个只包含指定字段数据的虚拟表给用户使用，此时可以使用视图。视图在数据库中的作用类似于窗户，用户通过这个窗口只能看到指定的数据。接下来对视图进行详细讲解。

6.2.1 视图概述

视图是一种虚拟存在的表，并不在数据库中实际存在，它的数据依赖真实存在的数据表。通过视图不仅可以看到其依赖数据表中的数据，还可以像操作数据表一样，对数据表中的数据进行添加、修改和删除。与直接操作数据表相比，视图具有以下优点。

1. 简化查询语句

视图不仅可以简化用户对数据的理解，也可以简化对数据的操作。例如，日常开发需要经常使用一个比较复杂的语句进行查询，此时就可以将该查询语句定义为视图，从而避免大量重复且复杂的操作。

2. 安全性

数据库授权命令可以将每个用户对数据库的检索限制到特定的数据库对象上，但不能授权到数据库特定行和特定列上。通过视图，可以更加方便地进行权限控制，使特定用户只能查询和修改指定的数据，而无法查看和修改数据库中的其他数据。

3. 逻辑数据独立性

视图可以帮助用户屏蔽数据表结构变化带来的影响，例如，数据表增加字段不会影响基于该数据表查询出数据的视图。

6.2.2 视图管理

视图管理包括创建、查看、修改和删除视图。下面分别对视图的这几种视图管理进行讲解。

1. 创建视图

在 MySQL 中，可以使用 CREATE VIEW 语句创建视图。创建视图的基本语法格式如下。

```
CREATE [OR REPLACE] VIEW 视图名 [(字段列表)] AS select_statement
```

关于上述语法格式的具体介绍如下。

- [OR REPLACE]：可选参数，表示若数据库中已经存在这个名称的视图就替换原有的视图，若不存在则创建视图。
- 视图名：表示要创建的视图名称，该名称在数据库中必须是唯一的，不能与其他数据表或视图同名。
- select_statement：指一个完整的 SELECT 语句，表示从某个数据表或视图中查出满足条件的记录，将这些记录导入视图中。一般将 SELECT 语句所涉及的数据表称为视图的基本表。

视图的基本表可以是一张数据表，也可以是多张数据表。下面分别以视图的基本表为单表和多表这两种情况，通过案例演示如何创建视图。

（1）基于单表创建视图。

例如，公司想要组建一个开发小组，开发一个资源管理系统，供各部门上传共享资源。该系统需要根据员工工号 empno、员工姓名 ename、职位 job 和部门编号 deptno 进行账户管理和权限授予。如果将操作员工表的权限直接交给该开发小组，会造成部分敏感信息泄露。此时数据库管理员可以将员工工号 empno、员工姓名 ename、职位 job 和部门编号 deptno 查询出来创建视图 view_emp，供该开发小组使用。具体 SQL 语句及执行结果如下所示。

```
mysql>CREATE VIEW view_emp AS SELECT empno,ename,job,deptno FROM emp;
Query OK, 0 rows affected (0.01 sec)
```

由上述 SQL 语句执行结果可以看出，CREATE VIEW 语句成功执行。默认情况下，创建的视图中的字段名称和基于查询的数据表的字段名称是一样的。下面使用 SELECT 语句查看 view_emp 视图，查询语句及执行结果如下。

```
mysql>SELECT * FROM view_emp;
+-------+--------+---------+--------+
| empno | ename  | job     | deptno |
+-------+--------+---------+--------+
|  9369 | 张三   | 保洁    |     20 |
|  9499 | 孙七   | 销售    |     30 |
|  9521 | 周八   | 销售    |     30 |
|  9566 | 李四   | 经理    |     20 |
|  9654 | 吴九   | 销售    |     30 |
|  9839 | 刘一   | 董事长  |     10 |
|  9844 | 郑十   | 销售    |     30 |
|  9900 | 萧十一 | 保洁    |     30 |
|  9902 | 赵六   | 分析员  |     20 |
|  9936 | 张%一  | 保洁    |   NULL |
|  9966 | 八戒   | 运营专员 |     40 |
|  9982 | 陈二   | 经理    |     10 |
|  9988 | 王五   | 分析员  |     20 |
+-------+--------+---------+--------+
13 rows in set (0.00 sec)
```

从执行结果可以看出，创建的视图 view_emp 的字段名称和数据表 emp 的字段名称是一样的。

视图的字段名称可以使用基本表的字段名称，但也可以根据实际的需求自定义视图字段的名称。例如，数据库管理员觉得将数据表的真实字段名称在视图中暴露不太安全，想要创建一个新的视图 view_emp2 给开发小组使用。视图 view_emp2 中包含的字段和视图 view_emp 相同，但视图 view_emp2 中的字段名称和员工表中的字段名称不一致，具体创建语句及执行结果如下。

```
mysql>CREATE VIEW view_emp2 (e_no,e_name,e_job,e_deptno)
    ->AS
    ->SELECT empno,ename,job,deptno FROM emp;
Query OK, 0 rows affected (0.01 sec)
```

由上述SQL语句执行结果可以看出，CREATE VIEW语句成功执行。下面使用SELECT语句查看view_emp2视图，查询语句及执行结果如下。

```
mysql>SELECT * FROM view_emp2;
+------+--------+---------+----------+
| e_no | e_name | e_job   | e_deptno |
+------+--------+---------+----------+
| 9369 | 张三   | 保洁    |       20 |
| 9499 | 孙七   | 销售    |       30 |
| 9521 | 周八   | 销售    |       30 |
| 9566 | 李四   | 经理    |       20 |
| 9654 | 吴九   | 销售    |       30 |
| 9839 | 刘一   | 董事长  |       10 |
| 9844 | 郑十   | 销售    |       30 |
| 9900 | 萧十一 | 保洁    |       30 |
| 9902 | 赵六   | 分析员  |       20 |
| 9936 | 张%一  | 保洁    |     NULL |
| 9966 | 八戒   | 运营专员 |       40 |
| 9982 | 陈二   | 经理    |       10 |
| 9988 | 王五   | 分析员  |       20 |
+------+--------+---------+----------+
13 rows in set (0.00 sec)
```

从执行结果可以看出，虽然view_emp和view_emp2两个视图中的字段名称不同，但是数据却是相同的，这是因为这两个视图引用的是同一个数据表中的数据。在实际开发中，用户可以根据自己的需要，通过视图获取基本表中需要的数据，这样既能满足用户的需求，也不需要破坏基本表原来的结构，从而保证了基本表中数据的安全性。

（2）基于多表创建视图。

在MySQL中，除了可以在单表上创建视图，还可以在两个或两个以上的数据表上创建视图。

例如，经过会议研讨，开发小组开发资源管理系统时，需要使用公司ems数据库中员工编号empno、员工姓名ename、职位job、部门编号deptno和部门名称dname的信息。

下面根据需求创建视图view_emp_dept，具体创建语句及执行结果如下。

```
mysql>CREATE VIEW view_emp_dept(e_no,e_name,e_job,e_deptno,e_deptname)
    ->AS
```

```
    ->SELECT e.empno,e.ename,e.job,e.deptno,d.dname
    ->FROM emp e LEFT JOIN dept d ON e.deptno=d.deptno;
Query OK, 0 rows affected (0.02 sec)
```

由上述 SQL 语句执行结果可以看出，视图 view_emp_dept 成功创建。下面使用 SELECT 语句查看 view_emp_dept 视图，查询语句及执行结果如下。

```
mysql>SELECT * FROM view_emp_dept;
+------+--------+----------+---------+-----------+
| e_no | e_name | e_job    | e_deptno | e_deptname |
+------+--------+----------+---------+-----------+
| 9369 | 张三   | 保洁     |      20 | 研究院     |
| 9499 | 孙七   | 销售     |      30 | 销售部     |
| 9521 | 周八   | 销售     |      30 | 销售部     |
| 9566 | 李四   | 经理     |      20 | 研究院     |
| 9654 | 吴九   | 销售     |      30 | 销售部     |
| 9839 | 刘一   | 董事长   |      10 | 总裁办     |
| 9844 | 郑十   | 销售     |      30 | 销售部     |
| 9900 | 萧十一 | 保洁     |      30 | 销售部     |
| 9902 | 赵六   | 分析员   |      20 | 研究院     |
| 9936 | 张%一  | 保洁     |    NULL | NULL       |
| 9966 | 八戒   | 运营专员 |      40 | 运营部     |
| 9982 | 陈二   | 经理     |      10 | 总裁办     |
| 9988 | 王五   | 分析员   |      20 | 研究院     |
+------+--------+----------+---------+-----------+
13 rows in set (0.01 sec)
```

在上述执行结果中，视图 view_emp_dept 中的字段名称和数据表 emp 及数据表 dept 中的字段名称不一致，但是字段值和数据表中的数据是一致的。

2. 查看视图

创建好视图后，可以通过查看视图的语句来查看视图的信息。查看视图的语句有 3 种，具体如下。

（1）查看视图的字段信息。

在 MySQL 中，使用 DESCRIBE 语句可以查看视图的字段名、字段类型等字段信息。DESCRIBE 语句的基本语法格式如下。

```
DESCRIBE 视图名;
```

或者简写为：

```
DESC 视图名;
```

下面根据上述语法格式使用 DESCRIBE 语句查看视图的字段信息。例如，使用

DESCRIBE 语句查看视图 view_emp_dept 的字段信息，具体语句及执行结果如下。

```
mysql>DESCRIBE view_emp_dept;
+-----------+------------+------+-----+--------+-------+
| Field     | Type       | Null | Key | Default | Extra |
+-----------+------------+------+-----+--------+-------+
| e_no      | int        | NO   |     | NULL   |       |
| e_name    | varchar(20) | NO  |     | NULL   |       |
| e_job     | varchar(20) | NO  |     | NULL   |       |
| e_deptno  | int        | YES  |     | NULL   |       |
| e_deptname | varchar(20) | YES |     | NULL   |       |
+-----------+------------+------+-----+--------+-------+
5 rows in set (0.01 sec)
```

上述执行结果显示出视图 view_emp_dept 的字段信息，其中部分字段信息代表的意思具体如下。

- Null：表示该列是否可以存储 NULL 值。
- Key：表示该列是否已经创建索引。
- Default：表示该列是否有默认值。
- Extra：表示获取的与指定列相关的附加信息。

（2）查看视图的状态信息。

在 MySQL 中，可以使用 SHOW TABLE STATUS 语句查看视图和数据表的状态信息。SHOW TABLE STATUS 语句的基本语法格式如下。

```
SHOW TABLE STATUS LIKE '视图名';
```

在上述格式中，LIKE 表示后面匹配的是字符串，'视图名'表示要查看的视图的名称，视图名称需要使用单引号包裹起来。

下面根据上述语法格式演示使用 SHOW TABLE STATUS 语句查看视图信息。例如，使用 SHOW TABLE STATUS 语句查看视图 view_emp_dept 的信息，具体语句及执行结果如下。

```
1  mysql>SHOW TABLE STATUS LIKE 'view_emp_dept' \G
2  *************************** 1. row ***************************
3             Name: view_emp_dept
4           Engine: NULL
5          Version: NULL
6       Row_format: NULL
7             Rows: NULL
8   Avg_row_length: NULL
9      Data_length: NULL
10 Max_data_length: NULL
```

```
11    Index_length: NULL
12       Data_free: NULL
13  Auto_increment: NULL
14     Create_time: 2021-08-04 10:33:10
15     Update_time: NULL
16      Check_time: NULL
17       Collation: NULL
18        Checksum: NULL
19  Create_options: NULL
20         Comment: VIEW
21 1 row in set (0.00 sec)
```

上述执行结果中显示了视图 view_emp_dept 的信息，其中倒数第 2 行的 Comment 表示备注说明。它的值为 VIEW，说明我们所查询的 view_emp_dept 是一个视图。

为了对比 SHOW TABLE STATUS 语句查询视图信息和查询数据表信息的不同，下面同样使用 SHOW TABLE STATUS 语句查看数据表 dept 的信息，具体语句及执行结果如下。

```
)mysql> SHOW TABLE STATUS LIKE 'dept' \G
*************************** 1. row ***************************
           Name: dept
         Engine: InnoDB
        Version: 10
     Row_format: Dynamic
           Rows: 4
 Avg_row_length: 4096
    Data_length: 16384
Max_data_length: 0
   Index_length: 16384
      Data_free: 0
 Auto_increment: NULL
    Create_time: 2021-08-03 17:00:38
    Update_time: 2021-08-03 17:02:03
     Check_time: NULL
      Collation: utf8mb4_0900_ai_ci
       Checksum: NULL
 Create_options:
        Comment:
1 row in set (0.01 sec)
```

上述执行结果显示了数据表 dept 的信息，包括存储引擎、创建时间等，但是 Comment 项没有信息，说明所查询的不是视图，这是查询视图信息和数据表信息的最直接区别。

（3）查看视图的创建语句。

在 MySQL 中，使用 SHOW CREATE VIEW 语句可以查看创建视图时的定义语句。SHOW CREATE VIEW 语句的基本语法格式如下。

```
SHOW CREATE VIEW 视图名；
```

在上述格式中，视图名指的是要查看的视图的名称。

下面根据上述语法格式演示使用 SHOW CREATE VIEW 语句查看视图信息。例如，使用 SHOW CREATE VIEW 语句查看视图 view_emp_dept 的信息，具体语句及执行结果如下。

```
mysql>SHOW CREATE VIEW view_emp_dept\G
*************************** 1. row ***************************
View: view_emp_dept
Create View: CREATE ALGORITHM=UNDEFINED DEFINER=`root`@`localhost`
 SQL SECURITY DEFINER VIEW `view_emp_dept`
(`e_no`,`e_name`,`e_job`,`e_deptno`,`e_deptname`)
AS select `e`.`empno` AS `empno`,`e`.`ename` AS `ename`,
`e`.`job` AS `job`,`e`.`deptno` AS `deptno`,`d`.`dname` AS `dname`
from (`emp` `e` left join `dept` `d` on((`e`.`deptno` = `d`.`deptno`)))
character_set_client: gbk
collation_connection: gbk_chinese_ci
1 row in set (0.00 sec)
```

从上述执行结果可以看出，使用 SHOW CREATE VIEW 语句查询到了视图的名称、创建语句、字符编码等信息。

3. 修改视图

视图的修改指的是修改数据库中存在的视图的定义，当视图的基本表中的字段发生变化时，需要对视图进行修改以保证查询的正确性。例如，view_emp 视图的基本表 emp 中的员工姓名字段修改了名称，此时再使用视图就会出错。在 MySQL 中，修改视图的方式有两种，具体如下。

（1）使用 CREATE OR REPLACE VIEW 语句修改视图。

在 MySQL 中，可以使用 CREATE OR REPLACE VIEW 语句修改视图，其基本语法格式如下。

```
CREATE OR REPLACE VIEW 视图名 AS SELECT 语句
```

使用 CREATE OR REPLACE VIEW 语句修改视图时，要求被修改的视图在数据库中已经存在，如果视图不存在，那么将创建一个新视图。

下面通过一个案例演示使用 CREATE OR REPLACE VIEW 语句修改视图。

例如，开发小组需要在视图 view_emp_dept 原有的基础上新增员工上级工号的字段，以便对上级赋予更多权限。开发小组的申请得到批准后，数据库管理员对视图 view_emp_dept 进行修改。

在修改视图之前，首先使用 DESC 语句查看修改之前的 view_emp_dept 视图的信息，具体语句及执行结果如下。

```
mysql> DESC view_emp_dept;
+-----------+-------------+------+-----+---------+-------+
| Field     | Type        | Null | Key | Default | Extra |
+-----------+-------------+------+-----+---------+-------+
| e_no      | int         | NO   |     | NULL    |       |
| e_name    | varchar(20) | NO   |     | NULL    |       |
| e_job     | varchar(20) | NO   |     | NULL    |       |
| e_deptno  | int         | YES  |     | NULL    |       |
| e_deptname | varchar(20) | YES  |     | NULL    |       |
+-----------+-------------+------+-----+---------+-------+
5 rows in set (0.00 sec)
```

从上述执行结果可以看出，视图 view_emp_dept 包含 5 个字段。

使用 CREATE OR REPLACE VIEW 语句修改视图，在原有的基础上新增一个员工表的 mgr 字段，具体语句及执行结果如下。

```
mysql>CREATE OR REPLACE VIEW view_emp_dept(e_no,e_name,e_job,e_mgr,e_
deptno,e_deptname)
    ->AS
    ->SELECT e.empno,e.ename,e.job,e.mgr,e.deptno,d.dname
    -> FROM emp e LEFT JOIN dept d ON e.deptno=d.deptno;
Query OK, 0 rows affected (0.02 sec)
```

从上述执行结果可以得出，修改视图的语句成功执行。下面使用 DESC 语句查看修改之后的 view_emp_dept 视图的信息，具体语句及执行结果如下。

```
mysql>DESC view_emp_dept;
+-----------+-------------+------+-----+---------+-------+
| Field     | Type        | Null | Key | Default | Extra |
+-----------+-------------+------+-----+---------+-------+
| e_no      | int         | NO   |     | NULL    |       |
| e_name    | varchar(20) | NO   |     | NULL    |       |
| e_job     | varchar(20) | NO   |     | NULL    |       |
| e_mgr     | int         | YES  |     | NULL    |       |
| e_deptno  | int         | YES  |     | NULL    |       |
| e_deptname | varchar(20) | YES  |     | NULL    |       |
+-----------+-------------+------+-----+---------+-------+
6 rows in set (0.00 sec)
```

从上述执行结果可以看出，视图 view_emp_dept 包含 6 个字段，新增了字段 e_mgr，表明视图修改成功。此时使用 SELECT 语句查询视图 view_emp 中的数据，执行结果如下。

```
mysql>SELECT * FROM view_emp_dept;
+------+--------+----------+------+---------+-----------+
| e_no | e_name | e_job    | e_mgr | e_deptno | e_deptname |
+------+--------+----------+------+---------+-----------+
| 9369 | 张三   | 保洁     |  9902 |      20 | 研究院     |
| 9499 | 孙七   | 销售     |  9698 |      30 | 销售部     |
| 9521 | 周八   | 销售     |  9698 |      30 | 销售部     |
| 9566 | 李四   | 经理     |  9839 |      20 | 研究院     |
| 9654 | 吴九   | 销售     |  9698 |      30 | 销售部     |
| 9839 | 刘一   | 董事长   |  NULL |      10 | 总裁办     |
| 9844 | 郑十   | 销售     |  9698 |      30 | 销售部     |
| 9900 | 萧十一 | 保洁     |  9698 |      30 | 销售部     |
| 9902 | 赵六   | 分析员   |  9566 |      20 | 研究院     |
| 9936 | 张%一  | 保洁     |  9982 |    NULL | NULL       |
| 9966 | 八戒   | 运营专员 |  9839 |      40 | 运营部     |
| 9982 | 陈二   | 经理     |  9839 |      10 | 总裁办     |
| 9988 | 王五   | 分析员   |  9566 |      20 | 研究院     |
+------+--------+----------+------+---------+-----------+
13 rows in set (0.00 sec)
```

从上述执行结果可以看出，通过视图 view_emp_dept 查询到的数据中新增了数据表 emp 中字段 mgr 的数据。

（2）使用 ALTER 语句修改视图。

ALTER 语句是 MySQL 提供的另一种修改视图的方法，使用该语句修改视图的基本语法格式如下。

```
ALTER VIEW <视图名> AS <SELECT语句>
```

下面通过一个案例演示使用 ALTER 语句修改视图。

例如，数据库管理员认为开发小组只是需要部门名称，没必要将部门的编号返回到视图 view_emp_dept 中，想将视图 view_emp_dept 中的部门编号字段进行删除。此时使用 ALTER 语句修改视图 view_emp_dept，具体语句及执行结果如下。

```
mysql>ALTER VIEW view_emp_dept (e_no,e_name,e_job,e_mgr,e_deptname)
    ->AS
    ->SELECT e.empno,e.ename,e.job,e.mgr,d.dname
    ->FROM emp e LEFT JOIN dept d ON e.deptno=d.deptno;
Query OK, 0 rows affected (0.01 sec)
```

从上述执行结果可以得出，修改视图的语句成功执行。此时使用 SELECT 语句查询视图 view_emp_dept 中的数据，执行结果如下。

```
mysql>SELECT * FROM view_emp_dept;
+------+--------+---------+------+-----------+
| e_no | e_name | e_job   | e_mgr | e_deptname |
+------+--------+---------+------+-----------+
| 9369 | 张三   | 保洁     |  9902 | 研究院     |
| 9499 | 孙七   | 销售     |  9698 | 销售部     |
| 9521 | 周八   | 销售     |  9698 | 销售部     |
| 9566 | 李四   | 经理     |  9839 | 研究院     |
| 9654 | 吴九   | 销售     |  9698 | 销售部     |
| 9839 | 刘一   | 董事长   |  NULL | 总裁办     |
| 9844 | 郑十   | 销售     |  9698 | 销售部     |
| 9900 | 萧十一 | 保洁     |  9698 | 销售部     |
| 9902 | 赵六   | 分析员   |  9566 | 研究院     |
| 9936 | 张%一  | 保洁     |  9982 | NULL       |
| 9966 | 八戒   | 运营专员 |  9839 | 运营部     |
| 9982 | 陈二   | 经理     |  9839 | 总裁办     |
| 9988 | 王五   | 分析员   |  9566 | 研究院     |
+------+--------+---------+------+-----------+
13 rows in set (0.00 sec)
```

从上述执行结果可以看出，视图 view_emp_dept 中不再包含部门编号的信息，说明视图修改成功。

4. 删除视图

当视图不再使用时，可以将其删除。删除视图时，只会删除所创建的视图，不会删除基本表中的数据。删除一个或多个视图可以使用 DROP VIEW 语句，其基本语法格式如下。

```
DROP VIEW view_name [,view_name1,...];
```

在上述语法格式中，view_name 是要删除的视图的名称，视图名称可以添加多个，多个视图之间使用逗号隔开。删除视图必须拥有 DROP 权限。

例如，视图 view_emp 不再被需要，数据库管理员想要删除它，此时就可以使用 DROP VIEW 语句实现，具体语句及执行结果如下。

```
mysql>DROP VIEW view_emp;
Query OK, 0 rows affected (0.02 sec)
```

从上述执行结果可以得出，删除视图的语句成功执行。下面使用 SELECT 语句检查视图是否已经被删除，具体语句及执行结果如下。

```
mysql> SELECT * FROM view_emp;
ERROR 1146 (42S02): Table ‘ems.view_emp’ doesn’ t exist
```

从上述执行结果可以看出，执行结果显示 Table 'ems.view_emp' doesn't exist，即 ems 数据库中不存在视图 view_emp，说明视图 view_emp 被成功删除。

6.2.3 视图数据操作

视图数据操作就是通过视图来查询、添加、修改和删除基本表中的数据。因为视图是一个虚拟表，不真实保存数据，所以通过视图来操作数据时，实际操作的是基本表中的数据。本节将对视图数据的添加、修改和删除进行讲解。

1. 添加数据

通过视图向基本表添加数据可以使用 INSERT 语句。例如，开发小组想要通过视图在部门表中添加一个部门信息。由于此时数据库中还没有部门表对应的视图，因此需要数据库管理员先创建部门表 dept 对应的视图，通过视图可以查询部门表 dept 中的所有数据。具体 SQL 语句及创建结果如下。

```
mysql>CREATE VIEW view_dept(d_no,d_name) AS SELECT * FROM dept;
Query OK, 0 rows affected (0.02 sec)
```

使用视图添加部门数据之前，先查看部门表 dept 中现有的数据，具体 SQL 语句及执行结果如下。

```
mysql>SELECT * FROM dept;
+--------+--------+
| deptno | dname  |
+--------+--------+
|     10 | 总裁办 |
|     20 | 研究院 |
|     40 | 运营部 |
|     30 | 销售部 |
+--------+--------+
4 rows in set (0.00 sec)
```

通过视图向数据表中添加数据的方式与直接向数据表中添加数据的格式一样，具体语句及执行结果如下所示。

```
mysql>INSERT INTO view_dept VALUES(50, '人力资源部');
Query OK, 1 row affected (0.01 sec)
```

从上述执行结果可以得出，INSERT 语句成功执行。下面使用 SELECT 语句查询数据表 dept 中的数据，具体语句及执行结果如下。

```
mysql> SELECT * FROM dept;
+--------+------------+
| deptno | dname      |
+--------+------------+
|     50 | 人力资源部 |
|     10 | 总裁办     |
|     20 | 研究院     |
|     40 | 运营部     |
|     30 | 销售部     |
+--------+------------+
5 rows in set (0.00 sec)
```

从上述执行结果可以看出，数据表 dept 中添加了一行新数据，说明通过视图成功向基本表添加了数据。

2. 修改数据

通过视图修改基本表的数据可以使用 UPDATE 语句。例如，数据库管理员接到公司通知，要将研究院的部门名称修改为研究中心。此时可以使用 UPDATE 语句通过视图对部门名称进行修改，具体语句及执行结果如下。

```
mysql>UPDATE view_dept SET d_name='研究中心' WHERE d_name='研究院';
Query OK, 1 row affected (0.01 sec)
Rows matched: 1  Changed: 1  Warnings: 0
```

从上述执行结果可以得出，UPDATE 语句成功执行。下面再次使用 SELECT 语句查询数据表 dept 中的数据，具体语句及执行结果如下。

```
mysql> SELECT * FROM dept;
+--------+------------+
| deptno | dname      |
+--------+------------+
|     50 | 人力资源部 |
|     10 | 总裁办     |
|     20 | 研究中心   |
|     40 | 运营部     |
|     30 | 销售部     |
+--------+------------+
5 rows in set (0.00 sec)
```

从上述执行结果可以看出，部门表 dept 的部门名称中没有研究院，只有研究中心，说明通过视图成功修改了基本表的数据。

3. 删除数据

通过视图删除基本表的数据可以使用 DELETE 语句。例如，数据库管理员接到通知，人力资源部被取消了，需要在数据库中将人力资源部从部门表中删除。此时可以通过视图 view_dept 删除部门表 dept 中部门名称为人力资源部的记录，具体语句及执行结果如下。

```
mysql> DELETE FROM view_dept WHERE d_name='人力资源部';
Query OK, 1 row affected (0.01 sec)
```

从上述执行结果可以得出，DELETE 语句成功执行。下面再次使用 SELECT 语句查询数据表 dept 中的数据，具体语句及执行结果如下。

```
mysql> SELECT * FROM dept;
+--------+----------+
| deptno | dname    |
+--------+----------+
|     10 | 总裁办   |
|     20 | 研究中心 |
|     40 | 运营部   |
|     30 | 销售部   |
+--------+----------+
4 rows in set (0.00 sec)
```

从上述执行结果可以看出，部门表 dept 中部门名称为人力资源部的记录不存在，说明使用 DELETE 语句通过视图成功删除了基本表的数据。

6.3 上机实践：图书管理系统中索引和视图的应用

图书管理系统的基本功能都已经实现，为了让数据库的安全性和性能更好，你决定在 bms 数据库中创建一些视图并在相关数据表中创建一些索引。

【实践需求】

（1）为图书名称创建索引。根据对系统功能的梳理，你发现根据图书名称查询图书信息的需求比较多，为提高查询效率，决定在图书名称上创建一个索引。

（2）为图书名称和图书状态创建复合索引。开发人员和你反馈，图书名称和图书状态一起查询也比较多，想要你对这两个字段同时建立一个索引。

（3）删除索引。经过一段时间的观察，你发现图书名称和图书状态同时查询不太多，决定对基于这两个字段的索引进行删除。

（4）创建基于单表的视图。王先生反馈想要增加一个用户自主查询图书信息功能，需要给用户展示的信息只有图书名称、图书上架时间和图书状态。考虑到数据的聚焦和安全性，你决定创建一个只包含这 3 个字段数据的视图给开发人员，让开发人员基于视图进行开发。

（5）创建基于多表的视图。王先生的最新需求中还包含一个辅助查询功能，供书店实习生使用，让实习生可以通过该功能查询图书名称、图书借阅者和借阅时间等基本的图书信息。为简化开发时基于多表查询的 SQL，你决定创建对应的视图提供给开发人员。

（6）删除视图。使用一段时间后，你发现需求（4）所创建的视图意义不大，想要对该视图进行删除。

【动手实践】

（1）在图书表 book 的图书名称 name 上创建一个索引 index_bookname，具体 SQL 语句及执行结果如下。

```
mysql>ALTER TABLE book ADD INDEX index_bookname(name);
Query OK, 0 rows affected (0.05 sec)
Records: 0  Duplicates: 0  Warnings: 0
```

（2）在图书名称 name 和图书状态 state 上建立一个索引 index_bookname_state，具体 SQL 语句及执行结果如下。

```
mysql> ALTER TABLE book ADD INDEX index_bookname_state(name(20),
state(1));
Query OK, 0 rows affected (0.07 sec)
Records: 0  Duplicates: 0  Warnings: 0
```

（3）删除索引 index_bookname_state，具体 SQL 语句及执行结果如下。

```
mysql>ALTER TABLE book DROP INDEX index_bookname_state;
Query OK, 0 rows affected (0.03 sec)
Records: 0  Duplicates: 0  Warnings: 0
```

（4）创建一个只包含图书名称、图书上架时间和图书状态的视图 view_book_state，具体 SQL 语句及执行结果如下。

```
mysql>CREATE VIEW view_book_state (图书名称,上架时间,状态) AS
    ->SELECT name,upload_time,state FROM book;
Query OK, 0 rows affected (0.01 sec)
```

（5）创建一个只包含图书名称、借阅者名称和借阅时间的视图 view_book_borrower，具体 SQL 语句及执行结果如下。

```
mysql>CREATE VIEW view_book_borrower (图书名称,借阅者,借阅时间)
    -> AS
    ->SELECT b.name,u.name,borrow_time FROM book b,user u WHERE b.borrower_
    id=u.id;
Query OK, 0 rows affected (0.02 sec)
```

（6）删除视图 view_book_borrower，具体 SQL 语句及执行结果如下。

```
mysql>DROP VIEW view_book_borrower;
Query OK, 0 rows affected (0.02 sec)
```

6.4 本章小结

本章主要对索引和视图进行了详细讲解。首先介绍了索引的概述、创建、查看和删除；然后讲解了视图概述、视图管理、视图数据操作；最后通过一个上机实践提升读者对索引和视图的操作熟练度。通过本章的学习，读者能够掌握索引和视图的基本使用，为后续的学习打下坚实的基础。

6.5 课后习题

一、填空题

1. 普通索引使用 KEY 或________定义。

2. 在 MySQL 中，DROP VIEW 语句用于________。

3. MySQL 中常见的索引大致分为普通索引、________、________、全文索引、空间索引。

4. 只有在查询条件中使用了复合索引中的________字段时，该复合索引才会被使用。

5. 创建唯一性索引的字段需要保证索引对应字段中的值是________的。

二、判断题

1. 索引不会占用一定的磁盘空间，数据表中索引越多查询效率越高。(　　)

2. 视图是一个虚拟表，不真实保存数据，通过视图来操作数据时，实际操作的是基本表中的数据。(　　)

3. 在 MySQL 中只能基于单表创建视图。(　　)

4. CREATE OR REPLACE VIEW 语句不会替换已经存在的视图。(　　)

5. 视图的基本表可以是一张数据表，也可以是多张数据表。(　　)

三、选择题

1. 在如下语句中，name_index 表示（　　）。

ALTER TABLE sh_goods ADD INDEX name_index（name）；

A. 索引类型　　B. 索引名称　　C. 索引方式　　D. 索引字段

2. 下列选项中用于定义全文索引的是（　　）。

A. 由 KEY 定义的索引

B. 由 FULLTEXT 定义的索引

C. 由 UNIQUE 定义的索引

D. 由 INDEX 定义的索引

3. 下列选项中不属于 MySQL 中的索引的是（　　）。

A. 普通索引　　B. 主键索引　　C. 唯一性索引　　D. 外键索引

4. 下列在 student 表上创建 view_stu 视图的语句中正确的是（　　）。

A. CREATE VIEW view_stu IS SELECT * FROM student;

B. CREATE VIEW view_stu AS SELECT * FROM student;

C. CREATE VIEW view_stu SELECT * FROM student;

D. CREATE VIEW SELECT * FROM student AS view_stu;

5. 下列关于视图优点的描述正确的有（　　）。（多选）

A. 实现了逻辑数据独立性

B. 提高安全性

C. 简化查询语句

D. 屏蔽真实表结构变化带来的影响

第 7 章

事 务

思政案例

学习目标

- ◆ 了解事务，能够说出事务的概念；
- ◆ 掌握事务的基本操作，能够开启、回滚和提交事务，以及创建事务的保存点；
- ◆ 了解事务的隔离级别，能够说出MySQL中事务的隔离级别，以及每个隔离级别的特点。

通过前几章的学习，大家对数据库的概念、数据库的基本操作以及 SQL 语句的使用有了一定的了解，在数据库开发过程中，经常会为了完成某一功能而编写一组 SQL 语句。为确保每一组 SQL 语句操作数据的完整性，MySQL 引入了事务的管理，本章将针对事务进行详细讲解。

7.1 事务处理

事务处理机制在应用程序开发过程中有着非常重要的作用，它可以保证在同一个事务中的操作具有同步性，从而让整个应用程序更安全。本节将针对事务处理进行详细讲解。

7.1.1 事务概述

在现实生活中，人们经常会进行转账操作，转账可分为转入和转出两部分，只有这两个部分都完成才认为转账成功。在数据库中，转账过程中的 SQL 语句只要任意一条语句出现异常没有执行成功，就会导致两个账户的转账金额不同步，出现转账错误。MySQL 中可以使用事务避免上述情况的发生。

在 MySQL 中，事务就是针对数据库的一组操作，它可以由一条或多条 SQL 语句组成。在程序执行过程中，只要有一条 SQL 语句执行失败或发生错误，其他语句都不会执行；也就是说，事务中的语句要么都执行，要么都不执行。

MySQL 中的事务必须满足 4 个特性，分别是原子性、一致性、隔离性和持久性，下面就针对这 4 个特性进行讲解。

1. 原子性

原子性是指一个事务必须被视为一个不可分割的最小工作单元，只有事务中所有的数据库操作都执行成功，才算整个事务执行成功。事务中如果有任何一个 SQL 语句执行失败，已经执行成功的 SQL 语句也必须撤销，数据库的状态退回到执行事务前的状态。

2. 一致性

一致性是指事务将数据库从一个一致状态转变为下一个一致状态。在事务完成之前和完成之后，都要保证数据库内的数据处于一致状态。

3. 隔离性

隔离性是指当一个事务在执行时，不会受到其他事务的影响。隔离性保证了未完成事务的所有操作与数据库系统的隔离，直到事务完成之后，才能看到事务的执行结果。当多个用户并发访问数据库时，数据库为每一个用户开启的事务不能被其他事务的操作数据所干扰，多个并发事务之间要相互隔离。

4. 持久性

持久性是指事务一旦提交，对数据库中数据的修改就是永久性的。需要注意的是，事务的持久性不能做到百分之百的持久，只能从事务本身的角度来保证永久性，如果一些外部原因导致数据库发生故障（如硬盘损坏），那么所有提交的数据可能都会丢失。

7.1.2 事务的基本操作

在 MySQL 中，用户执行的每一条 SQL 语句默认都会当成单独的事务自动提交。如果想要将一组 SQL 语句作为一个事务，需要在执行这组 SQL 语句之前显式地开启事务。显式开启事务的语句如下。

```
START TRANSACTION;
```

执行上述语句之后，后续的每一条 SQL 语句将不再自动提交，用户想要提交时，需要手动提交事务。只有事务提交后，事务中的 SQL 语句才会生效。手动提交事务的语句具体如下。

```
COMMIT;
```

如果不想提交当前事务，还可以使用下列语句取消事务（即回滚），具体如下。

```
ROLLBACK;
```

需要注意的是，ROLLBACK 语句只能针对未提交的事务执行回滚操作，已提交的事务是不能回滚的。当执行 COMMIT 或 ROLLBACK 后，当前事务就会自动结束。

为了让读者能更好地理解事务，下面通过具体的案例演示事务的使用。

例如，公司为了激励中层，为部门经理陈二和李四设立奖金，奖金总额固定为 2000 元。第一个月两人奖金都为 1000 元，第二个月开始根据部门业绩调整两人奖金，扣除业绩不好的经理的奖金奖励给业绩好的经理（奖金总额不变）。由于员工管理系统出现重大问题，近期无法使用系统修改员工信息，因此需要数据库管理员对员工信息进行修改。数据库管理员收到通知后的具体操作步骤如下。

（1）数据库管理员想要先查询员工表 emp 中陈二和李四当前的信息，具体 SQL 语句及执行结果如下。

```
mysql> SELECT * FROM emp WHERE ename='陈二' OR ename='李四';
+-------+-------+-----+------+---------+------+--------+
| empno | ename | job | mgr  | sal     | comm | deptno |
+-------+-------+-----+------+---------+------+--------+
|  9566 | 李四  | 经理 | 9839 | 3995.00 | NULL |     20 |
|  9982 | 陈二  | 经理 | 9839 | 3450.00 | NULL |     10 |
+-------+-------+-----+------+---------+------+--------+
2 rows in set (0.00 sec)
```

（2）因为操作陈二和李四的数据时，需要确保操作要么都成功，要么都失败，所以数据库管理员需要在每次操作之前都开启事务。数据库管理员将员工表 emp 中陈二和李四的奖金都设置为 1000，具体 SQL 语句如下。

```
# 开启事务
START TRANSACTION;
# 设置陈二的奖金
UPDATE emp SET comm=10000 WHERE ename='陈二';
# 设置李四的奖金
UPDATE emp SET comm=10000 WHERE ename='李四';
```

（3）为保险起见，数据库管理员决定在提交修改信息之前，先查询修改后的信息，具体 SQL 语句和查询结果如下。

```
mysql>SELECT * FROM emp WHERE ename='陈二' OR ename='李四';
+-------+-------+-----+------+---------+----------+--------+
| empno | ename | job | mgr  | sal     | comm     | deptno |
+-------+-------+-----+------+---------+----------+--------+
|  9566 | 李四  | 经理 | 9839 | 3995.00 | 10000.00 |     20 |
|  9982 | 陈二  | 经理 | 9839 | 3450.00 | 10000.00 |     10 |
+-------+-------+-----+------+---------+----------+--------+
2 rows in set (0.00 sec)
```

数据库管理员从查询出的员工信息看到，奖金信息修改错误，将奖金 1000 元错设置为 10 000 元。

（4）数据库管理员庆幸还好没有提交事务，否则被查出来可能被算作重大工作失误。数据库管理员不想重新修改数据，决定撤销之前修改奖金的操作并查询撤销操作后的数据，具体语句及查询结果如下。

```
# 回滚事务
mysql>ROLLBACK;
Query OK, 0 rows affected (0.01 sec)

mysql>SELECT * FROM emp WHERE ename='陈二' OR ename='李四';
+-------+-------+------+------+---------+------+--------+
| empno | ename | job  | mgr  | sal     | comm | deptno |
+-------+-------+------+------+---------+------+--------+
|  9566 | 李四  | 经理 | 9839 | 3995.00 | NULL |     20 |
|  9982 | 陈二  | 经理 | 9839 | 3450.00 | NULL |     10 |
+-------+-------+------+------+---------+------+--------+
2 rows in set (0.00 sec)
```

从查询结果可以看出，李四和陈二的奖金又恢复成 NULL，说明事务回滚成功。

（5）数据库管理员重新设置李四和陈二的奖金，他觉得此次数据修改肯定不会出错，于是设置奖金后将事务进行提交，具体语句及执行结果如下。

```
# 设置陈二的奖金
mysql> UPDATE emp SET comm=1000 WHERE ename='陈二';
Query OK, 1 row affected (0.01 sec)
Rows matched: 1  Changed: 1  Warnings: 0
# 设置李四的奖金
mysql> UPDATE emp SET comm=1000 WHERE ename='李四';
Query OK, 1 row affected (0.01 sec)
Rows matched: 1  Changed: 1  Warnings: 0
# 提交事务
mysql> COMMIT;
Query OK, 0 rows affected (0.00 sec)
```

从上述执行结果可以得出，UPDATE 语句成功执行，事务也成功进行了提交。

（6）此时数据库管理员查询修改后的数据如下。

```
mysql> SELECT * FROM emp WHERE ename='陈二' OR ename='李四';
+-------+-------+------+------+---------+---------+--------+
| empno | ename | job  | mgr  | sal     | comm    | deptno |
+-------+-------+------+------+---------+---------+--------+
|  9566 | 李四  | 经理 | 9839 | 3995.00 | 1000.00 |     20 |
```

```
| 9982 | 陈二   | 经理 | 9839 | 3450.00 | 1000.00 |     10 |
+-------+-------+------+------+---------+---------+--------+
2 rows in set (0.00 sec)
```

从查询结果可以看出，通过事务成功地完成了陈二和李四的奖金设置。

需要注意的是，在 MySQL 中事务不允许嵌套，如果执行 START TRANSACTION 语句之前，上一个事务还没有提交，则此时执行 START TRANSACTION 语句会隐式执行上一个事务的提交操作。

多学一招：事务的自动提交

MySQL 中的事务默认是自动提交，如果用户想要设置事务的自动提交方式，可以通过更改 AUTOCOMMIT 的值来实现。AUTOCOMMIT 的值设置为 1 表示开启事务自动提交,设置为 0 表示关闭事务自动提交。如果想要查看当前会话的 AUTOCOMMIT 值，可以使用如下语句。

```
SELECT @@AUTOCOMMIT;
```

执行上述语句，效果如下。

```
mysql> SELECT @@AUTOCOMMIT;
+--------------+
| @@AUTOCOMMIT |
+--------------+
|            1 |
+--------------+
1 row in set (0.00 sec)
```

从查询结果可以看出，当前会话开启了事务的自动提交，如果想要关闭当前会话事务的自动提交，可以使用以下语句。

```
SET AUTOCOMMIT=0;
```

执行上述语句后，用户需要手动执行提交操作，事务才会提交。如果直接终止 MySQL 会话，MySQL 会自动进行回滚。

7.1.3 事务的保存点

在回滚事务时,事务内的所有操作都将被撤销。如果希望只撤销事务内的部分操作，则可以借助事务的保存点实现。事务中创建保存点的语法格式如下。

```
SAVEPOINT 保存点名；
```

在事务中设置保存点后，可以将事务回滚到指定的保存点。事务中设置保存点的语法格式如下。

```
ROLLBACK TO SAVEPOINT 保存点名 ;
```

如果某个保存点不再使用，可以通过如下语法格式删除指定的保存点。

```
RELEASE SAVEPOINT 保存点名 ;
```

需要注意的是，一个事务可以创建多个保存点。一旦提交事务，事务中的保存点都会被删除。另外，如果事务回滚到某个保存点后，该保存点之后创建的其他保存点也会被删除。

为更好地理解事务的保存点，下面继续通过设置员工奖金的案例演示事务保存点的使用，具体步骤如下。

（1）到了第二个月，数据库管理员需要根据部门业绩重新调整陈二和李四的奖金。调整奖金之前，数据库管理员对员工表 emp 中陈二和李四当前的奖金信息进行了查询，具体 SQL 语句及查询结果如下。

```
mysql> SELECT ename,comm FROM emp WHERE ename='陈二' OR ename='李四';
+-------+---------+
| ename | comm    |
+-------+---------+
| 李四  | 1000.00 |
| 陈二  | 1000.00 |
+-------+---------+
2 rows in set (0.00 sec)
```

（2）经过初步核算，本月需要将陈二的奖金增加 200，李四的奖金减少 200。本次事务中可能还需要对陈二和李四的信息进行修改，数据库管理员在本次修改后创建一个保存点，具体语句及执行结果如下。

```
mysql> START TRANSACTION; -- 开启事务
Query OK, 0 rows affected (0.00 sec)

mysql>UPDATE emp SET comm=comm+200 WHERE ename='陈二'; -- 设置陈二的奖金
Query OK, 1 row affected (0.00 sec)
Rows matched: 1  Changed: 1  Warnings: 0

mysql>UPDATE emp SET comm=comm-200 WHERE ename='李四'; -- 设置李四的奖金
Query OK, 1 row affected (0.00 sec)
Rows matched: 1  Changed: 1  Warnings: 0

mysql>SAVEPOINT  s1; -- 创建保存点 s1
Query OK, 0 rows affected (0.00 sec)
```

从上述执行结果可以得出，UPDATE 语句成功执行，保存点也设置成功。

（3）数据库管理员修改奖金并创建好事务保存点后，为确保修改无误，想要查询员工表 emp 中陈二和李四当前的奖金信息，具体 SQL 语句及执行结果如下。

```
mysql>SELECT ename,comm FROM emp WHERE ename='陈二' OR ename='李四';
+-------+---------+
| ename | comm    |
+-------+---------+
| 李四  |  800.00 |
| 陈二  | 1200.00 |
+-------+---------+
2 rows in set (0.00 sec)
```

（4）数据库管理员又收到通知，陈二的奖金修改为 600，李四的奖金修改为 1400，具体语句及执行结果如下。

```
mysql>UPDATE emp SET comm=600 WHERE ename='陈二'; -- 设置陈二的奖金
Query OK, 1 row affected (0.00 sec)
Rows matched: 1  Changed: 1  Warnings: 0

mysql>UPDATE emp SET comm=1400 WHERE ename='李四'; -- 设置李四的奖金
Query OK, 1 row affected (0.00 sec)
Rows matched: 1  Changed: 1  Warnings: 0
```

从上述执行结果可以得出，UPDATE 语句成功执行，说明陈二的奖金已修改为 600，李四的奖金已修改为 1400。

（5）陈二对奖金调整不满，找老板理论。不久后数据库管理员又收到通知，需要将陈二和李四的奖金恢复到第一次修改后的结果。数据库管理员对事务进行了回滚并在回滚后再次查询了陈二和李四当前的奖金信息，具体语句及执行结果如下。

```
mysql>ROLLBACK TO SAVEPOINT s1; -- 回滚到保存点 s1
Query OK, 0 rows affected (0.00 sec)

mysql>SELECT ename,comm FROM emp WHERE ename='陈二' OR ename='李四';
+-------+---------+
| ename | comm    |
+-------+---------+
| 李四  |  800.00 |
| 陈二  | 1200.00 |
+-------+---------+
2 rows in set (0.00 sec)
```

从上述结果可以得出，回滚到保存点 s1 后，数据表中的数据恢复到创建保存点 s1

时的状态。

（6）由于之前老板没有将根据业绩调整奖金的公式说清楚，他决定本月暂时先取消根据业绩调整奖金，通知数据库管理员将陈二和李四的奖金恢复到上个月的状态。数据库管理员庆幸操作数据之前开启了事务，此时回滚事务就可以恢复数据到最初的状态，要不然还要挨个去查数据，具体语句及回滚后的结果如下。

```
mysql> ROLLBACK; -- 回滚事务
Query OK, 0 rows affected (0.01 sec)

mysql>SELECT ename,comm FROM emp WHERE ename='陈二' OR ename='李四';
+-------+---------+
| ename | comm    |
+-------+---------+
| 李四  | 1000.00 |
| 陈二  | 1000.00 |
+-------+---------+
2 rows in set (0.00 sec)
```

从上述查询结果可以看到，陈二和李四的奖金与事务开启时的金额相同，说明事务回滚成功。

7.2 事务的隔离级别

MySQL 支持多线程并发访问，用户可以通过不同的线程执行不同的事务。为保证多个事务之间互不影响，就需要为事务设置适当的隔离级别。在 MySQL 中，事务有 4 种隔离级别，分别为 READ UNCOMMITTED（读未提交）、READ COMMITTED（读已提交）、REPEATABLE READ（可重复读）和 SERIALIZABLE（串行化）。本节将针对事务隔离级别的相关知识进行详细讲解。

7.2.1 READ UNCOMMITTED

READ UNCOMMITTED 是事务隔离级别中最低的级别，该级别下的事务可以读取其他事务中未提交的数据，这种读取方式也被称为脏读。

例如，数据库管理员收到通知将陈二的奖金减少 200，但在修改时由于失误减少了 2000，他执行了下面的 UPDATE 语句作了奖金的修改。

```
UPDATE emp SET comm=comm-2000 WHERE ename='陈二';
```

数据库管理员庆幸说还好没提交事务，因为若此时老板在他的客户端中对员工信息进行查看，而老板客户端设置的隔离级别是 READ UNCOMMITTED，就会读到数据库管理员事务中未提交的数据，发现数据库管理员修改错误的信息。

为演示上述情况，首先需要开启两个命令行窗口，将两个命令行窗口分别称为客户端 A 和客户端 B。两个客户端都登录到 MySQL 数据库并将操作的数据库切换为 ems。准备完成后，按如下步骤进行操作。

1. 设置客户端B中事务的隔离级别

MySQL 的默认隔离级别是 REPEATABLE READ，该级别可以避免脏读。为演示脏读。需要将客户端 B 中事务的隔离级别设置为 READ UNCOMMITTED，具体语句如下。

```
SET SESSION TRANSACTION ISOLATION LEVEL READ UNCOMMITTED;
```

在上述语句中，SESSION 表示当前会话，TRANSACTION 表示事务，ISOLATION 表示隔离，LEVEL 表示级别，READ UNCOMMITTED 表示当前设置的隔离级别。上述语句执行成功后，使用 SELECT 语句查询事务的隔离级别，结果如下。

```
mysql>SELECT @@session.transaction_isolation;
+---------------------------------+
| @@session.transaction_isolation |
+---------------------------------+
| READ-UNCOMMITTED                |
+---------------------------------+
1 row in set (0.00 sec)
```

从上述查询结果可以看出，客户端 B 事务的隔离级别已被修改为 READ UNCOMMITTED。

2. 演示脏读

数据库管理员收到通知需要修改员工陈二和李四当前的奖金，他在修改之前对陈二和李四当前的奖金信息进行了查询，具体如下。

```
mysql>SELECT ename,comm FROM emp WHERE ename='陈二' OR ename='李四';
+-------+---------+
| ename | comm    |
+-------+---------+
| 李四  | 1000.00 |
| 陈二  | 1000.00 |
+-------+---------+
2 rows in set (0.00 sec)
```

数据库管理员在客户端 A 中开启事务，接着对陈二和李四的奖金进行了修改，具体语句及执行结果如下。

```
mysql>START TRANSACTION;
Query OK, 0 rows affected (0.00 sec)
```

```
mysql>UPDATE emp SET comm=comm-200 WHERE ename='陈二';
Query OK, 1 row affected (0.00 sec)
Rows matched: 1  Changed: 1  Warnings: 0

mysql>UPDATE emp SET comm=comm+200 WHERE ename='李四';
Query OK, 1 row affected (0.00 sec)
Rows matched: 1  Changed: 1  Warnings: 0
```

需要注意的是，此时不要提交事务，因为如果提交事务就无法演示脏读的现象。

此时，老板给数据库管理员打电话问陈二和李四的奖金是否已修改好，因为数据库管理员还没提交事务，所以就和老板说还没有修改好。而老板刚好在计算机旁边，他在客户端 B 中查询陈二和李四的奖金信息（老板是技术人员出身，会数据库相关的技术），具体如下。

```
mysql>SELECT ename,comm FROM emp WHERE ename='陈二' OR ename='李四';
+-------+---------+
| ename | comm    |
+-------+---------+
| 李四  | 1200.00 |
| 陈二  |  800.00 |
+-------+---------+
2 rows in set (0.00 sec)
```

从查询结果可以看出，客户端 B 能看到陈二和李四的奖金修改过后的信息，这是由于客户端 B 的事务隔离级别较低，因此读取了客户端 A 中还没有提交的内容，出现了脏读的情况。

至此脏读演示完毕，为了下面讲解时数据不混乱，此处先在客户端 A 中执行 ROLLBACK；命令进行事务回滚，让数据恢复到最初的值。

3. 重新设置客户端B中事务的隔离级别

老板觉得需要解决脏读的现象，让数据库管理员进行处理。为防止脏读的发生，数据库管理员在客户端 B 中将事务的隔离级别设置为 READ COMMITTED，该隔离级别可以避免脏读，设置的语句及执行结果如下所示。

```
mysql>SET SESSION TRANSACTION ISOLATION LEVEL READ COMMITTED;
Query OK, 0 rows affected (0.00 sec)
```

上述语句执行成功后，客户端 B 的隔离级别已被设置为 READ COMMITTED。

4. 验证是否出现脏读

修改完隔离级别后，数据库管理员为验证是否解决了脏读现象，首先在客户端 B 中查询陈二和李四的奖金信息，具体如下。

```
mysql>SELECT ename,comm FROM emp WHERE ename='陈二' OR ename='李四';
+-------+---------+
| ename | comm    |
+-------+---------+
| 李四  | 1000.00 |
| 陈二  | 1000.00 |
+-------+---------+
2 rows in set (0.00 sec)
```

接着数据库管理员在客户端 A 中开启事务并修改陈二和李四的奖金，具体语句及执行结果如下。

```
mysql>START TRANSACTION;
Query OK, 0 rows affected (0.00 sec)

mysql>UPDATE emp SET comm=comm-200 WHERE ename='陈二';
Query OK, 1 row affected (0.00 sec)
Rows matched: 1  Changed: 1  Warnings: 0

mysql>UPDATE emp SET comm=comm+200 WHERE ename='李四';
Query OK, 1 row affected (0.00 sec)
Rows matched: 1  Changed: 1  Warnings: 0
```

数据库管理员修改员工表的数据后，在客户端 B 中查询陈二和李四的奖金信息，具体如下。

```
mysql>SELECT ename,comm FROM emp WHERE ename='陈二' OR ename='李四';
+-------+---------+
| ename | comm    |
+-------+---------+
| 李四  | 1000.00 |
| 陈二  | 1000.00 |
+-------+---------+
2 rows in set (0.00 sec)
```

通过对比两次查询结果可以发现，本次客户端 B 中并没有查询到客户端 A 中未提交的内容，说明 READ COMMITTED 隔离级别可以避免脏读。值得一提的是，脏读会带来很多问题，为保证数据的一致性，在实际应用中几乎不会使用隔离级别 READ UNCOMMITTED。

为保证后续演示数据不混乱，在客户端 A 中执行 ROLLBACK; 命令进行事务回滚，使数据恢复到最初的值。

7.2.2 READ COMMITTED

在 MySQL 的 READ COMMITTED 级别下，事务只能读取其他事务已经提交的内容，可以避免脏读现象，但是会出现不可重复读和幻读的情况。不可重复读是指在事务内重复读取别的线程已经提交的数据，由于多次查询期间，其他事务作了更新操作，因此出现多次读取的结果不一致的现象。

不可重复读并不算错误，但在有些情况下却不符合实际需求。例如，银行根据用户的余额送积分，余额小于 500 的送 100 积分，余额大于 500 的送 500 积分。银行在系统中开启事务 A，生成余额在 500 以下的人员清单时，刘一余额为 300；接着在事务 A 中查询余额在 500 以上的人员清单，期间刘一存入了 1000 元，导致刘一同时在送 100 积分和送 500 积分的人员清单中。

接下来通过修改员工奖金的案例演示不可重复读的情况，具体步骤如下。

1. 演示不可重复读

老板想要查看陈二和李四当前的奖金信息，于是在客户端 B 中开启事务进行查询，具体如下。

```
mysql> START TRANSACTION; -- 开启事务
Query OK, 0 rows affected (0.00 sec)

mysql>SELECT ename,comm FROM emp WHERE ename='陈二' OR ename='李四';
+-------+---------+
| ename | comm    |
+-------+---------+
| 李四  | 1000.00 |
| 陈二  | 1000.00 |
+-------+---------+
2 rows in set (0.00 sec)
```

此时，数据库管理员同时根据本月的标准在客户端 A 中使用 UPDATE 语句修改陈二和李四的奖金信息，具体语句及执行结果如下。

```
mysql> UPDATE emp SET comm=comm-200 WHERE ename='陈二';
Query OK, 1 row affected (0.01 sec)
Rows matched: 1  Changed: 1  Warnings: 0

mysql> UPDATE emp SET comm=comm+200 WHERE ename='李四';
Query OK, 1 row affected (0.01 sec)
Rows matched: 1  Changed: 1  Warnings: 0
```

在数据库管理员修改了陈二和李四的奖金后，老板通过客户端 B 在刚才的事务中又查询了一次陈二和李四的奖金信息，具体如下。

```
mysql> SELECT ename,comm FROM emp WHERE ename='陈二' OR ename='李四';
+-------+---------+
| ename | comm    |
+-------+---------+
| 李四  | 1200.00 |
| 陈二  |  800.00 |
+-------+---------+
2 rows in set (0.00 sec)
```

查询后老板发现陈二和李四的奖金信息两次查询结果不一致，觉得太奇怪——一个事务中相同的查询语句查询出的结果却不一致。

上述情况演示成功后，将客户端 B 中的事务提交。

2. 设置客户端B中事务的隔离级别

老板不希望在一个事务中看到的查询结果不一致，为防止不可重复读的情况出现，他安排数据库管理员对数据库进行优化。数据库管理员接到任务后，在客户端 B 中将事务的隔离级别设置为 REPEATABLE READ，设置的语句及执行结果如下。

```
mysql>SET SESSION TRANSACTION ISOLATION LEVEL REPEATABLE READ;
Query OK, 0 rows affected (0.00 sec)
```

上述语句执行成功后，客户端 B 中事务的隔离级别被设置为 REPEATABLE READ。

3. 验证是否出现不可重复读

修改完隔离级别后，数据库管理员为验证是否已经解决了不可重复读的现象，在客户端 B 中开启事务，并且对陈二和李四的奖金信息进行了查询，具体如下。

```
mysql>START TRANSACTION; -- 开启事务
Query OK, 0 rows affected (0.00 sec)

mysql>SELECT ename,comm FROM emp WHERE ename='陈二' OR ename='李四';
+-------+---------+
| ename | comm    |
+-------+---------+
| 李四  | 1200.00 |
| 陈二  |  800.00 |
+-------+---------+
2 rows in set (0.00 sec)
```

接着数据库管理员在客户端 A 中使用 UPDATE 语句修改陈二和李四的奖金信息，具体语句及执行结果如下。

```
mysql>UPDATE emp SET comm=comm-200 WHERE ename='陈二';
Query OK, 1 row affected (0.01 sec)
Rows matched: 1  Changed: 1  Warnings: 0

mysql>UPDATE emp SET comm=comm+200 WHERE ename='李四';
Query OK, 1 row affected (0.01 sec)
Rows matched: 1  Changed: 1  Warnings: 0
```

数据库管理员修改员工信息后，在客户端 B 中对陈二和李四的奖金信息进行查询，具体如下。

```
mysql>SELECT ename,comm FROM emp WHERE ename='陈二' OR ename='李四';
+-------+---------+
| ename | comm    |
+-------+---------+
| 李四  | 1200.00 |
| 陈二  |  800.00 |
+-------+---------+
2 rows in set (0.00 sec)
```

数据库管理员对比客户端 B 两次的查询结果，发现客户端 B 隔离级别修改为 REPEATABLE READ 后，查询的结果是一致的，并没有出现不同的数据，说明事务的隔离级别为 REPEATABLE READ 时，可以避免不可重复读的情况。

上述情况演示成功后，将客户端 B 中的事务提交。

7.2.3　REPEATABLE READ

REPEATABLE READ 是 MySQL 默认的事务隔离级别，它可以避免脏读、不可重复读。但在理论上，该级别会出现幻读。

幻读又被称为虚读，是指在一个事务内两次查询中的数据条数不一致。幻读和不可重复读类似，都是在两次查询过程中；不同的是，幻读是由于其他事务作了插入记录的操作，导致记录数有所增加。不过 MySQL 的存储引擎通过多版本并发控制机制解决了该问题，当事务的隔离级别为 REPEATABLE READ 时可以避免幻读。

例如，银行根据用户的余额送积分，余额小于 500 的送 100 积分，余额大于 500 的送 500 积分。银行开启事务 A 生成余额在 500 以下的人员清单时，刘一和陈二还没注册；接着事务 A 查询余额在 500 以上的人员清单，期间刘一和陈二同时进行了注册并分别存入了 300 元和 1000 元，导致刘一不在送 100 积分和送 500 积分的人员清单中，而同时注册的陈二却在送 500 积分的人员清单中。

接下来通过插入员工案例演示幻读的情况，具体步骤如下。

1. 设置客户端B的隔离级别

由于7.2.2节将客户端B中事务的隔离级别设置为REPEATABLE READ，这种隔离级别可以避免幻读，因此需要将事务的隔离级别设置得更低。下面将客户端B的事务隔离级别设置为READ COMMITTED，设置的语句及执行结果如下。

```
mysql>SET SESSION TRANSACTION ISOLATION LEVEL READ COMMITTED;
Query OK, 0 rows affected (0.00 sec)
```

上述语句执行成功后，客户端B中事务的隔离级别为READ COMMITTED。

2. 演示幻读

老板想要查看当前公司奖金大于1500的员工信息。首先在客户端B中开启事务，并且查询奖金大于1500的员工信息，具体如下。

```
mysql> START TRANSACTION;
Query OK, 0 rows affected (0.00 sec)

mysql>SELECT ename,comm FROM emp WHERE comm>1500;
+-------+---------+
| ename | comm    |
+-------+---------+
| 八戒  | 2000.00 |
+-------+---------+
1 row in set (0.00 sec)
```

此时数据库管理员刚好在客户端A中将刚入职的员工信息插入员工表中，具体语句及插入结果如下。

```
mysql> INSERT INTO emp VALUES(9999,'悟空','人事',9982,3000,1800,40);
Query OK, 1 row affected (0.01 sec)
```

在数据库管理员插入新入职的员工信息后，老板通过客户端B在刚才的事务中又查询一次奖金大于1500的员工信息，具体如下。

```
mysql> SELECT ename,comm FROM emp WHERE comm>1500;
+-------+---------+
| ename | comm    |
+-------+---------+
| 八戒  | 2000.00 |
| 悟空  | 1800.00 |
+-------+---------+
2 rows in set (0.00 sec)
```

老板发现第二次查询结果比第一次查询结果多了一条记录。

上述情况演示成功后，在客户端 B 中执行 COMMIT; 命令提交事务。

3. 重新设置客户端B的隔离级别

幻读的现象并不能算是一种错误，但老板不希望在一个事务中看到的查询结果不一致。为防止幻读的情况出现，老板安排数据库管理员对数据库进行优化。数据库管理员接到任务后，为防止出现幻读，将客户端 B 中的隔离级别设置为 REPEATABLE READ，设置的具体语句如下。

```
mysql>SET SESSION TRANSACTION ISOLATION LEVEL REPEATABLE READ;
Query OK, 0 rows affected (0.00 sec)
```

上述语句执行成功后，客户端 B 中事务的隔离级别被设置为 REPEATABLE READ。

4. 验证是否出现幻读

修改完隔离级别后，数据库管理员为验证是否已经解决幻读的现象，首先在客户端 B 中开启一个事务，并且查询奖金大于 1500 的员工信息，具体如下。

```
mysql> START TRANSACTION;
Query OK, 0 rows affected (0.00 sec)

mysql>SELECT ename,comm FROM emp WHERE comm>1500;
+-------+---------+
| ename | comm    |
+-------+---------+
| 八戒   | 2000.00 |
| 悟空   | 1800.00 |
+-------+---------+
2 rows in set (0.00 sec)
```

接着数据库管理员在客户端 A 中执行添加操作，具体语句及插入结果如下。

```
mysql>INSERT INTO emp VALUES(9977,'唐僧','人事',9982,4000,1900,40);
Query OK, 1 row affected (0.01 sec)
```

数据库管理员插入员工信息后，在客户端 B 中再次查询奖金大于 1500 的员工信息，具体如下。

```
mysql>SELECT ename,comm FROM emp WHERE comm>1500;
+-------+---------+
| ename | comm    |
+-------+---------+
| 八戒   | 2000.00 |
| 悟空   | 1800.00 |
+-------+---------+
2 rows in set (0.00 sec)
```

数据库管理员对比客户端B中的两次查询结果，发现当客户端B设置隔离级别为REPEATABLE READ后，同一个事务中的两次查询结果是一致的，并没有读取其他事务新插入的记录，任务完成。这说明设置事务的隔离级别为REPEATABLE READ可以避免幻读。

上述情况演示成功后，在客户端B中执行COMMIT;命令提交事务。

7.2.4 SERIALIZABLE

SERIALIZABLE是事务的最高隔离级别，它会在每个读的数据行上加锁，从而解决脏读、幻读、重复读的问题。这个级别可能导致大量的超时和锁竞争的现象，因此也是性能最低的一种隔离级别。

老板觉得隔离级别太低会出现脏读、不可重复读和幻读，想把隔离级别调到最高，这样上述3种现象都可以避免。数据库管理员为老板演示了事务的隔离级别设置为SERIALIZABLE后导致的现象，具体步骤如下。

1. 设置客户端B中事务的隔离级别

数据库管理员首先将客户端B中的隔离级别设置为SERIALIZABLE，设置的语句及执行结果如下。

```
mysql>SET SESSION TRANSACTION ISOLATION LEVEL SERIALIZABLE;
Query OK, 0 rows affected (0.00 sec)
```

上述语句执行成功后，客户端B中事务的隔离级别被成功设置为SERIALIZABLE。

2. 演示可串行化

接着数据库管理员在客户端B中开启事务，然后使用SELECT语句查询奖金大于1500的员工信息，查询结果如下。

```
mysql>START TRANSACTION;
Query OK, 0 rows affected (0.00 sec)

mysql>SELECT ename,comm FROM emp WHERE comm>1500;
+-------+---------+
| ename | comm    |
+-------+---------+
| 八戒  | 2000.00 |
| 唐僧  | 1900.00 |
| 悟空  | 1800.00 |
+-------+---------+
3 rows in set (0.00 sec)
```

然后数据库管理员在客户端A中往数据表中插入数据，插入语句如下。

```
mysql>INSERT INTO emp VALUES(9933,'沙僧','人事',9982,2000,1600,40);
```

客户端 A 执行插入语句后的效果如图 7-1 所示。

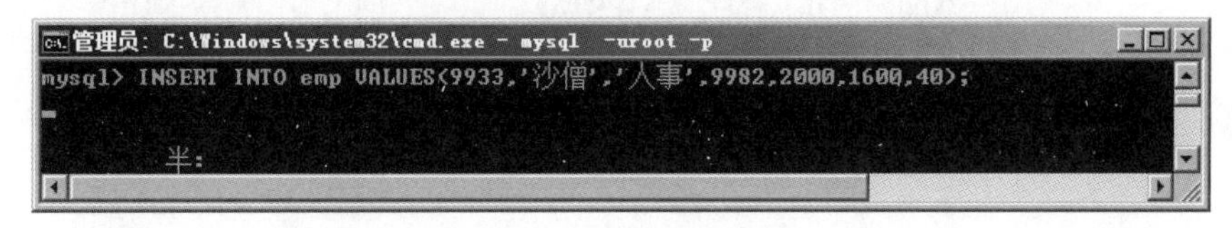

图7-1 客户端A执行插入语句后的效果

从图 7-1 可以看出，客户端 A 中执行插入语句后，不是立即执行成功，而是光标一直在闪，一直在等待。此时，若提交客户端 B 中的事务，客户端 A 中的插入操作会立即执行。如果客户端 B 一直未提交事务，客户端 A 的操作会一直等待，直到超时后，客户端 A 中出现如下提示信息。

```
ERROR 1205 (HY000): Lock wait timeout exceeded; try restarting transaction
```

上述提示信息表示锁等待超时，尝试重新启动事务。默认情况下，锁等待的超时时间为 50 秒。

虽然事务的隔离级别设置为 SERIALIZABLE 可以避免脏读、不可重复读和幻读的现象，但是会导致使用数据库时性能太差，因此一般不会在实际开发中使用。

7.3 上机实践：图书管理系统中事务的应用

开发人员将图书管理系统基本的功能都已经开发完成，准备上线。此时需要先将图书管理系统数据库中之前采用的测试数据全部删除，再将王先生提供的真实图书信息插入数据库中，以确保系统上线后数据库中的数据和书店线下图书的数据一致。

为了让删除测试数据和插入书店真实数据的操作同时成功或失败，你决定使用事务的方式完成本次操作，具体如下。

【实践需求】

（1）手动开启事务，首先删除数据表 book 原有的全部数据，然后向数据表 book 中插入王先生提供的图书信息。图书信息如表 7-1 所示。

表7-1 图书信息

name	price	upload_time	borrower_id	borrow_time	state
Java 基础入门（第 3 版）	59.00	CURRENT_TIMESTAMP	NULL	NULL	'0'
三国演义	69.00	CURRENT_TIMESTAMP	NULL	NULL	'0'
MySQL 数据库入门	40.00	CURRENT_TIMESTAMP	1	'2021-08-06 11:16:05'	'1'

续表

name	price	upload_time	borrower_id	borrow_time	state
Java Web 程序开发入门	49.00	CURRENT_TIMESTAMP	NULL	NULL	'0'
西游记	59.00	CURRENT_TIMESTAMP	NULL	NULL	'0'
水浒传	66.66	CURRENT_TIMESTAMP	NULL	NULL	'0'
唐诗三百首	39.00	CURRENT_TIMESTAMP	NULL	NULL	'0'
Python 数据可视化	49.80	CURRENT_TIMESTAMP	NULL	NULL	'0'

（2）删除测试数据并插入新数据后，查看数据表中的数据。如果数据无误，提交本次事务，否则对事务进行回滚。

【动手实践】

（1）手动开启事务，首先删除原有图书信息，然后插入图书信息。

```
# 开启事务
mysql>START TRANSACTION;
# 删除数据
mysql>DELETE FROM book;
Query OK, 0 rows affected (0.00 sec)
# 插入数据
mysql>INSERT INTO book (name,price,upload_time,borrower_id,borrow_
time,state)
     ->VALUES
     -> ('Java 基础入门',59.00,CURRENT_TIMESTAMP,NULL,NULL,0),
     -> ('三国演义',69.00,CURRENT_TIMESTAMP,NULL,NULL,0),
     -> ('MySQL 数 据 库 入 门 ',40.00,CURRENT_TIMESTAMP,1, '2021-08-06
        11:16:05',1),
     -> ('Java Web 程序开发入门',49.00,CURRENT_TIMESTAMP,NULL,NULL,0),
     -> ('西游记',59.00,CURRENT_TIMESTAMP,NULL,NULL,0),
     -> ('水浒传',66.66,CURRENT_TIMESTAMP,NULL,NULL,0),
     -> ('唐诗三百首',39.00,CURRENT_TIMESTAMP,NULL,NULL,0),
     -> ('Python 数据可视化',49.80,CURRENT_TIMESTAMP,NULL,NULL,0);
Query OK, 8 rows affected (0.00 sec)
Records: 8  Duplicates: 0  Warnings: 0
```

（2）查看操作后数据库的图书信息，如果数据无误，提交本次事务，否则对事务进行回滚。

```
# 查看图书信息
mysql>SELECT * FROM book;
+--+-----------------+-----+----------------+----------+-------------+-----+
|id|name             |price|     upload_time |borrower_id| borrow_time  |state |
+--+-----------------+-----+----------------+----------+-------------+-----+
|9 |Java 基础入门     |59.00|2021-10-13 11:57:22|     NULL|NULL          |    0|
|10| 三国演义         |69.00|2021-10-13 11:57:22|     NULL|NULL          |    0|
```

```
|11|MySQL 数据库入门     |40.00|2021-10-13 11:57:22|          1|2021-08-06 11:16:05 |1|
|12|Java Web 程序开发入门 |49.00|2021-10-13 11:57:22|       NULL|NULL                |0|
|13| 西游记              |59.00|2021-10-13 11:57:22|       NULL|NULL                |0|
|14| 水浒传              |66.66|2021-10-13 11:57:22|       NULL|NULL                |0|
|15| 唐诗三百首          |39.00|2021-10-13 11:57:22|       NULL|NULL                |0|
|16|Python 数据可视化     |49.80|2021-10-13 11:57:22|       NULL|NULL                |0|
+--+----------------+-----+-------------------+---------+-------------+-----+
8 rows in set (0.00 sec)
# 数据核对无误，提交事务
mysql>COMMIT;
Query OK, 0 rows affected (0.01 sec)
```

7.4 本章小结

本章主要对事务进行了详细讲解。首先介绍了事务概述、事务的基本操作和事务的保存点；接着讲解了事务的隔离级别，包含 READ UNCOMMITTED、READ COMMITTED、REPEATABLE READ 和 SERIALIZABLE；最后通过一个上机实践让读者提高对事务的操作能力。通过本章的学习，读者能够掌握事务的基本知识，为后续的学习打下坚实的基础。

7.5 课后习题

一、填空题

1. 如果不想提交当前事务，可以使用________语句回滚事务。

2. 每个事务都是完整不可分割的最小单元是事务的________性。

3. 在 MySQL 中，显式开启事务的语句是________。

4. MySQL 中通过________语句提交事务。

5. MySQL 中事务的 4 个特性分别是________、________、隔离性、持久性。

二、判断题

1. 在 MySQL 中，用户执行的每一条 SQL 语句默认都会当成单独的事务自动提交。(　　)

2. 在 MySQL 中，SERIALIZABLE 是事务的最高隔离级别，也是性能最低的隔离级别。(　　)

3. 事务提交后，事务中的保存点会继续被保留。(　　)

4. MySQL 中的事务一旦提交，就不能撤回。(　　)

5. 一个事务可以创建多个保存点。(　　)

三、选择题

1. MySQL 的默认隔离级别为(　　)。

A. READ UNCOMMITTED　　B. READ COMMITTED
C. REPEATABLE READ　　D. SERIALIZABLE

2. 下列事务隔离级别中不可以避免脏读的是(　　)。

A. READ UNCOMMITTED　　B. READ COMMITTED
C. REPEATABLE READ　　D. SERIALIZABLE

3. 在 MySQL 的 4 种隔离级别中，性能最低的是(　　)。

A. READ UNCOMMITTED　　B. READ COMMITTED
C. REPEATABLE READ　　D. SERIALIZABLE

4. 一个事务读取了另一个事务未提交的数据，称为(　　)。

A. 幻读　　B. 脏读　　C. 不可重复读　　D. 可串行化

5. 下列关于 MySQL 中事务的说法错误的是(　　)。

A. 事务就是针对数据库的一组操作
B. 事务中的语句要么都执行，要么都不执行
C. 事务提交后的 SQL 语句才会生效
D. 提交事务的语句为 SUBMIT

第 8 章

数据库编程

学习目标

◆ 掌握存储过程的基本操作，能够创建、查看、调用、修改和删除存储过程；
◆ 掌握存储函数的基本操作，能够创建、查看、调用和删除存储函数；
◆ 掌握变量的使用，能够查看和修改系统变量，以及对用户变量和局部变量进行定义和赋值；

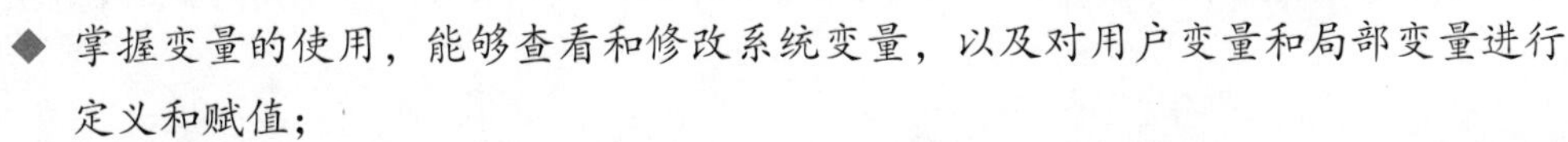

◆ 掌握流程控制语句的使用，能够在程序中灵活使用判断语句、循环语句和跳转语句控制程序执行流程；

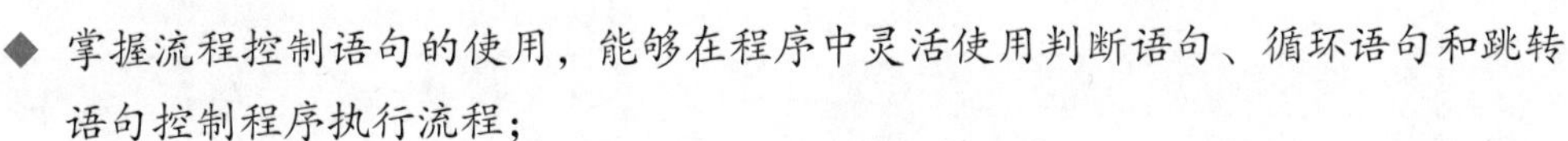

◆ 掌握错误触发条件和错误处理，能够正确定义错误触发条件和错误处理程序；
◆ 掌握游标的使用，能够使用游标检索数据；
◆ 了解触发器，能够说出触发器的概念；
◆ 掌握触发器的基本使用，能够创建、查看和删除触发器。

为提高 SQL 语句的重用性，MySQL 可以将频繁使用的业务逻辑封装成程序进行存储，这类程序主要包括存储过程、函数、触发器等。MySQL 在 SQL 标准的基础上扩展了一些程序设计语言的元素，如变量、流程控制语句等。这些程序设计语言的元素可以让程序更健全，提高数据库系统的性能。本章将针对数据库编程的相关内容进行讲解。

8.1 存储过程

在开发过程中，经常会遇到重复使用某一功能的情况，因此，MySQL 引入了存储过程。存储过程是一组可以完成特定功能的 SQL 语句的集合，它可以将常用或复杂的操作封装成一个代码块存储在数据库服务器中，以便重复使用，大大减少数据库开发人员的工作量。

8.1.1 创建存储过程

在 MySQL 中，可以使用 CREATE PROCEDURE 语句创建存储过程。创建存储过程的基本语法格式如下。

```
CREATE PROCEDURE 存储过程名 ([[IN | OUT | INOUT] 参数名称 参数类型 ])
[characteristic ...] routine_body
```

上述语法格式中，存储过程的参数是可选的，使用参数时，如果参数有多个，参数之间使用逗号分隔。参数和选项的具体含义如下。

- IN：表示输入参数，该参数需要在调用存储过程时传入。
- OUT：表示输出参数，初始值为 NULL，它是将存储过程中的值保存到 OUT 指定的参数中，返回给调用者。
- INOUT：表示输入输出参数，既可以作为输入参数也可以作为输出参数。
- characteristic：表示存储过程中的例程可以设置的特征，可用的特征值如表 8-1 所示。

表8-1 存储过程例程的特征可以设置的值

特 征 值	描 述
COMMENT '注释信息'	为存储过程的例程设置注释信息
LANGUAGE SQL	表示编写例程所使用的语言，默认仅支持 SQL
[NOT] DETERMINISTIC	表示例程的确定性，如果一个例程对于相同的输入参数总是产生相同的结果，那么它就被认为是“确定性的”，否则就是“非确定性的”
CONTAINS SQL	表示例程包含 SQL 语句，但不包含读或写数据的语句
NO SQL	表示例程中不包含 SQL 语句
READS SQL DATA	表示例程中包含读数据的语句
MODIFIES SQL DATA	表示例程中包含写数据的语句
SQL SECURITY DEFINER	表示只有定义者才有权执行存储过程
SQL SECURITY INVOKER	表示调用者有权执行存储过程

- routine_body：表示存储过程中的过程体，是包含在存储过程中有效的 SQL 例程语句，以 BEGIN 表示过程体的开始，以 END 表示过程体的结束。如果过程体中只有一条 SQL 语句，则可以省略 BEGIN 和 END 的标志。

为了让读者能更好地理解存储过程，下面通过一个案例演示存储过程的创建。

例如，员工管理系统中经常需要查询数据库 ems 的员工表 emp 中工资大于指定金额的员工信息，技术人员决定将这个需求编写成存储过程，以提高数据处理的效率，具体 SQL 语句及执行结果如下。

```
mysql>DELIMITER //
mysql>CREATE PROCEDURE pro_emp(IN tmp_money decimal(7,2))
    ->BEGIN
```

```
    ->SELECT * FROM emp WHERE sal > tmp_money;
    ->END //
Query OK, 0 rows affected (0.01 sec)

mysql>DELIMITER ;
```

上述语句创建了一个名为 pro_emp 的存储过程，该存储过程的输入参数名为 tmp_money，使用 SELECT 语句查询员工表 emp 中工资大于指定金额 tmp_money 的员工信息。

需要说明的是，上述执行语句中 DELIMITER // 语句的作用是将 MySQL 的结束符设置为 //。因为 MySQL 默认的语句结束符号为分号（;），而在创建存储过程时，存储过程体可能包含多条 SQL 语句，所以为避免分号与存储过程中 SQL 语句的结束符相冲突，需要使用 DELIMITER 改变存储过程的结束符。存储过程定义完毕后使用 DELIMITER; 语句恢复默认结束符。当然，DELIMITER 还可以指定其他符号作为结束符，只不过需要注意的是，它与要设定的结束符之间一定要有一个空格，否则设定无效。

8.1.2 查看存储过程

存储过程创建之后，用户可以使用 SHOW PROCEDURE STATUS 语句和 SHOW CREATE PROCEDURE 语句分别显示存储过程的状态信息和创建信息，也可以在数据库 information_schema 的 Routines 数据表中查询存储过程的信息。下面对用这 3 条语句查看存储过程的信息进行讲解。

1. 使用SHOW PROCEDURE STATUS语句显示存储过程的状态信息

SHOW PROCEDURE STATUS语句可以显示存储过程的状态信息，如存储过程名称、类型、创建者及修改日期。SHOW PROCEDURE STATUS 语句显示存储过程状态信息的基本语法格式如下。

```
SHOW PROCEDURE STATUS [LIKE ‘pattern’ ]
```

在上述语法格式中，PROCEDURE 表示存储过程；LIKE 'pattern' 表示匹配存储过程的名称。

下面通过案例演示 SHOW PROCEDURE STATUS 语句的使用。例如，显示数据库 ems 下存储过程 pro_emp 的状态信息，具体 SQL 语句及查询结果如下。

```
mysql>SHOW PROCEDURE STATUS LIKE ‘pro_emp’ \G
*************************** 1. row ***************************
                 Db: ems
               Name: pro_emp
               Type: PROCEDURE
            Definer: root@localhost
```

```
              Modified: 2021-06-09 09:43:13
               Created: 2021-06-09 09:43:13
         Security_type: DEFINER
               Comment:
character_set_client: gbk
collation_connection: gbk_chinese_ci
  Database Collation: utf8mb4_0900_ai_ci
1 row in set (0.01 sec)
```

上述 SHOW PROCEDURE STATUS 语句指定显示数据库中名称为 pro_emp 的存储过程的状态信息；从查询结果可知，SHOW PROCEDURE STATUS 语句显示了存储过程 pro_emp 的名称、修改时间、创建时间和字符集等信息。

2. 使用SHOW CREATE PROCEDURE语句显示存储过程的创建信息

使用 SHOW CREATE PROCEDURE 语句可以显示存储过程的创建语句等信息，其基本语法格式如下。

```
SHOW CREATE PROCEDURE 存储过程名；
```

在上述语法格式中，PROCEDURE 表示存储过程，存储过程名为显示创建信息的存储过程名称。

下面通过案例演示 SHOW CREATE PROCEDURE 语句的使用。例如，显示数据库 ems 下存储过程 pro_emp 的创建信息，具体 SQL 语句及查询结果如下。

```
mysql>SHOW CREATE PROCEDURE pro_emp \G
*************************** 1. row ***************************
 Procedure: pro_emp
sql_mode: ONLY_FULL_GROUP_BY,STRICT_TRANS_TABLES,NO_ZERO_IN_DATE,NO_ZERO_
DATE,
        ERROR_FOR_DIVISION_BY_ZERO,NO_ENGINE_SUBSTITUTION
Create Procedure:
CREATE DEFINER=`root`@`localhost` PROCEDURE `pro_emp`(IN tmp_money
decimal(7,2))
BEGIN
        SELECT * FROM emp WHERE sal > tmp_money;
 END
character_set_client: gbk
collation_connection: gbk_chinese_ci
Database Collation: utf8mb4_0900_ai_ci
1 row in set (0.00 sec)
```

上述 SHOW CREATE PROCEDURE 语句指定显示数据库中名称为 pro_emp 的存

储过程的创建信息；显示结果中包含了创建 pro_emp 存储过程的具体定义和字符集等信息。

3. 从information_schema.Routines表中查看存储过程的信息

在 MySQL 中，存储过程的信息存储在 information_schema 数据库下的 Routines 表中，可以通过查询该表的记录获取存储过程的信息，查询语句如下。

```
SELECT * FROM information_schema.Routines
WHERE ROUTINE_NAME='pro_emp' AND ROUTINE_TYPE='PROCEDURE'\G
```

需要注意的是，information_schema 数据库下的 Routines 表存储着所有存储过程的定义。使用 SELECT 语句查询 Routines 表中某一存储过程的信息时，一定要使用 ROUTINE_NAME 字段指定存储过程的名称，否则将查询出所有存储过程的定义。如果有存储过程和函数名称相同，则需要同时指定 ROUTINE_TYPE 字段表明查询的是哪种类型的存储程序。

8.1.3 调用存储过程

想要使用创建好的存储过程，需要调用对应的存储过程。在 MySQL 中，存储过程通过 CALL 语句进行调用。由于存储过程和数据库相关，因此如果想要执行其他数据库中的存储过程，需要在调用时指定数据库名称，基本语法格式如下。

```
CALL [ 数据库名称 .] 存储过程名称 ([ 实参列表 ]);
```

在上述语法格式中，实参列表传递的参数需要与创建存储过程的形参相对应。当形参被指定为 IN 时，实参值可以为变量或者是具体的数据；当形参被指定为 OUT 或 INOUT 时，调用存储过程传递的参数必须是一个变量，用于接收返回给调用者的数据。

下面通过一个案例演示存储过程的调用。例如，技术人员想要验证存储过程 pro_emp 的效果。他调用数据库 ems 中的存储过程 pro_emp，查询数据库 ems 的员工表 emp 中工资大于 3000 的员工信息，具体 SQL 语句及执行结果如下。

```
mysql>CALL pro_emp(3000);
+-------+-------+--------+------+---------+---------+--------+
| empno | ename | job    | mgr  | sal     | comm    | deptno |
+-------+-------+--------+------+---------+---------+--------+
|  9566 | 李四  | 经理   | 9839 | 3995.00 | 1400.00 |     20 |
|  9839 | 刘一  | 董事长 | NULL | 6000.00 |    NULL |     10 |
|  9902 | 赵六  | 分析员 | 9566 | 4000.00 |    NULL |     20 |
|  9977 | 唐僧  | 人事   | 9982 | 4000.00 | 1900.00 |     40 |
|  9982 | 陈二  | 经理   | 9839 | 3450.00 |  600.00 |     10 |
```

```
|  9988 | 王五   | 分析员  | 9566 | 4000.00 |    NULL |      20 |
+-------+-------+--------+-----+---------+--------+--------+
6 rows in set (0.00 sec)
Query OK, 0 rows affected (0.06 sec)
```

在上述语句中，使用CALL语句传入参数3000调用存储过程pro_emp。从执行结果可以看出，工资大于3000的员工有6个。

8.1.4 修改存储过程

在实际开发中，业务需求更改的情况时有发生，这样就不可避免地需要修改存储过程。在MySQL中，可以使用ALTER语句修改存储过程，其基本语法格式如下。

```
ALTER PROCEDURE 过程名称 [characteristic ...];
```

需要注意的是，上述语法格式不能修改存储过程的参数，只能修改存储过程的特征值，可修改的特征值包含表8-1中除“[NOT] DETERMINISTIC”之外的其他8个。

存储过程的例程默认情况是该存储过程的定义者才有权执行。下面根据修改存储过程的语法格式，修改ems中的存储过程pro_emp例程的特征值，将执行存储过程pro_emp例程的执行权限从定义者修改为调用者，并且添加注释信息，具体SQL语句及执行结果如下。

```
mysql>ALTER PROCEDURE pro_emp
    ->SQL SECURITY INVOKER
    ->COMMENT‘统计工资大于指定金额的员工个数’;
Query OK, 0 rows affected (0.02 sec)
```

从上述信息可以看出，存储过程的特征值修改成功。可以通过查询存储过程状态的语句进行验证，具体SQL语句及执行结果如下。

```
mysql>SHOW PROCEDURE STATUS LIKE ‘pro_emp’ \G
*************************** 1. row ***************************
                  Db: ems
                Name: pro_emp
                Type: PROCEDURE
             Definer: root@localhost
            Modified: 2021-06-09 10:23:49
             Created: 2021-06-09 09:43:13
       Security_type: INVOKER
             Comment: 统计工资大于指定金额的员工个数
character_set_client: gbk
```

```
collation_connection: gbk_chinese_ci
  Database Collation: utf8mb4_0900_ai_ci
1 row in set (0.01 sec)
```

从上述结果可以看出，Modified 字段的信息已经为修改后的时间，Security_type 字段和 Comment 字段的信息已经从默认值更改为修改后的数据。在存储过程执行时，会检查存储过程调用者是否有员工表的查询权限。

8.1.5 删除存储过程

存储过程被创建后，会一直保存在数据库服务器上，如果当前存储过程需要被废弃，可以对其进行删除。在 MySQL 中，删除存储过程的基本语法格式如下。

```
DROP PROCEDURE [IF EXISTS] 存储过程名称 ;
```

在上述语法格式中，存储过程名称指的是要删除的存储过程的名称；IF EXISTS 用于判断要删除的存储过程是否存在，如果要删除的存储过程不存在，它可以产生一个警告避免发生错误。IF EXISTS 产生的警告可以使用 SHOW WARNINGS 进行查询。

下面通过一个案例演示存储过程的删除。

例如，技术人员认为存储过程 pro_emp 还可以优化，想要先删除数据库 ems 中的存储过程 pro_emp，具体 SQL 语句和执行结果如下。

```
mysql>DROP PROCEDURE IF EXISTS pro_emp;
Query OK, 0 rows affected (0.01 sec)
```

从上述执行结果的描述可以得出，DROP PROCEDURE 语句成功执行。下面查询 information_schema 数据库下 Routines 表中存储过程 pro_emp 的记录，验证存储过程 pro_emp 是否删除成功，具体 SQL 语句及查询结果如下所示。

```
mysql>SELECT * FROM information_schema.Routines
    ->WHERE ROUTINE_NAME='pro_emp' AND ROUTINE_TYPE='PROCEDURE'\G
Empty set（0.00 sec）
```

从上述查询结果可以看出，没有查询出任何记录，说明存储过程 pro_emp 已经被删除。

8.2 存储函数

MySQL 支持函数的使用，其中的函数可分为两种：一种是内置函数，另一种是自定义函数。在 MySQL 中，通常将用户自定义的函数称为存储函数。存储函数和

MySQL 内置函数性质相同，都用于实现某种功能。之前在第 4 章的 4.4.5 节中已经对常见的内置函数进行了讲解，本节将对存储函数进行讲解。

8.2.1 创建存储函数

存储函数和存储过程类似，都是存储在数据库中的一段 SQL 语句的集合；它们的区别在于存储过程没有直接返回值，主要用于执行操作，而存储函数可以通过 RETURN 语句返回数据。创建存储函数的基本语法格式如下。

```
CREATE FUNCTION func_name([func_parameter[...]])
RETURNS type
[characteristic ...]
Routine_body
```

在上述语法格式中，func_name 表示存储函数的名称；func_parameter 表示存储函数的参数列表，其形式和存储过程相同；RETURNS type 指定函数返回值的类型；characteristic 参数指定存储函数中例程的特性，该参数的取值与存储过程是一样的；Routine_body 表示包含在存储函数中的过程体，是包含在存储函数中有效的 SQL 例程语句，和存储过程中的 SQL 语句块一样，可以用 BEGIN...END 来标识 SQL 代码的开始和结束。Routine_body 中必须包含一个 RETURN value 语句，其中 value 的数据类型必须和定义的返回值类型一致。

下面通过一个案例演示存储函数的创建。

例如，员工管理系统中经常需要根据输入员工的姓名返回对应的工资信息，技术人员决定将这个需求编写成存储函数，以提高数据处理的效率。

如果直接创建存储函数，会出现如下错误提示。

```
ERROR 1418 (HY000): This function has none of DETERMINISTIC, NO SQL or READS
SQL DATA in its declaration and binary logging is enabled (you *might* want
to use the less safe log_bin_trust_function_creators variable)
```

出现上述错误的原因是 MySQL 的默认设置不允许创建自定义函数。针对上述错误，可以先更改对应的配置，再进行自定义函数的创建，更改配置的语句如下。

```
SET GLOBAL log_bin_trust_function_creators = 1;
```

设置完成后，根据创建存储函数的基本语法格式编写存储函数，具体 SQL 语句及执行结果如下。

```
mysql> DELIMITER &&
mysql> CREATE FUNCTION func_emp(emp_name VARCHAR(20))
```

```
    -> RETURNS  decimal(7,2)
    -> BEGIN
    ->  RETURN (SELECT sal FROM emp WHERE ename=emp_name );
    -> END &&
Query OK, 0 rows affected (0.01 sec)
mysql> DELIMITER ;
```

上述语句中，func_emp 是定义的函数名称，emp_name 是函数的形式参数，形式参数后面的是参数的数据类型，RETURNS 指定返回值的类型，函数体中使用 SELECT 语句根据输入员工的姓名查询对应的工资信息，并通过 RETURN 将查询的结果返回。从执行结果的描述信息可以得出，存储函数已经创建成功。

8.2.2　查看存储函数

存储函数创建之后，用户可以使用 SHOW FUNCTION STATUS 语句和 SHOW CREATE FUNCTION 语句分别显示存储函数的状态信息和创建信息，也可以在数据库 information_schema 的 Routines 数据表中查询存储函数的信息。下面对用这 3 条语句查看存储函数的信息进行讲解。

（1）使用 SHOW FUNCTION STATUS 语句显示存储函数的状态信息，基本语法格式如下。

```
SHOW FUNCTION STATUS [LIKE 'pattern'];
```

（2）使用 SHOW CREATE FUNCTION 语句显示存储函数的创建信息，基本语法格式如下。

```
SHOW CREATE FUNCTION 存储函数名 ;
```

（3）在 information_schema.Routines 表中查看存储函数的信息，基本语法格式如下。

```
SELECT * FROM information_schema.Routines
WHERE ROUTINE_NAME=' 存储函数名 ' AND ROUTINE_TYPE='FUNCTION'\G
```

从上述 3 种查看语法格式可以看出，查看存储函数和查看存储过程的区别在于，存储过程的查看使用 PROCEDURE 关键字，存储函数的查看使用 FUNCTION 关键字。

下面以 SHOW FUNCTION STATUS 语句为例，查看数据库 ems 中存储函数 func_emp 的状态信息，具体 SQL 语句及执行结果如下。

```
mysql>SHOW FUNCTION STATUS LIKE 'func_emp' \G
*************************** 1. row ***************************
                  Db: ems
```

```
                Name: func_emp
                Type: FUNCTION
             Definer: root@localhost
            Modified: 2021-06-09 11:08:00
             Created: 2021-06-09 11:08:00
       Security_type: DEFINER
             Comment:
character_set_client: gbk
collation_connection: gbk_chinese_ci
  Database Collation: utf8mb4_0900_ai_ci
1 row in set (0.00 sec)
```

上述 SHOW FUNCTION STATUS 语句指定获取数据库中名称为 func_emp 的存储函数的状态信息；查看结果中显示了 func_emp 存储函数的修改时间、创建时间和字符集等信息。

由于存储函数和存储过程的查看操作几乎相同，在此不对存储函数的 3 种查看方式全部演示。

8.2.3　调用存储函数

和存储过程一样，如果想让创建的存储函数在程序中发挥作用，需要调用才能使其执行。存储函数的调用和 MySQL 内置函数的调用方式类似，基本语法格式如下。

```
SELECT [数据库名.]函数名1(实参列表)[,函数名2 (实参列表)...];
```

在上述语法格式中，数据库名是可选参数，指调用存储函数时函数所属的数据库的名称，如不指定则默认为当前数据库；实参列表中的值须和定义存储函数时设置的类型一致。

下面通过一个案例演示存储函数的调用。例如，调用 ems 中的存储函数 func_emp，具体 SQL 语句及执行结果如下。

```
mysql>SELECT func_emp('刘一');
+------------------+
| func_emp('刘一') |
+------------------+
|          6000.00 |
+------------------+
1 row in set (0.00 sec)
```

上述语句在调用函数 func_emp 时传递了参数“刘一”，函数执行后返回了数据表中刘一对应的工资信息。

8.2.4 删除存储函数

在 MySQL 中，如果需要删除存储函数，可以使用 DROP FUNCTION 语句。删除存储函数的语法格式如下。

```
DROP FUNCTION [IF EXISTS] 函数名称；
```

在上述语法格式中，IF EXISTS 是可选参数，用于防止因删除不存在的存储函数而引发错误。

下面通过一个案例演示存储函数的删除。例如，技术人员认为存储函数 func_emp 还可以优化，想要先删除数据库 ems 中的存储函数 func_emp，具体 SQL 语句及执行结果如下。

```
mysql>DROP FUNCTION IF EXISTS func_emp;
Query OK, 0 rows affected (0.01 sec)
```

从上述执行结果的描述可以得出，存储函数已经成功删除。读者也可以查询 information_schema 数据库下 Routines 表中存储函数 func_emp 的记录来确认是否删除成功，具体 SQL 语句及查询结果如下。

```
mysql>SELECT * FROM information_schema.Routines
    ->WHERE ROUTINE_NAME='func_emp' AND ROUTINE_TYPE='FUNCTION'\G
Empty set (0.00 sec)
```

从上述查询结果可以看出，没有查询出任何记录，说明存储函数 func_emp 已经被删除。

8.3 变量

变量就是在程序执行过程中其值可以改变的量。在 MySQL 中，可以利用变量存储程序执行过程中涉及的数据，如输入的值、计算结果等。根据变量的作用范围可以将其划分为系统变量、用户变量和局部变量。本节将针对这 3 种变量进行讲解。

8.3.1 系统变量

系统变量又分为全局（GLOBAL）变量和会话（SESSION）变量，其中全局变量指的是 MySQL 系统内部定义的变量，对所有 MySQL 客户端都有效。默认情况下，MySQL 会在服务器启动时为全局变量初始化默认值，用户也可以通过配置文件完成系统变量的设置。每次建立一个新连接时，MySQL 会将当前所有全局变量复制一份作为会话变量，会话变量只对当前的数据库连接生效。

在程序执行过程中，变量的值会不断地变化，下面分别介绍系统变量的查看与修改。

1. 查看系统变量

在 MySQL 中可以通过 SHOW 语句显示所有系统变量，其语法格式如下。

```
SHOW [GLOBAL | SESSION] VARIABLES [LIKE '匹配字符串' | WHERE 表达式];
```

在上述语法格式中，GLOBAL 和 SESSION 是可选参数；其中 GLOBAL 用于显示全局变量，SESSION 用于显示会话变量，如果不显式指定，默认值为 SESSION。

下面通过一个案例演示系统变量的查看。例如，显示变量名以 auto_inc 开头的所有系统变量，具体 SQL 语句及查看结果如下。

```
mysql>SHOW VARIABLES LIKE 'auto_inc%';
+--------------------------+-------+
| Variable_name            | Value |
+--------------------------+-------+
| auto_increment_increment | 1     |
| auto_increment_offset    | 1     |
+--------------------------+-------+
2 rows in set, 1 warning (0.00 sec)
```

在上述执行结果中，查询到两个变量名以 auto_inc 开头的系统变量，其中 auto_increment_increment 表示自增字段每次递增的量，auto_increment_offset 表示自增字段从哪个数开始。

2. 修改系统变量

在 MySQL 中，系统变量可以通过 SET 语句进行修改，修改的语法格式如下。

```
SET[GLOBAL | @@GLOBAL.| SESSION |@@SESSION.] 系统变量名 = 新值;
```

在上述语法格式中，系统变量名使用 GLOBAL 或 @@GLOBAL. 修饰时，修改的是全局变量；使用 SESSION 或 @@SESSION. 修饰时，修改的是会话变量；不显式指定修饰的关键字时，默认修改的是会话变量。新值指的是为系统变量设置的新值。

下面通过一个案例演示系统变量的修改。例如，如果想要将自增字段从 2 开始自增，可以将系统变量 auto_increment_offset 的值修改为 2，具体 SQL 语句及执行结果如下。

```
mysql> SET auto_increment_offset = 2;
Query OK, 0 rows affected (0.00 sec)
```

从上述执行结果可以看出，修改语句成功执行。在当前客户端窗口使用 SHOW 语句查看系统变量 auto_increment_offset 的值，具体 SQL 语句及执行结果如下。

```
mysql> SHOW VARIABLES WHERE Variable_name= 'auto_increment_offset';
+-----------------------+-------+
| Variable_name         | Value |
+-----------------------+-------+
| auto_increment_offset | 2     |
+-----------------------+-------+
1 row in set (0.01 sec)
```

从上述显示结果可以看出，系统变量 auto_increment_offset 的值成功修改为 2。此时，新打开一个客户端并使用 SHOW 语句查看系统变量 auto_increment_offset 的值，具体 SQL 语句及执行结果如下。

```
mysql>SHOW VARIABLES WHERE Variable_name= 'auto_increment_offset';
+-----------------------+-------+
| Variable_name         | Value |
+-----------------------+-------+
| auto_increment_offset | 1     |
+-----------------------+-------+
1 row in set (0.01 sec)
```

从上述显示结果可以看出，新打开的客户端中显示的系统变量 auto_increment_offset 的值并没有修改，说明上述语句修改的是会话变量。此修改仅对执行操作的客户端连接有效，并不影响其他客户端。

如果想要修改的系统变量在其他客户端也能生效，可以对系统变量进行全局变量的修改。例如，将系统变量 auto_increment_offset 的值修改为 5，具体 SQL 语句及执行结果如下。

```
mysql>SET GLOBAL auto_increment_offset = 5;
Query OK, 0 rows affected (0.00 sec)
```

从上述执行结果可以看出，修改语句成功执行。在当前客户端窗口使用 SHOW 语句查看系统变量 auto_increment_offset 的值，具体 SQL 语句及执行结果如下。

```
mysql> SHOW VARIABLES WHERE Variable_name= 'auto_increment_offset';
+-----------------------+-------+
| Variable_name         | Value |
+-----------------------+-------+
| auto_increment_offset | 2     |
+-----------------------+-------+
1 row in set (0.01 sec)
```

从上述显示结果可以看出，当前连接中系统变量 auto_increment_offset 的值并未修改为 5。此时，打开一个新客户端并使用 SHOW 语句查看系统变量 auto_increment_ offset 的值，具体 SQL 语句及执行结果如下。

```
mysql>SHOW VARIABLES WHERE Variable_name= 'auto_increment_offset';
+-----------------------+-------+
| Variable_name         | Value |
+-----------------------+-------+
| auto_increment_offset | 5     |
+-----------------------+-------+
1 row in set (0.01 sec)
```

从上述显示结果可以看出，新打开的客户端中显示的系统变量 auto_increment_offset 的值修改为 5。这说明修改全局变量时，它对所有正在连接的客户端无效，而只对重新连接的客户端永久生效。

8.3.2 用户变量

用户变量指的是用户自己定义的变量，它和连接有关，即用户变量仅对当前用户使用的客户端生效，不能被其他客户端看到和使用。如果当前客户端退出，则该客户端连接的所有用户变量将自动释放。

用户变量由符号 @ 和变量名组成，在使用之前，需要对其进行定义并赋值。MySQL 中为用户变量赋值的方式有以下 3 种。

（1）使用 SET 语句完成赋值。

（2）在 SELECT 语句中使用赋值符号 := 完成赋值。

（3）使用 SELECT...INTO 语句完成赋值。

下面在数据库 ems 下分别使用上述 3 种方式演示用户变量的定义和赋值，具体 SQL 语句和执行结果如下。

```
# 方式 1：使用 SET 语句赋值
mysql>SET @ename='刘';
Query OK, 0 rows affected (0.00 sec)
# 方式 2：在 SELECT 语句中使用赋值符号 := 赋值
mysql>SELECT @sal:= sal FROM emp WHERE ename='刘一';
+------------+
| @sal:= sal |
+------------+
|    6000.00 |
+------------+
1 row in set, 1 warning (0.00 sec)
# 方式 3：使用 SELECT...INTO 语句赋值
mysql>SELECT empno,ename,sal FROM emp LIMIT 1
    ->INTO @e_no,@e_name,@e_sal;
Query OK, 1 row affected (0.00 sec)
```

在上述语句中，方式 1 使用 SET 语句和 = 运算符直接为定义的用户变量 @ename 赋值；方式 2 将查询出的 sal 字段的值通过 := 为定义的用户变量 @sal 赋值；方式 3 将 SELECT 语句查询出的字段的值通过 INTO 关键字依次为定义的用户变量 @e_no、@e_name 和 @e_sal 赋值。

为用户变量赋值后，可以通过 SELECT 语句查询用户变量的值，具体 SQL 语句及查询结果如下。

```
mysql>SELECT @ename,@sal,@e_no,@e_name,@e_sal;
+--------+---------+-------+---------+--------+
| @ename | @sal    | @e_no | @e_name | @e_sal |
+--------+---------+-------+---------+--------+
| 刘     | 6000.00 |  9369 | 张三    | 900.00 |
+--------+---------+-------+---------+--------+
1 row in set (0.00 sec)
```

8.3.3 局部变量

在 MySQL 中，相对于系统变量和会话变量，局部变量的作用范围仅在语句块 BEGIN...END 之间；在语句块 BEGIN...END 之外，局部变量不能被获取和修改。

局部变量使用 DECLARE 语句定义，定义的基本语法格式如下。

```
DECLARE 变量名1 [,变量名2...] 数据类型 [DEFAULT 默认值];
```

在上述语法格式中，局部变量的名称和数据类型是必选参数。如果同时定义多个变量，则变量名称之间使用逗号（,）分隔，并且多个变量只能共用一种数据类型。DEFAULT 是可选参数，用于给变量设置默认值，省略时变量的初始默认值为 NULL。

下面根据上述语法格式演示局部变量的使用。例如，在存储函数中创建局部变量并在函数中返回该局部变量，具体 SQL 语句及执行结果如下。

```
mysql>DELIMITER &&
mysql>CREATE FUNCTION func_var()
    ->RETURNS INT
    ->BEGIN
    ->DECLARE sal INT DEFAULT 1500;
    -> RETURN sal;
    ->END &&
Query OK, 0 rows affected (0.01 sec)

mysql>DELIMITER ;
```

在上述语句中，创建存储函数时，在函数体中创建了局部变量 sal 并为 sal 设置了默认值 1500。

下面调用存储函数 func_var()，具体 SQL 语句及执行结果如下。

```
mysql>SELECT func_var();
+------------+
| func_var() |
+------------+
|       1500 |
+------------+
1 row in set (0.00 sec)
```

从上述执行结果可以得出，局部变量可以通过函数返回值的方式返回给外部调用者。如果直接在程序外访问局部变量，则查看不到局部变量。下面使用 SELECT 语句直接查询局部变量 sal，具体 SQL 语句及执行结果如下。

```
mysql>SELECT sal;
ERROR 1054 (42S22): Unknown column 'sal' in 'field list'
```

在上述执行结果的提示信息可以看出，查询不到局部变量 sal 的信息。

8.4 流程控制

程序在执行时，都会按照程序结构（由业务逻辑决定）对执行流程进行控制。程序的结构主要分为顺序结构、选择结构和循环结构，其中顺序结构会按照代码编写的先后顺序依次执行；选择结构和循环结构会根据程序的执行情况调整和控制程序的执行顺序。程序执行流程由流程控制语句进行控制，MySQL 中的流程控制语句有 IF 语句、CASE 语句、LOOP 语句、LEAVE 语句、ITERATE 语句、REPEAT 语句和 WHILE 语句等。这些语句大体可以分为 3 类，分别为判断语句、循环语句和跳转语句，本节将对这些语句进行讲解。

8.4.1 判断语句

判断语句可以根据一些条件作出判断，从而决定执行哪些 SQL 语句。MySQL 中常用的判断语句有 IF 和 CASE 两种。

1. IF语句

IF 语句可以对条件进行判断，根据条件的真假来执行不同的语句，其语法格式如下。

```
IF 条件表达式 1 THEN 语句列表
    [ELSEIF 条件表达式 2 THEN 语句列表 ]...
    [ELSE 语句列表 ]
END IF
```

在上述语法格式中，当条件表达式 1 结果为真时，执行 THEN 子句后的语句列表；当条件表达式 1 结果为假时，继续判断条件表达式 2，如果条件表达式 2 结果为真，则执行对应的 THEN 子句后的语句列表，以此类推；如果所有的条件表达式结果都为假，则执行 ELSE 子句后的语句列表。需要注意的是，每个语句列表中至少必须包含一个 SQL 语句。

下面通过一个案例演示 IF 语句的使用。

例如，员工管理系统中经常需要根据输入的员工姓名返回对应的员工信息，如果输入为空，则显示输入的值为空；如果输入的员工姓名在员工表中不存在，则显示员工不存在。技术人员决定将这个需求编写成存储过程，具体 SQL 语句及执行结果如下。

```
mysql>DELIMITER &&
mysql>CREATE PROCEDURE proc_isnull(IN e_name VARCHAR(20))
    ->BEGIN
    ->DECLARE ecount INT DEFAULT 0;
    ->SELECT COUNT(*) INTO ecount FROM emp WHERE ename=e_name;
    ->IF e_name IS NULL
   -> THEN SELECT '输入的值为空';
    ->  ELSEIF ecount=0
    ->  THEN SELECT '员工不存在';
    -> ELSE
    -> SELECT * FROM emp WHERE ename=e_name;
    ->END IF;
    ->END &&
Query OK, 0 rows affected (0.01 sec)

mysql>DELIMITER ;
```

在上述代码中，创建了一个存储过程 proc_isnull，其中 IF 语句根据输入参数 e_name 的值进行判断，显示不同的内容。

下面调用存储过程 proc_isnull，具体 SQL 语句及执行结果如下。

```
mysql>CALL proc_isnull(NULL);
+--------------+
| 输入的值为空  |
+--------------+
| 输入的值为空  |
+--------------+
1 row in set (0.00 sec)
Query OK, 0 rows affected (0.01 sec)

mysql>CALL proc_isnull('刘大');
+------------+
```

```
| 员工不存在   |
+------------+
| 员工不存在   |
+------------+
1 row in set (0.00 sec)
Query OK, 0 rows affected (0.01 sec)

mysql>CALL proc_isnull('刘一');
+-------+-------+-------+-----+---------+------+--------+
| empno | ename | job   | mgr | sal     | comm | deptno |
+-------+-------+-------+-----+---------+------+--------+
|  9839 | 刘一  | 董事长 | NULL | 6000.00 | NULL |     10 |
+-------+-------+-------+-----+---------+------+--------+
1 row in set (0.00 sec)
Query OK, 0 rows affected (0.02 sec)
```

从上述执行结果可以看出，调用存储过程 proc_isnull 时，如果传递的参数为 NULL，则显示输入的值为空；如果输入的员工姓名在员工表中不存在，则显示员工不存在；如果员工姓名在员工表中存在，则显示员工对应的信息。

2. CASE语句

CASE 语句也可以对条件进行判断，它可以实现比 IF 语句更复杂的条件判断。CASE 语句的语法格式有两种，具体如下。

```
# 语法格式 1
CASE 表达式
    WHEN 值 1 THEN 语句列表
    [WHEN 值 2 THEN 语句列表 ]...
    [ELSE 语句列表 ]
END CASE
```

从上述语法格式可以看出，CASE 语句中可以有多个 WHEN 子句，CASE 后面的表达式的结果决定哪一个 WHEN 子句会被执行。当 WHEN 子句后的值与表达式结果值相同时，执行对应的 THEN 关键字后的语句列表；如果所有 WHEN 子句后的值都和表达式结果值不同，则执行 ELSE 后的语句列表。END CASE 表示 CASE 语句的结束。

```
# 语法格式 2
CASE
    WHEN 条件表达式 1 THEN 语句列表
    [WHEN 条件表达式 2 THEN 语句列表 ]...
    [ELSE 语句列表 ]
END CASE
```

在上述语法格式中，当WHEN子句后的条件表达式结果为真时，执行对应THEN后的语句列表；当所有WHEN子句后的条件表达式都不为真时，执行ELSE后的语句列表。

下面通过一个案例演示CASE语句的使用。

例如，员工管理系统中经常需要根据输入的员工工资返回对应的工资等级，如果工资大于或等于5000元，则返回高薪资；如果小于5000元并且大于或等于4000元则返回中等薪资；如果小于4000元并且大于或等于2000元则返回低薪资；其他金额则返回不合理薪资。技术人员决定将这个需求编写成存储函数，具体SQL语句及执行结果如下。

```
mysql>DELIMITER &&
mysql>CREATE FUNCTION func_level(esal DECIMAL(7,2))
    ->RETURNS VARCHAR(20)
    ->BEGIN
    -> CASE
    -> WHEN esal>=5000 THEN RETURN '高薪资';
    -> WHEN esal >=4000 THEN RETURN '中等薪资';
    -> WHEN esal >=2000 THEN RETURN'低薪资';
    -> ELSE RETURN'不合理薪资';
    -> END CASE;
    ->END &&
Query OK, 0 rows affected (0.01 sec)

mysql>DELIMITER ;
```

在上述代码中，创建了一个存储函数func_level，其中使用CASE语句判断参数esal的值对应的等级。调用存储函数func_level时，如果参数esal的值大于或等于5000元，则返回高薪资；如果小于5000元并且大于或等于4000元则返回中等薪资；如果小于4000元并且大于或等于2000元则返回低薪资；其他金额则返回不合理薪资。

8.4.2　循环语句

循环语句指的是在符合条件的情况下重复执行一段代码，例如计算给定区间内数据的累加和。MySQL提供的循环语句有LOOP、REPEAT和WHILE 3种，下面分别进行介绍。

1. LOOP语句

LOOP语句通常用于实现一个简单的循环，其基本语法格式如下。

```
[标签:]LOOP
      语句列表
END LOOP[标签];
```

在上述语法格式中，标签是可选参数，用于标志循环的开始和结束。标签的定义只需要符合 MySQL 标识符的定义规则即可，但两个位置的标签名称必须相同。LOOP 会重复执行语句列表，因此在循环时务必给出结束循环的条件，否则会出现死循环。LOOP 语句本身没有停止语句，如果要退出 LOOP 循环，需要使用 LEAVE 语句。

为了让读者能更好地理解 LOOP 语句，下面通过一个案例演示其使用。例如，在存储过程中实现 0~9 的整数的累加计算，具体 SQL 语句及执行结果如下。

```
mysql>DELIMITER &&
mysql> CREATE PROCEDURE proc_sum()
    ->BEGIN
    -> DECLARE i,sum INT DEFAULT 0;
    -> sign: LOOP
    ->              IF i >=10 THEN
    ->              SELECT i,sum;
    ->              LEAVE sign;
    ->         ELSE
    ->              SET sum=sum+i;
    ->              SET i=i+1;
    ->         END IF;
    -> END LOOP sign;
    ->END &&
Query OK, 0 rows affected (0.01 sec)
mysql>DELIMITER ;
```

上述程序定义了一个存储过程 proc_sum。在存储过程 proc_sum 中，定义了局部变量 i 和 sum 并分别设置默认值 0，然后在 LOOP 语句中判断 i 的值是否大于或等于 10。如果是，则输出 i 和 sum 当前的值并退出循环；如果不是，则将 i 的值累加到 sum 变量中并对 i 进行自增 1，然后再次执行 LOOP 语句中的内容。

存储过程 proc_sum 通过 LOOP 语句实现了 0~9 的累加计算，下面调用它查看循环后 i 和 sum 的值，具体 SQL 语句及执行结果如下。

```
mysql> CALL proc_sum();
+------+------+
| i    | sum  |
+------+------+
|   10 |   45 |
+------+------+
1 row in set (0.00 sec)
Query OK, 0 rows affected (0.02 sec)
```

从上述执行结果可以看到，循环后 i 的值为 10，sum 的值为 45。可以得出当 i 等于 10 时，不再对 sum 进行累加，因此得出 sum 的值是 0~9 整数的累加和。

2. REPEAT语句

REPEAT 语句用于循环执行符合条件的语句列表，每次循环时，都会对语句中的条件表达式进行判断。如果表达式返回值为 TRUE，则结束循环，否则重复执行循环中的语句。REPEAT 语句的基本语法格式如下。

```
[ 标签 :] REPEAT
        语句列表
    UNTIL 条件表达式
END REPEAT [ 标签 ]
```

在上述语法格式中，程序会无条件地先执行一次 REPEAT 语句中的语句列表，然后再判断 UNTIL 后的条件表达式的结果是否为 TRUE。如果为 TRUE，则结束循环；如果不为 TRUE，则继续执行语句列表。

为了让读者能更好地理解 REPEAT 语句，下面通过示例演示其使用。例如，在存储过程内实现 0~10 奇数的累加计算，具体 SQL 语句及执行结果如下。

```
mysql>DELIMITER &&
mysql>CREATE PROCEDURE proc_odd()
    -> BEGIN
    ->  DECLARE i,sum INT DEFAULT 0;
    ->  sign: REPEAT
    ->          IF i%2 != 0 THEN SET sum=sum+i;
    ->          END IF;
    ->          SET i=i+1;
    ->  UNTIL i>10
    ->  END REPEAT sign;
    ->  SELECT i,sum;
    -> END &&
Query OK, 0 rows affected (0.01 sec)
mysql>DELIMITER ;
```

上述程序定义了一个存储过程 proc_odd。在存储过程 proc_odd 中，定义了局部变量 i 和 sum 并分别设置默认值 0，然后在 REPEAT 的语句列表中判断 i 的值是否为奇数。如果是，则将 i 的值累加到 sum 变量中，结束判断后对 i 进行自增 1。语句列表执行完之后，判断 i 是否大于 10，如果是，则结束循序；如果不是，则继续语句列表的执行。

存储过程 proc_odd，通过 REPEAT 语句实现了 0~10 奇数的累加计算，下面调用它查看循环后 i 和 sum 的值，具体 SQL 语句及执行结果如下。

```
mysql>CALL proc_odd();
+------+------+
| i    | sum  |
+------+------+
```

```
|   11 |   25 |
+------+------+
1 row in set (0.00 sec)
Query OK, 0 rows affected (0.01 sec)
```

从上述执行结果可以看出，REPEAT 循环结束后 i 的值为 11，0~10 奇数的累加和为 25。

3. WHILE语句

WHILE 语句也用于循环执行符合条件的语句列表，但与 REPEAT 语句不同的是，WHILE 语句是先判断条件表达式，再根据判断结果确定是否执行循环内的语句列表。WHILE 语句的基本语法格式如下。

```
[标签:]WHILE 条件表达式 DO
   语句列表
END WHILE[标签]
```

在上述语法格式中，只有条件表达式为真时，才会执行 DO 后面的语句列表。语句列表执行完之后，再次判断条件表达式的结果，如果结果为真，继续执行语句列表；如果结果为假，则退出循环。在使用 WHILE 循环语句时，可以在语句列表中设置循环的出口，以防出现死循环的现象。

为了让读者能更好地理解 WHILE 语句，下面通过示例演示其使用。例如，在存储过程内实现 0~10 偶数的累加计算，具体 SQL 语句及执行结果如下。

```
mysql>DELIMITER &&
mysql>CREATE PROCEDURE proc_even()
    -> BEGIN
    ->  DECLARE i,sum INT DEFAULT 0;
    ->  WHILE i<=10 DO
    ->         IF i % 2=0
    ->              THEN SET sum=sum+i;
    ->         END IF;
    ->         SET i=i+1;
    -> END WHILE;
    -> SELECT i,sum;
    -> END &&
Query OK, 0 rows affected (0.01 sec)
mysql>DELIMITER ;
```

上述程序定义了一个存储过程 proc_even。在 proc_even 中，定义了局部变量 i 和 sum 并分别设置默认值 0，然后在 WHILE 后判断 i 是否小于或等于 10，如果是，则执行 DO 后面的语句列表。语句列表中先判断 i 是否是偶数，如果是偶数，则将 i 的值累加到 sum 变量中，然后结束 IF 语句并对 i 进行自增 1，接着再次对 WHILE 后的条件语句进行判断，当 i 的值大于 10 时，结束循环。

存储过程 proc_even 通过 WHILE 语句实现了 0~10 偶数的累加计算，下面调用它查看循环后 i 和 sum 的值，具体 SQL 语句及执行结果如下。

```
mysql>CALL proc_even();
+------+------+
| i    | sum  |
+------+------+
|   11 |   30 |
+------+------+
1 row in set (0.00 sec)
Query OK, 0 rows affected (0.01 sec)
```

从上述执行结果可以看出，WHILE 循环结束后 i 的值为 11，0~10 偶数的累加和为 30。

8.4.3 跳转语句

跳转语句用于实现执行过程中的流程跳转。MySQL 中常用的跳转语句有 LEAVE 语句和 ITERATE 语句，其基本语法格式如下。

```
{ITERATE|LEAVE} 标签名；
```

在上述语法格式中，ITERATE 语句用于结束本次循环的执行，开始下一轮循环的执行；而 LEAVE 语句用于终止当前循环，跳出循环体。

为了让读者能更好地理解 LEAVE 语句和 ITERATE 语句的使用及区别，下面通过计算 5 以下的正偶数的累加和进行演示，具体 SQL 语句及执行结果如下所示。

```
mysql> DELIMITER &&
mysql> CREATE PROCEDURE proc_jump()
    ->BEGIN
    -> DECLARE num INT DEFAULT 0;
    -> my_loop: LOOP
    ->          SET num=num+2;
    ->          IF num <5
    ->               THEN ITERATE my_loop;
    ->          ELSE SELECT num;LEAVE my_loop;
    ->          END IF;
    ->END LOOP my_loop;
    ->END &&
Query OK, 0 rows affected (0.01 sec)
mysql>DELIMITER ;
```

上述程序定义了一个存储过程 proc_jump。在 proc_jump 中，首先定义了局部变量 num 并设置 num 的默认初始值为 0；接着执行 LOOP 语句，LOOP 语句的语句列表中执行的顺序为先设置 num 的值自增 2，然后判断 num 的值是否小于 5。如果是，则使用 ITERATE 语句结束当前顺序并执行下一轮循环；如果不是，则查询 num 的值并跳出 my_loop 循环。

存储过程 proc_jump 通过 LEAVE 语句和 ITERATE 语句控制循环的跳转，下面调用它查看循环后 num 的值，具体 SQL 语句及执行结果如下。

```
mysql>CALL proc_jump();
+------+
| num  |
+------+
|    6 |
+------+
1 row in set (0.00 sec)
Query OK, 0 rows affected (0.01 sec)
```

从上述执行结果可以看出，LOOP 循环结束后 num 的值为 6。

8.5 错误处理

程序在运行过程中可能会发生错误，发生错误时，默认情况下 MySQL 将自动终止程序的执行。有时，如果不希望程序因为错误而停止执行，可以通过 MySQL 中的错误处理机制自定义错误名称和错误处理程序，让程序遇到警告或错误时也能继续执行，从而增强程序处理问题的能力。

8.5.1 自定义错误名称

MySQL 提供了比较丰富的错误代码，当程序出现错误时，会将对应的错误信息抛出以提醒开发人员。自定义错误名称就是为程序出现的错误声明一个名称，以便于对错误进行对应的处理。例如，手机中存放了很多电话号码，可以给每个号码设置对应的名字，使用时只需要通过名字就能找到对应的电话号码，而不需要记住那么多的电话号码。

在 MySQL 中可以使用 DECLARE 语句为错误声明一个名称，声明的基本语法格式如下。

```
DECLARE 错误名称 CONDITION FOR 错误类型 ;
```

在上述语法格式中，错误名称指自定义的错误名称。错误类型有两种可选值，分别为 mysql_error_code 和 SQLSTATE[VALUE]sqlstate_value，其中 mysql_error_code 是 MySQL 数值类型的错误代码；sqlstate_value 是长度为 5 的字符串类型的错误代码。mysql_ error_code 和 sqlstate_value 都可以表示 MySQL 的错误。

为了更好地理解上述两种错误代码，下面参考如下错误信息进行讲解。

```
ERROR 1062 (23000): Duplicate entry '9839' for key emp.PRIMARY'
```

上述错误信息是在插入重复的主键值时抛出的错误信息，其中 1062 是一个 mysql_error_code 类型的错误代码，23000 是对应的 SQLSTATE 类型的错误代码。

下面使用 DECLARE 语句为上述错误代码声明一个名称，具体 SQL 语句及执行结果如下。

```
mysql>DELIMITER &&
mysql> CREATE PROCEDURE proc_err()
    -> BEGIN
    ->  DECLARE duplicate_entry CONDITION FOR SQLSTATE '23000';
    -> END &&
Query OK, 0 rows affected (0.01 sec)
mysql>DELIMITER ;
```

在上述语句中，DECLARE 语句将错误代码 SQLSTATE'23000' 命名为 duplicate_entry，在处理错误的程序中可以使用该名称表示错误代码 SQLSTATE'23000'。

另外，以上示例 DECLARE 语句中还可以为 mysql_error_code 类型的错误代码定义名称，具体 SQL 语句如下所示。

```
DECLARE duplicate_entry CONDITION FOR 1062;
```

8.5.2 自定义错误处理程序

程序出现异常时默认会停止继续执行，MySQL 中允许自定义错误处理程序。在程序出现错误时，可以交由自定义的错误处理程序处理，避免直接中断程序的运行。自定义错误处理程序的基本语法格式如下所示。

```
DECLARE 错误处理方式 HANDLER FOR 错误类型 [, 错误类型 ...] 程序语句段
```

在上述语法格式中，MySQL 支持的错误处理方式有 CONTINUE 和 EXIT，其中 CONTINUE 表示遇到错误不进行处理，继续向下执行；EXIT 表示遇到错误后马上退出。程序语句段表示在遇到定义的错误时需要执行的一些存储过程或函数。错误类型有 6 种可选值，分别如下。

- sqlstate_value：匹配 SQLSTATE 错误代码。
- condition_name：匹配 DECLARE 定义的错误条件名称。
- SQLWARNING：匹配所有以 01 开头的 SQLSTATE 错误代码。
- NOT FOUND：匹配所有以 02 开头的 SQLSTATE 错误代码。

- SQLEXCEPTION：匹配所有没有被SQLWARNING或NOT FOUND捕获的SQLSTATE错误代码。
- mysql_error_code：匹配mysql_error_code类型的错误代码。

为了让读者更好地理解自定义错误处理程序的应用，下面通过一个案例对错误处理程序的使用进行演示。例如，由于员工表中设有主键，如果在存储过程中往员工表中插入多条数据，当插入的数据中有相同的主键值时会使存储过程执行出现错误，导致程序中断。此时可以通过自定义错误处理程序确保存储过程的执行不被中断，具体SQL语句及执行结果如下。

```
1  mysql>DELIMITER &&
2  mysql>CREATE PROCEDURE proc_handler_err()
3      ->BEGIN
4      -> DECLARE CONTINUE HANDLER FOR SQLSTATE ‘23000'
5      -> SET @num=1;
6      -> INSERT INTO emp VALUES(9944,'白龙马','人事',9982,1000,500,40);
7      -> SET @num=2;
8      -> INSERT INTO emp VALUES(9944,'白龙马','人事',9982,1000,500,40);
9      -> SET @num=3;
10     ->END &&
11  Query OK, 0 rows affected (0.01 sec)
12
13  mysql>DELIMITER ;
```

错误处理的语句要定义在BEGIN...END中，并且在程序代码之前。在上述语句中，第4行语句中的SQLSTATE'23000'表示表中不能插入重复键的错误代码，当发生SQLSTATE'23000'错误时，程序会根据错误处理程序设置的CONTINUE处理方式，继续向下执行；第5行、第7行和第9行语句会在上一行语句执行后分别对会话变量num赋值；第6行和第8行语句分别往员工表emp中插入内容相同的数据。

创建存储过程proc_handler_err后，调用它并查询当前会话变量num的值，具体SQL语句及执行结果如下。

```
mysql>CALL proc_handler_err();
Query OK, 0 rows affected (0.01 sec)
mysql> select @num;
+------+
| @num |
+------+
|    3 |
+------+
1 row in set (0.00 sec)
```

从上述查询结果可以看出，会话变量 num 的值为 3，说明往员工表 emp 中插入重复主键时并没有中断程序的运行，而是跳过了错误，继续执行了变量 num 的赋值语句。

8.6 游标

使用 SELECT 语句可以返回符合指定条件的结果集，但没有办法对结果集中的数据进行单独的处理。例如，使用 SELECT 语句查询出多条员工信息的结果集后，无法获取结果集中的单条记录。为此，MySQL 提供了游标机制，利用游标可以对结果集中的数据进行单独处理。本节将对游标的相关知识进行详细讲解。

8.6.1 游标的操作流程

游标的本质是一种带指针的记录集，在 MySQL 中游标主要应用于存储过程和函数。游标的使用要遵循一定的操作流程，一般分为 4 个步骤，分别是定义游标、打开游标、利用游标检索数据和关闭游标。下面对这 4 个步骤进行讲解。

1. 定义游标

MySQL 中使用 DECLARE 关键字定义游标，因为游标要操作的是 SELECT 语句返回的结果集，所以定义游标时需要指定与其关联的 SELECT 语句。定义游标的基本语法格式如下。

```
DECLARE 游标名称 CURSOR FOR SELECT 语句
```

在上述语法格式中，游标名称必须唯一，因为在存储过程和函数中可以存在多个游标，而游标名称是唯一用于区分不同游标的标识。需要注意的是，SELECT 语句中不能含有 INTO 关键字。

使用 DECLARE...CURSOR FOR 语句定义游标时，因为与游标相关联的 SELECT 语句并不会立即执行，所以此时 MySQL 服务器的内存中并没有 SELECT 语句的查询结果集。

需要注意的是，变量、错误触发条件、错误处理程序和游标都是通过 DECLARE 定义的，但它们的定义是有先后顺序要求的。变量和错误触发条件必须在最前面声明，然后是游标的声明，最后才是错误处理程序的声明。

2. 打开游标

声明游标之后，要想从游标中提取数据，需要先打开游标。在 MySQL 中，打开游标通过 OPEN 关键字实现，其语法格式如下。

```
OPEN 游标名称
```

打开游标后，SELECT 语句根据查询条件将查询到的结果集存储到 MySQL 服务器的内存中。

3. 利用游标检索数据

打开游标之后，就可以通过游标检索 SELECT 语句返回的结果集中的数据。游标检索数据的基本语法格式如下。

```
FETCH 游标名称 INTO 变量名1 [,变量名2]...
```

每执行一次 FETCH 语句就在结果集中获取一行记录，FETCH 语句获取记录后，游标的内部指针就会向前移动一步，指向下一条记录。在上述语法格式中，FETCH 语句根据指定的游标名称，将检索出来的数据存放到对应的变量中，变量名的个数需要和 SELECT 语句查询的结果集的字段个数保持一致。

FETCH 语句一般和循环语句一起完成数据的检索，它通常和 REPEAT 循环语句一起使用。因为无法直接判断哪条记录是结果集中的最后一条记录，当利用游标从结果集中检索出最后一条记录后，再次执行 FETCH 语句，将产生 ERROR 1329（02000）：No data to FETCH 错误信息。因此，使用游标时通常需要自定义错误处理程序处理该错误，从而结束游标的循环。

4. 关闭游标

游标检索完数据后，应该利用 MySQL 提供的语法关闭游标，释放其占用的 MySQL 服务器的内存资源。关闭游标的基本语法格式如下。

```
CLOSE 游标名称
```

在程序内，如果使用 CLOSE 关闭了游标，则不能再通过 FETCH 使用该游标。如果想要再次利用游标检索数据，只需要使用 OPEN 打开游标即可，而不用重新定义游标。如果没有使用 CLOSE 关闭游标，那么它将在被打开的 BEGIN...END 语句块的末尾关闭。

8.6.2 使用游标检索数据

了解完游标的操作流程后，下面通过具体的案例演示使用游标检索数据。例如，技术人员想将员工表 emp 中奖金为 NULL 的员工信息存放在一个新的数据表 emp_comm 中，数据表 emp_comm 的结构和员工表保持一致，具体实现如下。

首先创建用来存放结果数据的数据表 emp_comm，具体 SQL 语句及执行结果如下。

```
mysql>CREATE TABLE emp_comm(
    ->empno   INT PRIMARY KEY,
    ->ename   VARCHAR(20) UNIQUE,
    ->job     VARCHAR(20),
    ->mgr     INT,
    ->sal     DECIMAL(7,2),
    ->comm    DECIMAL(7,2),
```

```
    ->deptno  INT
    ->);
Query OK, 0 rows affected (0.08 sec)
```

接着创建存储过程，在存储过程中将奖金为 NULL 的员工信息添加到数据表 emp_comm，具体 SQL 语句及执行结果如下。

```
1  mysql>DELIMITER &&
2  mysql>CREATE PROCEDURE proc_emp_comm()
3      -> BEGIN
4      -> DECLARE mark INT DEFAULT 0; -- mark: 游标结束循环的标识
5      -> DECLARE emp_no INT ; -- emp_no: 存储员工表 empno 字段的值
6      -> DECLARE emp_name VARCHAR(20); -- emp_name: 存储员工表 ename 字段的值
7      -> DECLARE emp_job VARCHAR(20); -- emp_job: 存储员工表 job 字段的值
8      -> DECLARE emp_mgr INT; -- emp_mgr: 存储员工表 mgr 字段的值
9      -> DECLARE emp_sal decimal(7,2); -- emp_sal: 存储员工表 sal 字段的值
10     -> DECLARE emp_comm decimal(7,2); -- emp_comm: 存储员工表 comm 字段的值
11     -> DECLARE emp_deptno INT; -- emp_deptno: 存储员工表 deptno 字段的值
12     -> # 定义游标
13     -> DECLARE cur CURSOR FOR SELECT * FROM emp WHERE comm IS NULL;
14     -> # 定义错误处理程序
15     -> DECLARE CONTINUE HANDLER FOR SQLSTATE '02000'
16     ->    SET mark=1;
17     -> #打开游标
18     -> OPEN cur;
19     -> REPEAT
20     ->    # 通过游标获取结果集的记录
21      ->  FETCH  cur  INTO  emp_no,emp_name,emp_job,emp_mgr,emp_sal,emp_
            comm,emp_deptno;
22      ->   IF mark!=1 THEN
23      ->   INSERT INTO emp_comm(empno,ename,job,mgr,sal,comm,deptno)
24      ->   VALUES(emp_no,emp_name,emp_job,emp_mgr,emp_sal,emp_comm,emp_
        deptno);
25      -> END IF;
26      ->UNTIL mark=1 END REPEAT;
27      ->  # 关闭游标
28      -> CLOSE cur;
29      -> END &&
30
31  mysql>DELIMITER ;
```

在上述代码中，创建了存储过程 proc_emp_comm。第 4 行代码定义了变量 mark 用于存储游标结束循环的标识；第 5~11 行代码定义了 7 个变量，分别用于存储员工表

emp 中 7 个字段的值；第 13 行代码定义了游标 cur，cur 与员工表 emp 中奖金为 NULL 的记录相关联；第 15、16 行代码定义了错误处理程序，用于当游标获取最后一行记录后再获取记录时，继续执行程序，并且设置 mark 的值为 1；第 18 行打开游标；第 19~26 行代码通过 REPEAT 遍历游标，每循环一次，FETCH 取出游标标记的一行记录，并且将记录中的值存入第 5~11 行定义的变量中；接着会判断 mark 是否等于 1，如果不等于 1，则将记录插入数据表 emp_comm 中；当 mark 的值为 1 时，说明已经将结果集的数据检索完毕，会执行第 26~28 行代码，结束循环并关闭游标。

在调用存储过程之前，先查看员工表 emp 中的记录，具体 SQL 语句及执行结果如下。

```
mysql>SELECT * FROM emp WHERE comm IS NULL;
+-------+--------+--------+------+---------+------+--------+
| empno | ename  | job    | mgr  | sal     | comm | deptno |
+-------+--------+--------+------+---------+------+--------+
|  9369 | 张三   | 保洁   | 9902 |  900.00 | NULL |     20 |
|  9839 | 刘一   | 董事长 | NULL | 6000.00 | NULL |     10 |
|  9900 | 萧十一 | 保洁   | 9698 | 1050.00 | NULL |     30 |
|  9902 | 赵六   | 分析员 | 9566 | 4000.00 | NULL |     20 |
|  9936 | 张%一  | 保洁   | 9982 | 1200.00 | NULL |   NULL |
|  9988 | 王五   | 分析员 | 9566 | 4000.00 | NULL |     20 |
+-------+--------+--------+------+---------+------+--------+
6 rows in set (0.00 sec)
```

从上述查询结果可以看出，员工表 emp 中奖金为空的记录有 6 条。下面调用存储过程 proc_emp_comm 并在调用后查看数据表 emp_comm 中的记录，具体 SQL 语句及执行结果如下。

```
mysql> CALL proc_emp_comm();
Query OK, 0 rows affected (0.01 sec)

mysql> SELECT * FROM emp_comm;
+-------+--------+--------+------+---------+------+--------+
| empno | ename  | job    | mgr  | sal     | comm | deptno |
+-------+--------+--------+------+---------+------+--------+
|  9369 | 张三   | 保洁   | 9902 |  900.00 | NULL |     20 |
|  9839 | 刘一   | 董事长 | NULL | 6000.00 | NULL |     10 |
|  9900 | 萧十一 | 保洁   | 9698 | 1050.00 | NULL |     30 |
|  9902 | 赵六   | 分析员 | 9566 | 4000.00 | NULL |     20 |
|  9936 | 张%一  | 保洁   | 9982 | 1200.00 | NULL |   NULL |
|  9988 | 王五   | 分析员 | 9566 | 4000.00 | NULL |     20 |
```

```
+-------+--------+-------+-----+--------+-----+--------+
6 rows in set (0.00 sec)
```

从上述结果可以看出，执行存储过程后，将员工表 emp 中奖金为 NULL 的记录添加到了数据表 emp_comm 中。

8.7 触发器

在实际开发项目时，如果需要在数据表发生更改时自动进行一些处理，这时就可以使用触发器。例如，删除一条数据时，需要在数据库中保留一个备份副本，这种情况下可以创建一个触发器对象，每当删除一条数据时，就执行一次备份操作。接下来针对触发器的内容进行讲解。

8.7.1 触发器概述

触发器可以看作一种特殊的存储过程，它与存储过程的区别在于，存储过程使用 CALL 语句调用时才会执行，而触发器会在预先定义好的事件（例如 INSERT、DELETE 等操作）发生时自动调用。

创建触发器时需要与数据表相关联，当数据表发生特定事件时，会自动执行触发器中的 SQL 语句。例如，插入数据前强制检验或转换数据等操作，或是在触发器中的代码执行错误后，撤销已经执行成功的操作，保障数据的安全。

从上述内容可以知道，触发器具有以下优点。

- 当触发器相关联的数据表中的数据发生修改时，触发器中定义的语句会自动执行。
- 触发器对数据进行安全校验，保障数据安全。
- 通过和触发器相关联的表，可以实现表数据的级联更改，在一定程度上保证数据的完整性。

8.7.2 触发器的基本操作

触发器的基本操作包括创建触发器、查看触发器、触发触发器和删除触发器，接下来对这些基本操作进行讲解。

1. 创建触发器

创建触发器时，需要指定其操作的数据表。创建触发器的基本语法格式如下。

```
CREATE TRIGGER 触发器名称 触发时机 触发事件 ON 数据表名 FOR EACH ROW
    触发程序
```

在上述语法格式中，触发器的名称必须在当前数据库中唯一。如果要在指定的数据库中创建触发器，触发器名称前面应该加上数据库的名称。

触发时机指触发程序执行的时间，可选值有 BEFORE 和 AFTER；其中 BEFORE 表示在触发事件之前执行触发程序，AFTER 表示在触发事件之后执行触发程序。触发事件表示激活触发器的操作类型，可选值有 INSERT、UPDATE 和 DELETE：其中 INSERT 表示将新记录插入表时激活触发器中的触发程序，UPDATE 表示更改表中某一行记录时激活触发器中的触发程序，DELETE 表示删除表中某一行记录时激活触发器中的触发程序。

触发程序指的是触发器执行的 SQL 语句，如果要执行多条语句，可使用 BEGIN...END 作为语句的开始和结束。触发程序中可以使用 NEW 和 OLD 分别表示新记录和旧记录，例如，当需要访问新插入记录的字段值时，可以使用“NEW. 字段名”方式访问；当修改数据表的某条记录时，可以使用“OLD. 字段名”访问修改之前的字段值。

为了让读者更好地理解触发器的创建，下面通过一个案例演示在数据表中创建触发器。例如，技术人员想要在删除员工信息后，自动将删除的员工信息添加在其他数据表，以防后续需要查询被删除的员工信息，具体操作如下。

首先创建一张新数据表，用于存放被删除的员工信息，具体 SQL 语句及执行结果如下。

```
mysql> CREATE TABLE emp_del(
    -> empno   INT PRIMARY KEY,
    -> ename   VARCHAR(20) UNIQUE,
    -> job     VARCHAR(20),
    -> mgr     INT,
    -> sal     DECIMAL(7,2),
    -> comm    DECIMAL(7,2),
    -> deptno  INT
    -> );
Query OK, 0 rows affected (0.06 sec)
```

接着在员工表 emp 中创建触发器。当删除员工表的数据后，触发该触发器，并且在触发器的触发程序中将被删除的员工添加到数据表 emp_del 中，具体 SQL 语句及执行结果如下。

```
# 在员工表 emp 中创建触发器 trig_emp
mysql>CREATE TRIGGER trig_emp
    ->AFTER DELETE ON emp FOR EACH ROW
    ->INSERT INTO emp_del(empno,ename,job,mgr,sal,comm,deptno)
```

```
    ->VALUES(old.empno,old.ename,old.job,old.mgr,old.sal,old.comm,old.
deptno);
Query OK, 0 rows affected (0.02 sec)
```

从上述执行结果可以得出，触发器 trig_emp 创建成功。

2. 查看触发器

如果想通过语句查看数据库中已经存在的触发器的信息，可以采用两种方法：一种是利用 SHOW TRIGGERS 语句查看触发器，另一种是利用 SELECT 语句查看数据库 information_schema 下数据表 triggers 中的触发器数据。

利用 SHOW TRIGGERS 语句查看触发器信息的语法格式如下。

```
SHOW TRIGGERS;
```

下面使用 SHOW TRIGGERS 语句查看当前数据库中已经存在的触发器（为了让查询出的信息纵向显示，可以使 SHOW TRIGGERS 语句以 \G 结尾），具体 SQL 语句和执行结果如下。

```
mysql> SHOW TRIGGERS\G
*************************** 1. row ***************************
             Trigger: trig_emp
               Event: DELETE
               Table: emp
           Statement: INSERT INTO emp_del(empno,ename,job,mgr,sal,comm,dept
           no)
VALUES(old.empno,old.ename,old.job,old.mgr,old.sal,old.comm,old.deptno)
              Timing: AFTER
             Created: 2021-06-10 13:24:39.43
            sql_mode: ONLY_FULL_GROUP_BY,STRICT_TRANS_TABLES,NO_ZERO_IN_
            DATE,
NO_ZERO_DATE,ERROR_FOR_DIVISION_BY_ZERO,NO_ENGINE_SUBSTITUTION
             Definer: root@localhost
character_set_client: gbk
collation_connection: gbk_chinese_ci
  Database Collation: utf8mb4_0900_ai_ci
1 row in set (0.01 sec)
```

在上述执行结果中，Trigger 表示触发器的名称，Event 表示激活触发器的操作类型，Table 表示触发器创建在哪个数据表中，Statement 表示触发器激活时执行的语句，Timing 表示触发器的触发时机。除此之外，SHOW TRIGGERS 语句还显示了创建触发器的日期时间、触发器执行时有效的 SQL 模式及创建触发器的账户信息等。

在 MySQL 中，触发器信息都保存在数据库 information_schema 下的数据表 triggers

中，可以通过 SELECT 语句查看该数据表获取触发器信息。通过 triggers 数据表查询触发器的语法格式如下。

```
SELECT * FROM information_schema.triggers [WHERE trigger_name= '触发器名称'];
```

在上述语法格式中，可以通过 WHERE 子句指定触发器的名称，如果不指定触发器名称，则会查询出 information_schema 数据库中所有已经存在的触发器信息。

下面使用 SELECT 语句查询触发器 trig_emp 的信息，具体 SQL 语句及执行结果如下。

```
mysql>SELECT * FROM information_schema.triggers WHERE trigger_name= 'trig_
emp' \G
*************************** 1. row ***************************
           TRIGGER_CATALOG: def
            TRIGGER_SCHEMA: ems
              TRIGGER_NAME: trig_emp
        EVENT_MANIPULATION: DELETE
      EVENT_OBJECT_CATALOG: def
       EVENT_OBJECT_SCHEMA: ems
        EVENT_OBJECT_TABLE: emp
              ACTION_ORDER: 1
          ACTION_CONDITION: NULL
          ACTION_STATEMENT: INSERT INTO emp_del(empno,ename,job,mgr,sal,com
          m,deptno)
VALUES(old.empno,old.ename,old.job,old.mgr,old.sal,old.comm,old.deptno)
        ACTION_ORIENTATION: ROW
             ACTION_TIMING: AFTER
ACTION_REFERENCE_OLD_TABLE: NULL
ACTION_REFERENCE_NEW_TABLE: NULL
  ACTION_REFERENCE_OLD_ROW: OLD
  ACTION_REFERENCE_NEW_ROW: NEW
                   CREATED: 2021-06-10 13:24:39.43
                  SQL_MODE: ONLY_FULL_GROUP_BY,STRICT_TRANS_TABLES,NO_ZERO_
                  IN_DATE,
NO_ZERO_DATE,ERROR_FOR_DIVISION_BY_ZERO,NO_ENGINE_SUBSTITUTION
                   DEFINER: root@localhost
      CHARACTER_SET_CLIENT: gbk
      COLLATION_CONNECTION: gbk_chinese_ci
        DATABASE_COLLATION: utf8mb4_0900_ai_ci
1 row in set (0.00 sec)
```

从上述执行结果可以看出，使用 SELECT 语句查询出的触发器信息比使用 SHOW TRIGGERS 语句更丰富。其中 TRIGGER_SCHEMA 表示触发器所在的数据库名称；

ACTION_ORIENTATION 的值为 ROW，表示操作每条记录都会触发触发器。此外，通过 triggers 数据表还查询出创建触发器的日期时间、触发器执行时有效的 SQL 模式等信息，在此不作详细介绍。

3. 触发触发器

触发器 trig_emp 创建成功后，会根据触发时机和触发事件触发。为了让读者有更好的理解，接下来以触发 trig_emp 触发器为例演示触发器的触发。

例如，技术人员需要删除员工表中的一条员工记录，并且想要在删除操作后查看数据表 emp_del 中的记录，以验证触发器是否触发，具体 SQL 语句及执行结果如下。

```
mysql>DELETE FROM emp WHERE ename="悟空";
Query OK, 1 row affected (0.02 sec)

mysql>SELECT * FROM emp_del;
+-------+-------+------+------+---------+---------+--------+
| empno | ename | job  | mgr  | sal     | comm    | deptno |
+-------+-------+------+------+---------+---------+--------+
|  9999 | 悟空  | 人事 | 9982 | 3000.00 | 1800.00 |     40 |
+-------+-------+------+------+---------+---------+--------+
1 row in set (0.00 sec)
```

从上述执行结果可以看出，删除员工表 emp 中员工悟空的记录后，数据表 emp_del 中新增了一条记录。由此可以得出，对员工表 emp 执行删除操作后，触发了触发器 trig_emp。

4. 删除触发器

当创建的触发器不再符合当前需求时，可以将它删除。删除触发器的操作很简单，只需要使用 MySQL 提供的 DROP TRIGGER 语句即可。DROP TRIGGER 语句的基本语法格式如下。

```
DROP TRIGGER [ IF EXISTS ] [ 数据库名 .] 触发器名 ;
```

在上述语法格式中，利用“数据库名 . 触发器名”方式可以删除指定数据库下的触发器，当省略“数据库名 .”时，则删除当前选择的数据库下的触发器。

接下来，通过一个案例演示触发器的删除。

例如，在一次员工管理系统升级之后，技术人员觉得触发器 trig_emp 的使用意义不大，想要删除 ems 中的触发器 trig_emp，具体 SQL 语句及执行结果如下。

```
mysql>DROP TRIGGER IF EXISTS ems.trig_emp;
Query OK, 0 rows affected (0.02 sec)
```

从上述语句执行结果的信息可以得出，删除语句成功执行，此时再次查询触发器

trig_emp 的信息，显示结果如下。

```
mysql> SELECT * FROM information_schema.triggers WHERE trigger_name= 'trig_
emp' \G
Empty set (0.00 sec)
```

从上述查询结果可以得出，触发器 trig_emp 已经从数据库中成功删除。除使用 DROP TRIGGER 语句删除触发器外，当删除触发器关联的数据表时，触发器也会同时被删除。

8.8 上机实践：数据库编程实战

图书管理系统上线成功，顺利交付给王先生。王先生收到后又陆续提出了一些新需求，此时开发小组正在开发一个新项目，抽不出时间对这些新需求进行开发，想要你帮忙编写一些存储过程、存储函数和触发器，后续由开发人员直接调用以完成需求的开发。考虑到存储过程和函数不仅可以简化开发人员的工作，还可以减少数据在图书管理系统和数据库之间的传输，提高数据处理的效率，你接受了这个任务。你整理具体的开发需求后，发现需要实现如下任务。

【实践需求】

（1）创建一个存储过程 proc_1，用于获取图书的名称、价格和借阅状态，如果是已借阅的状态，则显示借阅人。创建存储过程 proc_1 后，执行该存储过程查看效果。

（2）创建一个存储过程 proc_2，用于获取所有可借阅的图书信息，图书信息只需要显示图书名称、图书价格和上架时间。创建存储过程 proc_2 后，执行该存储过程查看效果。

（3）创建一个存储函数 func_1，可以根据输入的用户名称，显示用户当前借阅中的图书名称。创建存储函数 func_1 后，执行该存储函数查看效果。

（4）创建一个存储函数 func_2，执行时输入图书名称，显示图书当前的价格档位：如果价格小于或等于 40 元，则显示“平民价格”；如果价格大于 40 元并且小于或等于 60 元，则显示“主流价格”；如果价格大于 60 元，则显示“高价格”。创建存储函数 func_2 后，执行该存储函数查看效果。

（5）存储过程和存储函数创建后，你想要查看当前数据库中存储过程 proc_1 和存储函数 func_1 的信息。

（6）你查看存储过程 proc_1 和存储函数 func_1 的信息后，觉得不是自己想要的效果，想要删除这两个程序。

（7）用户每次还书时需要手动在图书表中修改图书借阅相关的信息，比较麻烦。你决定创建一个触发器 trig_book，当在借阅记录表中插入数据时，自动修改图书表中借阅相关的信息。

（8）创建好触发器 trig_book 后，你对该触发器的信息进行查看。

【动手实践】

（1）创建一个存储过程 proc_1，执行后获取图书的名称、价格和借阅状态，如果是未借阅的状态，则显示未借阅；如果是已借阅的状态，则显示借阅人。创建存储过程 proc_1 后，执行该存储过程查看效果。

```
mysql>DELIMITER //
# 创建存储过程 proc_1

mysql>CREATE PROCEDURE proc_1()
    ->BEGIN
    -> SELECT b.name,b.price,IF(borrower_id IS NULL,'未借阅',u.name) 借阅人
    -> FROM book b LEFT JOIN user u ON b.borrower_id=u.id;
    ->END //
Query OK, 0 rows affected (0.01 sec)
mysql>DELIMITER ;
# 调用存储过程 proc_1
mysql>CALL proc_1();
+----------------------+-------+--------+
| name                 | price | 借阅人 |
+----------------------+-------+--------+
| Java 基础入门（第 3 版） | 53.10 | 未借阅 |
| 三国演义              | 62.10 | 未借阅 |
| MySQL 数据库入门      | 36.00 | 张三   |
| Java Web 程序开发入门 | 44.10 | 未借阅 |
| 西游记                | 53.10 | 未借阅 |
| 水浒传                | 59.40 | 未借阅 |
| 唐诗三百首            | 39.00 | 未借阅 |
| Python 数据可视化     | 49.80 | 未借阅 |
+----------------------+-------+--------+
8 rows in set (0.00 sec)
Query OK, 0 rows affected (0.27 sec)
```

（2）创建一个存储过程 proc_2，执行后获取所有可借阅的图书信息，图书信息只需要显示图书名称、图书价格和上架时间。创建存储过程 proc_2 后，执行该存储过程查看效果。

```
mysql> DELIMITER //
# 创建存储过程 proc_2
mysql>CREATE PROCEDURE proc_2()
    -> BEGIN
```

```
    -> SELECT name,price,upload_time FROM book WHERE state=0;
    -> END //
Query OK, 0 rows affected (0.01 sec)
mysql>DELIMITER ;
# 调用存储过程 proc_2
mysql> CALL proc_2();
+----------------------+-------+---------------------+
| name                 | price | upload_time         |
+----------------------+-------+---------------------+
| Java 基础入门（第 3 版  | 53.10 | 2021-08-06 11:08:01 |
| Java Web 程序开发入门   | 44.10 | 2021-08-06 11:09:05 |
| 西游记                 | 53.10 | 2021-08-06 11:09:05 |
| 唐诗三百首              | 39.00 | 2021-08-06 13:58:38 |
| Python 数据可视化       | 49.80 | 2021-08-06 14:02:43 |
+----------------------+-------+---------------------+
5 rows in set (0.00 sec)

Query OK, 0 rows affected (0.26 sec)
```

（3）店员想要创建一个存储函数 func_1，执行时输入用户名称，显示用户当前借阅中的图书名称。创建存储函数 func_1 后，执行该存储函数查看效果。

```
mysql>DELIMITER //
# 创建存储函数 func_1
mysql>CREATE FUNCTION func_1(uname varchar(20))
    ->RETURNS  varchar(20)
    ->BEGIN
    -> RETURN (SELECT b.name FROM user u,book b WHERE u.id=b.borrower_id AND
    u.name=uname);
    ->END //
Query OK, 0 rows affected (0.01 sec)
mysql>DELIMITER ;
# 调用存储函数 func_1
mysql>SELECT func_1('张三');
+-----------------+
| func_1('张三')   |
+-----------------+
| MySQL 数据库入门 |
+-----------------+
1 row in set (0.00 sec)
```

（4）店员想要创建一个存储函数 func_2，执行时输入图书名称，显示图书当前的价格档位：如果价格小于或等于 40 元，显示“平民价格”；如果价格大于 40 元并且小于或等于 60 元，则显示“主流价格”；如果价格大于 60 元，则显示“高价格”。创建存储函数 func_2 后，执行该存储函数查看效果。

```
mysql>DELIMITER //
# 创建存储函数 func_2
mysql> CREATE FUNCTION func_2(bname varchar(20))
    ->RETURNS  varchar(20)
    ->BEGIN
    ->  DECLARE blevel VARCHAR(10);
    ->  DECLARE bprice decimal(6, 2);
    ->  SELECT price INTO bprice FROM book WHERE name=bname;
    ->  IF bprice>60
    ->       THEN SET blevel='高价格';
    ->  ELSEIF bprice<=60 AND bprice>40
    ->       THEN SET blevel='主流价格';
    ->  ELSEIF empsal<=40
    ->       THEN SET blevel='平民价格';
    ->  END IF;
    ->RETURN blevel;
    -> END //
Query OK, 0 rows affected (0.02 sec)
mysql>DELIMITER ;
# 调用存储函数 func_2
mysql>SELECT func_2('西游记');
+------------------+
| func_2('西游记') |
+------------------+
| 主流价格         |
+------------------+
1 row in set (0.01 sec)
```

（5）查看当前数据库中存储过程 proc_1 和存储函数 func_1 的信息。

```
# 查看存储过程 proc_1
mysql> SHOW PROCEDURE STATUS LIKE 'proc_1'\G
*************************** 1. row ***************************
                  Db: bms
                Name: proc_1
                Type: PROCEDURE
             Definer: root@localhost
            Modified: 2021-08-06 13:57:32
             Created: 2021-08-06 13:57:32
       Security_type: DEFINER
             Comment:
```

```
character_set_client: gbk
collation_connection: gbk_chinese_ci
  Database Collation: utf8mb4_0900_ai_ci
1 row in set (0.01 sec)
# 查看存储函数 func_1
mysql>SHOW FUNCTION STATUS LIKE 'func_1' \G
*************************** 1. row ***************************
                  Db: bms
                Name: func_1
                Type: FUNCTION
             Definer: root@localhost
            Modified: 2021-08-06 14:08:04
             Created: 2021-08-06 14:08:04
       Security_type: DEFINER
             Comment:
character_set_client: gbk
collation_connection: gbk_chinese_ci
Database Collation: utf8mb4_0900_ai_ci
1 row in set (0.00 sec)
```

（6）查看存储过程 proc_1 和存储函数 func_1 的信息后，觉得不是自己想要的效果，想要删除这两个程序。

```
# 删除存储过程 proc_1
mysql>DROP PROCEDURE IF EXISTS proc_1;
Query OK, 0 rows affected (0.02 sec)
# 删除存储函数 func_1
mysql> DROP FUNCTION IF EXISTS func_1;
Query OK, 0 rows affected (0.02 sec)
```

（7）用户每次还书时自己手动在图书表中修改图书借阅相关的信息，比较麻烦。于是想要创建一个触发器 trig_book，当在借阅记录表中插入数据时，自动修改图书表中借阅相关的信息。

```
mysql>CREATE TRIGGER trig_book
    ->AFTER INSERT ON record FOR EACH ROW
    ->UPDATE book SET borrower_id =NULL,borrow_time=NULL,state=0
    ->WHERE book.id=NEW.book_id;
Query OK, 0 rows affected (0.02 sec)
```

（8）创建好触发器 trig_book 后，查看该触发器的信息。

```
mysql>SELECT * FROM information_schema.triggers WHERE trigger_name= 'trig_
book' \G
*************************** 1. row ***************************
```

```
              TRIGGER_CATALOG: def
               TRIGGER_SCHEMA: bms
                 TRIGGER_NAME: trig_book
           EVENT_MANIPULATION: INSERT
         EVENT_OBJECT_CATALOG: def
          EVENT_OBJECT_SCHEMA: bms
           EVENT_OBJECT_TABLE: record
                 ACTION_ORDER: 1
             ACTION_CONDITION: NULL
             ACTION_STATEMENT:  UPDATE  book  SET  borrower_id  =NULL,borrow_
             time=NULL,state=0
WHERE book.id=NEW.book_id
           ACTION_ORIENTATION: ROW
                ACTION_TIMING: AFTER
ACTION_REFERENCE_OLD_TABLE: NULL
ACTION_REFERENCE_NEW_TABLE: NULL
  ACTION_REFERENCE_OLD_ROW: OLD
  ACTION_REFERENCE_NEW_ROW: NEW
                      CREATED: 2021-08-06 14:14:45.13
                     SQL_MODE: ONLY_FULL_GROUP_BY,STRICT_TRANS_TABLES,NO_ZERO_
                     IN_DATE,NO_ZERO_DATE,ERROR_FOR_DIVISI
ON_BY_ZERO,NO_ENGINE_SUBSTITUTION
                      DEFINER: root@localhost
         CHARACTER_SET_CLIENT: gbk
         COLLATION_CONNECTION: gbk_chinese_ci
           DATABASE_COLLATION: utf8mb4_0900_ai_ci
1 row in set (0.00 sec)
```

8.9 本章小结

本章主要对数据库编程进行了详细讲解。首先介绍了存储过程和存储函数；其次讲解了变量和流程控制；然后讲解了错误处理和游标；接着讲解了触发器；最后通过上机实践提升读者对数据库编程的理解。通过本章的学习，读者能够掌握触发器的基本使用，为后续的学习打下坚实的基础。

8.10 课后习题

一、填空题

1. MySQL 用户变量由符号________和变量名组成。

2. MySQL 中的________循环语句会无条件执行一次语句列表。
3. DELIMITER 语句可以设置 MySQL 的________。
4. 在 MySQL 中打开游标使用________关键字。
5. 存储过程的过程体以________表示过程体的开始,以________表示过程体的结束。

二、判断题

1. 存储过程可以没有返回值。( )
2. 对于所有用户来说，系统变量只能读取不能修改。( )
3. 在程序内,如果使用 CLOSE 关闭游标后,不能再通过 FETCH 使用该游标。( )
4. 存储过程可以通过 RETURN 语句返回数据。( )
5. 触发器必须手动触发才会执行。( )

三、选择题

1. 以下不能在 MySQL 中实现循环操作的语句是 ( )。
A. CASE　B. LOOP　C. REPEAT　D. WHILE
2. 下列选项中不能激活触发器的操作是 ( )。
A. INSERT　B. UPDATE　C. DELETE　D. SELECT
3. 下面选项中不具备判断功能的流程控制语句是 ( )。
A. IF 语句　B. CASE 语句　C. LOOP 语句　D. WHILE 语句
4. 下列选项里在 SELECT 字段列表中为会话变量赋值的符号是 ( )。
A. +=　B. = =　C. :=　D. @=
5. 下列选项中能够正确调用名称为 func_a 的存储函数的语句是 ( )。
A. CALL func_a ( ) ;　B. LOAD func_a ( ) ;
C. CREATE func_a ( ) ;　D. SELECT func_a ( ) ;

第9章

数据库的管理和维护

学习目标

◆ 掌握数据的备份，能够使用语句备份单个数据库的数据和多个数据库的数据；

◆ 掌握数据的还原，能够使用mysql命令和source命令还原已备份的数据；

◆ 掌握用户的管理，能够使用root用户创建用户、删除用户和修改用户的密码；

◆ 掌握权限管理，能够使用root用户对其他用户授予权限和收回权限。

思政案例

之前的章节基本都是围绕数据库及数据库中数据的基本操作进行讲解，实际上MySQL 还提供了一些管理和维护数据库的功能，如数据的备份、还原以及用户管理、权限管理等，这些操作是数据库管理和维护非常重要的部分，在一定程度上保证了数据库的安全。本章将对数据库管理和维护的相关知识进行讲解。

9.1 数据备份与还原

在操作数据库时，难免会发生一些意外情况造成数据丢失。例如，突然停电、管理员的操作失误等都可能导致数据的丢失。为确保数据的安全，需要定期对数据库中的数据进行备份，这样当遇到数据库中数据丢失或出错的情况时，就可以将数据进行还原，从而最大限度地降低损失。本节将针对数据的备份和还原进行讲解。

9.1.1 数据的备份

在日常生活中，我们经常会为自己家的房门多配几把钥匙，为自己的爱车准备一个备胎，这些事情其实都是在做备份。在数据库的维护过程中，数据也经常需要备份，以便在系统遭到破坏或其他情况下还原数据。为完成数据库的备份，MySQL 提供了一个 mysqldump 命令，该命令可以将数据库导出成 SQL 脚本，以实现数据的备份。

mysqldump 命令可以备份单个数据库、多个数据库和所有数据库，具体如下。

1. 备份单个数据库

mysqldump 命令备份单个数据库的语法格式如下。

```
mysqldump -u username -p password dbname [tbname1 [tbname2...]]>filename.sql
```

在上述语法格式中，-u 后面的参数 username 表示用户名，-p 后面的参数 password 表示登录密码，dbname 表示需要备份的数据库名称。tbname 表示数据库中的表名，可以指定一个或多个表，多个表名之间用空格分隔；如果不指定数据表名，则备份整个数据库。filename.sql 表示备份文件的名称，文件名前可以加上绝对路径。

在使用 mysqldump 命令备份数据库时，直接在命令行窗口执行该命令即可，不需要登录 MySQL 数据库。

2. 备份多个数据库

mysqldump 命令备份多个数据库的语法格式如下。

```
mysqldump -u username -p password --database dbname1 [dbname2 dbname3...]>filename.sql
```

在上述语法格式中，--database 参数后面至少应指定一个数据库名称，如果有多个数据库，则名称之间用空格隔开。

3. 备份所有数据库

使用 mysqldump 命令备份所有数据库时，只需要在该命令后使用 --all-databases 参数即可，其语法格式如下。

```
mysqldump -u username -p password --all-databases>filename.sql
```

需要注意的是，如果使用 --all-databases 参数备份了所有数据库，那么在还原数据库时，不需要创建数据库并指定要操作的数据库，因为备份文件中包含了 CREATE DATABASE 语句和 USE 语句。

上述 3 种备份方式比较类似，本节只以备份单个数据库为例演示 mysqldump 命令的使用。例如，由于系统升级，需要对所有服务器进行重启，为避免数据库的数据丢失，技术人员需要对数据库 ems 进行备份。

技术人员首先在 D 盘创建一个名称为 backup 的文件夹用于存放备份好的文件，然后重新开启一个 DOS 命令行窗口（不用登录 MySQL 数据库），使用 mysqldump 命令备份数据库 ems。mysqldump 语句如下。

```
D:\Program Files>mysqldump -u root -p 123456 ems>D:/backup/ems_20210610.sql
mysqldump: [Warning] Using a password on the command line interface can be insecure.
```

上述语句执行成功后，backup 文件夹中会生成一个名为 ems_20210610.sql 的备份文件。使用记事本打开该文件，可以看到如下所示的内容。

```
-- MySQL dump 10.13  Distrib 8.0.23, for Win64 (x86_64)
--
-- Host: localhost    Database: ems
-- ------------------------------------------------------
-- Server version 8.0.23
/*!40101 SET @OLD_CHARACTER_SET_CLIENT=@@CHARACTER_SET_CLIENT */;
……省略部分信息
--
-- Table structure for table `emp`
--

DROP TABLE IF EXISTS `emp`;
/*!40101 SET @saved_cs_client     = @@character_set_client */;
/*!50503 SET character_set_client = utf8mb4 */;
CREATE TABLE `emp` (
  `empno` int NOT NULL,
  `ename` varchar(20) DEFAULT NULL,
  `job` varchar(20) DEFAULT NULL,
  `mgr` int DEFAULT NULL,
  `sal` decimal(7,2) DEFAULT NULL,
  `comm` decimal(7,2) DEFAULT NULL,
  `deptno` int DEFAULT NULL,
  PRIMARY KEY (`empno`),
  UNIQUE KEY `ename` (`ename`),
  KEY `fk_deptno` (`deptno`)
) ENGINE=InnoDB DEFAULT CHARSET=utf8mb4 COLLATE=utf8mb4_0900_ai_ci;
/*!40101 SET character_set_client = @saved_cs_client */;

--
-- Dumping data for table `emp`
--
LOCK TABLES `emp` WRITE;
/*!40000 ALTER TABLE `emp` DISABLE KEYS */;
INSERT INTO `emp` VALUES
(9369,'张三','保洁',9902,900.00,NULL,20),
(9499,'孙七','销售',9698,2600.00,300.00,30),
(9521,'周八','销售',9698,2250.00,500.00,30),
(9566,'李四','经理',9839,3995.00,1400.00,20),
(9654,'吴九','销售',9698,2250.00,1400.00,30),
(9839,'刘一','董事长',NULL,6000.00,NULL,10),
(9844,'郑十','销售',9698,2500.00,0.00,30),
```

```
(9900,'萧十一','保洁',9698,1050.00,NULL,30),
(9902,'赵六','分析员',9566,4000.00,NULL,20),
(9936,'张%一','保洁',9982,1200.00,NULL,NULL),
(9944,'白龙马','人事',9982,1000.00,500.00,40),
(9966,'八戒','运营专员',9839,3000.00,2000.00,40),
(9977,'唐僧','人事',9982,4000.00,1900.00,40),
(9982,'陈二','经理',9839,3450.00,600.00,10),
(9988,'王五','分析员',9566,4000.00,NULL,20);
/*!40000 ALTER TABLE `emp` ENABLE KEYS */;
UNLOCK TABLES;
……省略部分信息
……
-- Dump completed on 2021-06-10 13:50:52
```

从上述文件可以看出，备份文件中会包含 mysqldump 的版本号、MySQL 的版本号、主机名称、备份的数据库名称等注释信息，以及一些 SET、CREATE、INSERT 等 SQL 语句。其中以“--”字符开头的都是 SQL 语言的注释；以“/*!”开头、“*/”结尾的语句都是可执行的 MySQL 语句，这些语句在 MySQL 中可以执行，但在其他数据库管理系统中将被作为注释忽略。

需要注意的是，在以“/*!40101”开头、“*/”结尾的注释语句中，40101 表示 MySQL 数据库的版本号，相当于 MySQL 4.1.1。在还原数据时，如果当前 MySQL 的版本比 MySQL 4.1.1 高，则“/*!40101”和“*/”之间的内容就被当作 SQL 命令执行；如果当前 MySQL 版本比 MySQL 4.1.1 低，则“/*!40101”和“*/”之间的内容就被当作注释。

9.1.2 数据的还原

当数据库中的数据遭到破坏时，可以通过备份好的数据文件将数据还原。数据还原可以使用 mysql 命令和 source 命令实现，下面分别介绍 mysql 命令和 source 命令的使用。

1. 使用mysql命令还原数据

通过前面的讲解可知，备份文件中的内容由注释和 SQL 语句组成，因此可以使用 mysql 命令执行这些 SQL 语句将数据还原。

mysql 命令还原数据的语法格式如下。

```
mysql –u username –p password [dbname] <filename.sql
```

在上述语法格式中，username 表示登录的用户名，password 表示用户的密码，dbname 表示要还原的数据库名称。如果使用 mysqldump 命令备份的 filename.sql 文件中包含创建数据库的语句，则不需要指定数据库。

如果 SQL 脚本中不包含创建和选择数据库的语句，则在还原数据之前必须先创建数据库并在mysql命令还原数据时指定数据库名称。下面通过一个案例演示数据的还原，具体操作步骤如下。

（1）创建数据库。

由于之前备份的SQL脚本中没有创建数据库的语句，因此需要先创建一个数据库，用作还原数据时选择的数据库。例如，创建数据库emp_backup，其语句如下。

```
CREATE DATABASE ems_backup;
```

（2）还原数据。

使用mysql命令读取D:/backup目录下的ems_20210610.sql文件还原数据。使用mysql命令还原数据时，不需要登录MySQL，直接在命令行窗口执行即可，具体语句如下。

```
mysql -u root -p 123456 ems_backup <D:/backup/ems_20210610.sql
```

上述语句会根据SQL脚本中的内容，将数据还原到数据库ems_backup中。

（3）查看数据。

为验证数据是否还原成功，登录数据库后，可以使用SELECT语句查询数据库ems_backup下员工表emp中的数据，具体SQL语句及执行结果如下所示。

```
mysql>SELECT * FROM emp;
+-------+--------+----------+------+---------+---------+--------+
| empno | ename  | job      | mgr  | sal     | comm    | deptno |
+-------+--------+----------+------+---------+---------+--------+
|  9369 | 张三   | 保洁     | 9902 |  900.00 |    NULL |     20 |
|  9499 | 孙七   | 销售     | 9698 | 2600.00 |  300.00 |     30 |
|  9521 | 周八   | 销售     | 9698 | 2250.00 |  500.00 |     30 |
|  9566 | 李四   | 经理     | 9839 | 3995.00 | 1400.00 |     20 |
|  9654 | 吴九   | 销售     | 9698 | 2250.00 | 1400.00 |     30 |
|  9839 | 刘一   | 董事长   | NULL | 6000.00 |    NULL |     10 |
|  9844 | 郑十   | 销售     | 9698 | 2500.00 |    0.00 |     30 |
|  9900 | 萧十一 | 保洁     | 9698 | 1050.00 |    NULL |     30 |
|  9902 | 赵六   | 分析员   | 9566 | 4000.00 |    NULL |     20 |
|  9936 | 张%一  | 保洁     | 9982 | 1200.00 |    NULL |   NULL |
|  9944 | 白龙马 | 人事     | 9982 | 1000.00 |  500.00 |     40 |
|  9966 | 八戒   | 运营专员 | 9839 | 3000.00 | 2000.00 |     40 |
|  9977 | 唐僧   | 人事     | 9982 | 4000.00 | 1900.00 |     40 |
|  9982 | 陈二   | 经理     | 9839 | 3450.00 |  600.00 |     10 |
|  9988 | 王五   | 分析员   | 9566 | 4000.00 |    NULL |     20 |
+-------+--------+----------+------+---------+---------+--------+
15 rows in set (0.00 sec)
```

从上述执行结果可以得出，数据已经被还原到数据库ems_backup中。

2. 使用source命令还原数据

除了可以使用 mysql 命令对备份的数据进行还原，还可以使用 source 命令来还原数据。source 命令还原数据的语法格式如下。

```
source filename.sql
```

source 命令的语法格式比较简单，只需要指定导入文件的名称和路径即可。下面通过案例演示使用 source 命令还原数据，具体步骤如下。

（1）创建用于接收还原数据的数据库，例如创建数据库 emp_backup2，语句如下。

```
mysql>CREATE DATABASE ems_backup2;
Query OK, 1 row affected (0.02 sec)
```

（2）使用 USE 语句选择数据库 ems_backup2 为默认操作的数据库。

（3）使用 source 命令将数据文件 ems_20210610.sql 的数据还原到数据库 ems_backup2 中，具体 SQL 语句如下。

```
source D:/backup/ems_20210610.sql
```

（4）通过 SELECT 语句查询数据库 ems_backup2 的数据表 emp 中的数据，验证数据还原的结果，具体 SQL 语句及执行结果如下。

```
mysql>SELECT * FROM emp;
+-------+--------+----------+------+---------+---------+--------+
| empno | ename  | job      | mgr  | sal     | comm    | deptno |
+-------+--------+----------+------+---------+---------+--------+
|  9369 | 张三   | 保洁     | 9902 |  900.00 |    NULL |     20 |
|  9499 | 孙七   | 销售     | 9698 | 2600.00 |  300.00 |     30 |
|  9521 | 周八   | 销售     | 9698 | 2250.00 |  500.00 |     30 |
|  9566 | 李四   | 经理     | 9839 | 3995.00 | 1400.00 |     20 |
|  9654 | 吴九   | 销售     | 9698 | 2250.00 | 1400.00 |     30 |
|  9839 | 刘一   | 董事长   | NULL | 6000.00 |    NULL |     10 |
|  9844 | 郑十   | 销售     | 9698 | 2500.00 |    0.00 |     30 |
|  9900 | 萧十一 | 保洁     | 9698 | 1050.00 |    NULL |     30 |
|  9902 | 赵六   | 分析员   | 9566 | 4000.00 |    NULL |     20 |
|  9936 | 张%一  | 保洁     | 9982 | 1200.00 |    NULL |   NULL |
|  9944 | 白龙马 | 人事     | 9982 | 1000.00 |  500.00 |     40 |
|  9966 | 八戒   | 运营专员 | 9839 | 3000.00 | 2000.00 |     40 |
|  9977 | 唐僧   | 人事     | 9982 | 4000.00 | 1900.00 |     40 |
|  9982 | 陈二   | 经理     | 9839 | 3450.00 |  600.00 |     10 |
|  9988 | 王五   | 分析员   | 9566 | 4000.00 |    NULL |     20 |
+-------+--------+----------+------+---------+---------+--------+
15 rows in set (0.00 sec)
```

从上述执行结果可以得出，通过 source 命令实现了数据的还原。

需要注意的是，在命令行窗口中使用 mysql 命令还原数据时，不需要登录数据库，而使用 source 命令还原数据时，需要先登录数据库。

9.2 用户管理

MySQL 是一个多用户数据库管理系统，其用户可以大致分为普通用户和 root 用户。root 用户是超级管理员，拥有所有权限，如创建用户、删除用户、管理用户等。普通用户只拥有被授予的指定权限。在之前章节中，都是通过 root 用户登录数据库进行相关的操作；为保证数据库的安全，需要对不同用户的操作权限进行合理的管理，让用户只能在指定的权限范围内操作。本节将针对 MySQL 的用户管理进行详细讲解。

9.2.1 user表

在安装 MySQL 时，会自动创建一个名称为 mysql 的数据库，该数据库主要用于维护数据库的用户及权限的控制和管理。它包含的数据表有 user、db、host 等，其中 user 表保存了所有用户信息，用户信息包含了允许连接到服务器的账号信息以及一些全局级的权限信息，全局级的权限适用于给定服务器中的所有数据库。

本书使用的是 MySQL Community Server 8.0.23，该版本的 mysql 数据库中 user 表的字段根据功能大致可以分为 4 类，分别是用户字段、权限字段、安全字段和资源控制字段，下面分别进行介绍。

1. 用户字段

user 表的用户字段存储了用户连接 MySQL 数据库时需要输入的信息。user 表中的用户字段如表 9-1 所示。

表9-1　user表中的用户字段

字段名	数据类型	默认值	说明
Host	char(255)	-	主机名
User	char(32)	-	用户名
authentication_string	text	-	密码

当用户与 MySQL 服务端建立连接时，MySQL 会将用户输入的用户名、主机名、密码与 user 表用户字段中存储的值进行匹配。只有这 3 个字段的值都匹配成功，才允许用户与 MySQL 服务端建立连接。

2. 权限字段

user 表的权限字段包括 select_priv、insert_priv、update_priv 等以 priv 结尾的字段，这些字段决定了用户的权限，包括查询权限、修改权限、关闭服务等。user 表中的权限字段如表 9-2 所示。

表9-2 user表中的权限字段

字 段 名	数据类型	默认值	说 明
Select_priv	enum('N','Y')	'N'	用户是否可以通过 SELECT 命令查询数据
Insert_priv	enum('N','Y')	'N'	用户是否可以通过 INSERT 命令插入数据
Update_priv	enum('N','Y')	'N'	用户是否可以通过 UPDATE 命令修改现有数据
Delete_priv	enum('N','Y')	'N'	用户是否可以通过 DELETE 命令删除现有数据
Create_priv	enum('N','Y')	'N'	用户是否可以创建新的数据库和表
Drop_priv	enum('N','Y')	'N'	用户是否可以删除现有数据库和表
Reload_priv	enum('N','Y')	'N'	用户是否可以执行刷新和重新加载 MySQL 所用的各种内部缓存的特定命令，包括日志、权限、主机、查询和表
Shutdown_priv	enum('N','Y')	'N'	用户是否可以关闭 MySQL 服务器（应当谨慎提供给 root 账户之外的任何用户）
Process_priv	enum('N','Y')	'N'	用户是否可以通过 SHOW PROCESSLIST 命令查看其他用户的进程
File_priv	enum('N','Y')	'N"	用户是否可以执行 SELECT INTO OUTFILE 和 LOAD DATA INFILE 命令
Grant_priv	enum('N','Y')	'N'	用户是否可以将自己的权限再授予其他用户
References_priv	enum('N','Y')	'N'	用户是否可以创建外键约束
Index_priv	enum('N','Y')	'N'	用户是否可以创建和删除索引
Alter_priv	enum('N','Y')	'N'	用户是否可以修改表和索引
Show_db_priv	enum('N','Y')	'N'	用户是否可以查看服务器上所有数据库的名字，包括用户拥有足够访问权限的数据库
Super_priv	enum('N','Y')	'N'	用户是否可以执行某些强大的管理功能，例如通过 KILL 命令删除用户进程；使用 SET GLOBAL 命令修改 MySQL 全局变量，执行关于复制和日志的各种命令
Create_tmp_table_priv	enum('N','Y')	'N'	用户是否可以创建临时表
Lock_tables_priv	enum('N','Y')	'N'	用户是否可以使用 LOCK TABLES 命令阻止对表的访问 / 修改
Execute_priv	enum('N','Y')	'N'	用户是否可以执行存储过程
Repl_slave_priv	enum('N','Y')	'N'	用户是否可以读取用于维护复制数据库环境的二进制日志文件
Repl_client_priv	enum('N','Y')	'N'	用户是否可以确定复制从服务器和主服务器的位置
Create_view_priv	enum('N','Y')	'N'	用户是否可以创建视图
Show_view_priv	enum('N','Y')	'N'	用户是否可以查看视图
Create_routine_priv	enum('N','Y')	'N'	用户是否可以创建存储过程和存储函数
Alter_routine_priv	enum('N','Y')	'N'	用户是否可以修改或删除存储过程和存储函数
Create_user_priv	enum('N','Y')	'N'	用户是否可以执行 CREATE USER 命令，这个命令用于创建新的 MySQL 账户
Event_priv	enum('N','Y')	'N'	用户是否可以创建、修改和删除事件

续表

字 段 名	数 据 类 型	默认值	说 明
Trigger_priv	enum('N','Y')	'N'	用户是否可以创建和删除触发器
Create_tablespace_priv	enum('N','Y')	'N'	用户是否可以创建表空间
Create_role_priv	enum('N','Y')	'N'	用户是否可以创建角色
Drop_role_priv	enum('N','Y')	'N'	用户是否可以删除角色

user 表对应的权限是针对所有数据库的，并且这些权限字段的数据类型都是 ENUM，取值只有 'N' 或 'Y'；其中 N 表示该用户没有对应权限，Y 表示该用户有对应权限。为安全起见，这些字段的默认值都为 N，如果需要更改权限，可以对字段值进行修改。

3. 安全字段

user 表的安全字段包含安全连接、身份验证和密码相关等字段，主要用于管理用户的安全信息。user 表中的安全字段如表 9-3 所示。

表9-3 user表中的安全字段

字 段 名	数 据 类 型	默 认 值	说 明
ssl_type	enum('','ANY','X509','SPECIFIED')	''	SSL 标准加密连接的类型
ssl_cipher	blob	-	SSL 标准加密连接的特定密码
x509_issuer	blob	-	CA 签发的有效的 X509 证书
x509_subject	blob	-	包含主题的有效的 X509 证书
plugin	char	'caching_sha2_password'	引入 plugin 以进行用户连接时的密码验证，plugin 创建外部/代理用户
password_expired	enum('N','Y')	'N'	密码用户是否过期
password_last_changed	timestamp	-	记录密码最近修改的时间
password_lifetime	smallint	-	设置密码的有效时间，单位为天
account_locked	enum('N','Y')	'N''	用户是否被锁定
password_reuse_history	smallint	-	密码不能重用最近多少次的旧密码
password_reuse_time	smallint	-	密码不能重用的时间，单位为天
password_require_current	enum('N','Y')	-	在修改账号的密码时，是否需要提供旧密码
user_attributes	json	-	用户注释和用户属性的信息

4. 资源控制字段

user 表的资源控制字段包含以 max_ 开头的 4 个字段，这些字段用于限制用户对服务器资源的使用，防止用户登录服务器后的不法操作或不合规范的操作，导致服务器资源的浪费。user 表中的资源控制字段如表 9-4 所示。

表9-4 user表中的资源控制字段

字 段 名	数据类型	默认值	说 明
max_questions	int	0	每小时允许用户执行查询操作的次数
max_updates	int	0	每小时允许用户执行更新操作的次数
max_connections	int	0	每小时允许用户执行连接操作的次数
max_user_connections	int	0	允许单个用户同时建立连接的数量

9.2.2 创建用户

MySQL 中所有用户的信息都保存在 mysql.user 表中，因此可以直接利用 root 用户登录 MySQL 服务器，以向 mysql.user 表中插入用户信息的方式创建用户。但是，为保证数据的安全，我们并不推荐使用此种方式创建用户。MySQL 提供了更安全的 CREATE USER 语句用于创建用户，下面对使用 CREATE USER 语句创建用户进行讲解。

使用 CREATE USER 语句创建新用户时，每创建一个新用户，都会在 mysql.user 表中添加一条记录并同时自动修改相应的授权表。需要注意的是，CREATE USER 语句创建的新用户默认情况下只有连接权限。

CREATE USER 语句创建用户的基本语法格式如下。

```
CREATE USER 'username'@'hostname'[IDENTIFIED BY [PASSWORD]'password']
          [,'username'@'hostname'[IDENTIFIED BY [PASSWORD]'password']]...
```

在上述语法格式中，username 表示新创建用户的名称；hostname 表示主机名；IDENTIFIED BY 用于设置用户的密码；PASSWORD 关键字表示使用哈希值设置密码，是可选项，如果密码是一个普通字符串，就不需要使用 PASSWORD 关键字；password 表示用户登录时使用的密码，需要用单引号括起来。CREATE USER 语句可以同时创建多个用户，多个用户之间用逗号分隔。

下面根据上述语法格式使用 CREATE USER 语句创建两个新用户，用户名分别为 test1 和 test2，密码分别为 123 和 456，具体 SQL 语句及执行结果如下。

```
mysql>CREATE USER 'test1'@'localhost' IDENTIFIED BY '123',
         'test2'@'localhost' IDENTIFIED BY '456';
Query OK, 0 rows affected (0.01 sec)
```

上述语句执行成功后，使用 SELECT 语句查询 mysql.user 表中的数据，验证用户是否创建成功。以查询用户 test1 为例，具体 SQL 语句及执行结果如下。

```
mysql>SELECT host,user,authentication_string ,plugin FROM mysql.user
    -> WHERE user='test1'\G
*************************** 1. row ***************************
host: localhost
```

```
user: test1
authentication_string: $A$005$!g8=DR-gMP^WYfSQgn3zH81OZl3tq99IsJWp43yEtwqye
    0nbSebSxIWOO8
plugin: caching_sha2_password
1 row in set (0.00 sec)
```

从上述执行结果可以看出，使用 CREATE USER 语句成功地在 mysql.user 表中创建了用户 test1，其中 authentication_string 字段的值是根据 plugin 指定的插件算法对用户明文密码 123 加密后的字符串。需要注意的是，如果添加的用户已经存在，那么在执行 CREATE USER 语句时会报错。

多学一招：使用GRANT语句创建用户

在 MySQL 8.0 之前的版本中，可以使用 GRANT 语句创建用户，并且在创建用户时对用户授权（授权的相关知识会在 9.3 节讲解）。下面基于 MySQL 5.7.33 版本讲解使用 GRANT 语句创建用户。

GRANT 语句创建用户的基本语法格式如下。

```
GRANT privileges ON database.table
                     TO 'username'@hostname [IDENTIFIED BY [PASSWORD]'password']
                     [ ,'username'@hostname [IDENTIFIED BY [PASSWORD]'password']] ...
```

在上述语法格式中，privileges 参数表示该用户具有的权限信息，database.table 表示新用户的权限范围表，可以在指定的数据库、数据表中使用自己的权限。username 参数是新用户的名称，hostname 参数是主机名，password 参数是新用户的密码。

下面根据上述语法格式使用 GRANT 语句创建一个新用户，其用户名为 test3，密码为 789，并且授予该用户对数据库 ems 中的员工表 emp 的查询权限，具体 SQL 语句及执行结果如下。

```
mysql>GRANT SELECT ON ems.emp TO 'test3'@'localhost' IDENTIFIED BY '789';
Query OK, 0 rows affected, 1 warning (0.00 sec)
```

从上述语句执行结果的提示消息可以得出，创建用户的语句成功执行。为验证用户是否创建成功，可以使用 SELECT 语句查询 mysql.user 表中的数据，具体 SQL 语句及执行结果如下。

```
mysql>SELECT host,user,authentication_string ,plugin FROM mysql.user
    ->WHERE user='test3'\G
*************************** 1. row ***************************
host: localhost
user: test3
```

```
authentication_string: *531E182E2F72080AB0740FE2F2D689DBE0146E04
plugin: mysql_native_password
1 row in set (0.00 sec)
```

从上述执行结果可以看出，使用 GRANT 语句成功地在 mysql.user 表中创建了用户 test3，其中 authentication_string 字段的值是根据 plugin 指定的插件算法对用户明文密码 789 加密后的字符串，用于提高数据库的安全性。需要注意的是，用户使用 GRANT 语句创建新用户时，必须有 GRANT 权限。

9.2.3 删除用户

在 MySQL 中，通常会创建多个普通用户来管理数据库，但如果发现某些用户已经没必要再使用，就可以将其删除。删除用户可以通过 DROP USER 语句和 DELETE 语句完成，接下来分别对使用这两种语句删除用户进行讲解。

1. 使用DROP USER语句删除用户

DROP USER 语句与 DROP DATABASE 语句类似，如果要删除某个用户，只需要在 DROP USER 后面指定要删除的用户信息即可。

DROP USER 语句删除用户的语法格式如下。

```
DROP USER 'username'@'hostname'[,'username'@'hostname'];
```

在上述语法格式中，username 表示要删除的用户，hostname 表示主机名。DROP USER 语句可以同时删除一个或多个用户，多个用户之间用逗号进行分隔。值得注意的是，使用 DROP USER 语句删除用户时，执行删除操作的用户必须拥有 DROP USER 权限。

例如，使用 DROP USER 语句删除用户 test1，具体 SQL 语句及执行结果如下。

```
mysql>DROP USER 'test1'@'localhost';
Query OK, 0 rows affected (0.02 sec)
```

上述语句执行成功后，可以通过 SELECT 语句验证用户是否被删除，运行结果如下。

```
mysql>SELECT host,user FROM mysql.user WHERE user='test1';
Empty set (0.00 sec)
```

从运行结果可以得出，mysql.user 表中已经没有用户 test1，说明 test1 用户已被成功删除。

2. 使用DELETE语句删除用户

DELETE 语句不仅可以删除普通表中的数据，还可以删除 mysql.user 表中的数据。使用该语句删除 mysql.user 表中的数据时，需要指定表名为 mysql.user 和要删除的用户信息。同样地，在使用 DELETE 语句时，执行删除操作的用户必须拥有对 mysql.user 表的 DELETE 权限。

DELETE 语句删除用户的语法格式如下。

```
DELETE FROM mysql.user WHERE host='hostname' AND user='username';
```

在上述语法格式中，mysql.user 参数指定要操作的表，WHERE 指定条件语句。host 和 user 都是 mysql.user 表的字段，这两个字段可以确定唯一的一条记录。

使用 DELETE 语句删除用户 test2，具体 SQL 语句及执行结果如下。

```
mysql>DELETE FROM mysql.user WHERE host='localhost' AND User='test2';
Query OK, 1 row affected (0.01 sec)
```

上述语句执行成功后，可以通过 SELECT 语句查询用户 test2 是否被删除，具体 SQL 语句及执行结果如下。

```
mysql>SELECT host,user FROM mysql.user WHERE user='test2';
Empty set（0.00 sec）
```

从运行结果可以得出，mysql.user 表中已经没有 test2 用户，说明 test2 用户已被成功删除了。

9.2.4 修改用户密码

MySQL 中的用户都可以对数据库进行操作，因此管理好每个用户的密码是至关重要的，密码一旦丢失就需要及时修改。MySQL 中修改密码的方法主要有 4 种，具体如下。

方法 1：使用 mysqladmin 命令修改用户密码。

在 MySQL 的安装目录 bin 文件夹下有一个 mysqladmin.exe 可执行程序，它对应的命令 mysqladmin 通常用于执行一些管理性的任务（如修改用户密码），以及显示服务器状态等。使用 mysqladmin 命令修改密码的基本语法格式如下。

```
mysqladmin -u username [-h hostname] -p password new_password
```

在上述语法格式中，username 表示要修改密码的用户名；参数 -h 用于指定对应的主机名，可以省略不写，默认为 localhost；-p 后面的 password 为关键字，用于指定要修改的内容为密码，而不是修改后的密码；new_password 为新设置的密码。

方法 2：使用 ALTER USER 语句修改用户密码，基本语法格式如下。

```
ALTER USER 账户名 IDENTIFIED By new_password;
```

在上述语法格式中，账户名包括用户名和主机名，new_password 表示新设置的密码。需要注意的是，使用这种方法修改用户密码时，要求执行修改密码操作的用户有修改 mysql.user 数据表的权限。

方式 3：使用 SET 语句修改用户密码，基本语法格式如下。

```
SET PASSWORD=new_password;
```

在上述语法格式中，new_password 为新设置的密码。

方法 4：使用 UPDATE 语句修改用户密码。

这种方法就是通过 UPDATE 语句直接修改 mysql.user 的数据，需要利用 root 用户登录。修改密码的基本语法格式如下。

```
UPDATE mysql.user SET authentication_string=PASSWORD('new_password')
WHERE User='username' and Host='hostname';
```

在上述语法格式中，new_password 为新设置的密码，username 为要修改的用户名，hostname 为对应的主机名。使用这种方法修改密码后，还需要使用 FLUSH PRIVILEGES 重新加载权限表。需要注意的是，在 MySQL 8.0 及后续的版本中已经废弃 PASSWORD() 函数，因此本书也不推荐使用此种方法修改用户密码。

接下来，通过案例演示使用方法 1~ 方法 3 修改普通用户的密码。例如，技术人员为了方便测试系统的一些功能，创建了一个普通用户作为系统的测试账号，该账号需要分享给技术组的其他人员使用。为保证账号的安全，一旦技术组有人员离职，就需要对该用户的密码进行修改，具体如下。

（1）使用 root 用户连接数据库后创建普通用户 ems_test，创建用户的具体 SQL 语句及执行结果如下。

```
mysql>CREATE USER 'ems_test'@'localhost' IDENTIFIED BY '123';
Query OK, 0 rows affected (0.02 sec)
```

（2）当组内有人员离职时，技术人员需要修改用户 ems_test 的密码。本次使用 mysqladmin 命令修改用户密码，具体 SQL 语句及执行结果如下。

```
D:\mysql-8.0.23-winx64\bin>mysqladmin -u ems_test -p password 456
Enter password: ***
mysqladmin: [Warning] Using a password on the command line interface can be
insecure.
Warning: Since password will be sent to server in plain text, use ssl
connection
to ensure password safety.
```

在上述命令中，-p password 后指定的是 ems_test 用户修改后的新密码，而 Enter password: 后输入的密码指的是 ems_test 用户的旧密码。只有旧密码输入正确，才能完成密码的修改。

为验证密码的修改结果，可以打开一个新的命令行窗口，使用新密码登录。具体SQL语句及执行结果如下。

```
C:\Users\tk>mysql -u ems_test -p456
mysql: [Warning] Using a password on the command line interface can be
insecure.
Welcome to the MySQL monitor.  Commands end with ; or \g.
Your MySQL connection id is 11
Server version: 8.0.23 MySQL Community Server - GPL
Copyright (c) 2000, 2021, Oracle and/or its affiliates.
Oracle is a registered trademark of Oracle Corporation and/or its
affiliates. Other names may be trademarks of their respectiveowners.
Type ‘help;’ or ‘\h’ for help. Type ‘\c’ to clear the current input
statement.
mysql>
```

从上述登录结果可以看出，使用新密码成功登录了MySQL数据库，说明密码修改成功。

（3）接着技术组又有人员离职，技术人员需要再次修改用户ems_test的密码。此次选择使用ALTER USER语句修改用户密码，修改之前需要先登录root账户。登录后执行的SQL语句及执行结果如下。

```
mysql>ALTER USER ‘ems_test'@'localhost' IDENTIFIED BY '789';
Query OK, 0 rows affected (0.01 sec)
```

从上述语句执行的结果信息可以得出，密码修改语句成功执行。在命令行窗口中，使用ems_test用户的新密码进行登录，具体SQL语句及执行结果如下。

```
C:\Users\tk>mysql -u ems_test -p789
mysql: [Warning] Using a password on the command line interface can be
insecure.
Welcome to the MySQL monitor.  Commands end with ; or \g.
Your MySQL connection id is 16
Server version: 8.0.23 MySQL Community Server - GPL
Copyright (c) 2000, 2021, Oracle and/or its affiliates.
Oracle is a registered trademark of Oracle Corporation and/or its
affiliates. Other names may be trademarks of their respectiveowners.
Type ‘help;’ or ‘\h’ for help. Type ‘\c’ to clear the current input
statement.
mysql>
```

从上述登录结果可以看出，使用新密码成功登录了MySQL数据库，说明密码修改成功。

（4）如果技术人员还需要修改用户 ems_test 的密码，可以使用 SET 语句进行修改。例如，修改 ems_test 用户的登录密码，具体 SQL 语句及执行结果如下。

```
mysql>SET PASSWORD='8910';
Query OK, 0 rows affected (0.02 sec)
```

从上述语句执行的结果信息可以得出，密码修改语句成功执行。在命令行窗口中，使用 ems_test 用户的新密码进行登录，具体 SQL 语句及执行结果如下。

```
C:\Users\tk>mysql -u ems_test -p8910
mysql: [Warning] Using a password on the command line interface can be
insecure.
Welcome to the MySQL monitor.  Commands end with ; or \g.
Your MySQL connection id is 17
Server version: 8.0.23 MySQL Community Server - GPL
Copyright (c) 2000, 2021, Oracle and/or its affiliates.
Oracle is a registered trademark of Oracle Corporation and/or its
affiliates. Other names may be trademarks of their respectiveowners.
Type 'help;' or '\h' for help. Type '\c' to clear the current input
statement.
mysql>
```

从上述登录结果可以看出，使用新密码成功登录了 MySQL 数据库，说明密码修改成功。

多学一招：如何解决root用户密码丢失

root 用户是超级管理员，拥有很多权限，如果 root 用户的密码丢失，就会造成很大的麻烦。针对这种情况，MySQL 提供了对应的处理机制，可以通过特殊方法登录 MySQL 服务器，然后重新为 root 用户设置密码，具体步骤如下。

（1）停止 MySQL 服务。

打开命令行窗口，在窗口中使用 net 命令停止 MySQL 服务，具体命令如下。

```
net stop MySQL80
```

上述语句中的 MySQL 80 是 MySQL 服务的名称，读者可以根据自己安装 MySQL 时定义的服务名称停止服务。

（2）使用 --skip-grant-tables 登录 MySQL 服务。

MySQL 服务器中有一个 --skip-grant-tables 选项，它可以停止 MySQL 的权限判断，也就是可以跳过密码的输入访问数据库。在命令行窗口中执行如下命令。

```
mysqld --shared-memory --skip-grant-tables
```

执行完上述命令后，命令行窗口会进入类似阻塞的状态，此时不要关闭命令行窗口。

（3）登录 MySQL 服务器。

重新打开一个命令行窗口，在新打开的窗口中登录 MySQL 服务器，具体命令如下。

```
mysql -u root
```

（4）加载权限表。

免密登录后，使用命令重新加载权限表，具体语句如下。

```
FLUSH PRIVILEGES;
```

（5）使用 ALTER USER 语句设置 root 用户的密码。

可以通过 ALTER USER 语句设置 root 用户的密码，具体语句如下。

```
ALTER USER ‘root’@‘localhost’ IDENTIFIED BY ‘123456’;
```

上述步骤执行完，可以使用 EXIT 或 \q 命令退出服务器。

（6）启动 MySQL 服务。

关闭刚才打开的两个命令行窗口，重新打开一个命令行窗口，在窗口中使用 net 命令启动 MySQL 服务，具体命令如下。

```
net start MySQL80
```

启动 MySQL 服务后，可以使用 root 用户的新密码进行登录。至此，便完成了 root 用户的密码设置。

9.3 权限管理

在实际项目开发中，为保证数据的安全，数据库管理员需要为不同层级的操作人员分配不同的权限，限制登录 MySQL 服务器的用户只能在其权限范围内操作。同时管理员还可以根据不同的情况为用户授予权限或收回权限，从而控制数据操作人员的权限。

9.3.1 MySQL的权限

MySQL 中的权限信息根据其作用范围分别存储在名称为 mysql 的数据库的不同数据表中。当MySQL启动时会自动加载这些权限信息，并且将这些权限信息读取到内存中。mysql 数据库中与权限相关的数据表如表 9-5 所示。

表9-5　mysql数据库中与权限相关的数据表

数 据 表	描　述
user	保存用户被授予的全局权限
db	保存用户被授予的数据库权限

续表

数 据 表	描 述
tables_priv	保存用户被授予的表权限
columns_priv	保存用户被授予的列权限
procs_priv	保存用户被授予的存储过程权限
proxies_priv	保存用户被授予的代理权限

管理员可以为用户授予或收回权限，MySQL中可以授予和收回的权限如表9-6所示。

表9-6 MySQL中可以授予和收回的权限

分类	权限名称	权限级别	描 述
数据权限	SELECT	全局、数据库、表、列	允许访问数据
	UPDATE	全局、数据库、表、列	允许更新数据
	DELETE	全局、数据库、表	允许删除数据
	INSERT	全局、数据库、表、列	允许插入数据
	SHOW DATABASES	全局	允许查看已存在的数据库
	SHOW VIEW	全局、数据库、表	允许查看已有视图的视图定义
	PROCESS	全局	允许查看正在运行的线程
结构权限	DROP	全局、数据库、表	允许删除数据库、表和视图
	CREATE	全局、数据库、表	允许创建数据库和表
	CREATE ROUTINE	全局、数据库	允许创建存储过程
	CREATE TABLESPACE	全局	允许创建、修改或删除表空间和日志组件
	CREATE TEMPORARY TABLES	全局、数据库	允许创建临时表
	CREATE VIEW	全局、数据库、表	允许创建和修改视图
	ALTER	全局、数据库、表	允许修改数据表
	ALTER ROUTINE	全局、数据库、存储过程	允许修改或删除存储过程
	INDEX	全局、数据库、表	允许创建和删除索引
	TRIGGER	全局、数据库、表	允许触发器的所有操作
	REFERENCES	全局、数据库、表、列	允许创建外键
管理权限	SUPER	全局	允许使用其他管理操作，如CHANGE MASTER TO等
	CREATE USER	全局	CREATE USER、DROP USER、RENAME USER 和 REVOKE ALL PRIVILEGES
	GRANT OPTION	全局、数据库、表、存储过程、代理	允许授予或删除用户权限
	RELOAD	全局	FLUSH操作
	PROXY		与被代理的用户权限相同
	REPLICATION CLIENT	全局	允许用户访问主服务器或从服务器

续表

分类	权限名称	权限级别	描述
管理权限	REPLICATION SLAVE	全局	允许复制从服务器读取主服务器二进制日志事件
	SHUTDOWN	全局	允许使用 mysqladmin shutdown
	LOCK TABLES	全局、数据库	允许使用 LOCK TABLES 锁定拥有 SELECT 权限的数据库

在表 9-6 中，权限级别指的是权限可以被应用在哪些数据库内容中。例如，SELECT 权限级别指 SELECT 权限可以被授予到全局（任意数据库下的任意内容）、数据库（指定数据库下的任意内容）、表（指定数据库下的指定数据表）、列（指定数据库下的指定数据表中的指定字段）。

9.3.2 授予权限

在前面的章节中，用户登录 MySQL 后，可以对数据进行增删改查的操作，是因为登录的用户拥有这些权限。MySQL 提供了用于为用户授予权限的 GRANT 语句，其基本语法格式如下。

```
GRANT 权限类型 [(字段列表)][,权限类型 [(字段列表)]]
              ON 权限级别
              TO 'username'@'hostname'
              [,'username'@'hostname'] ...
              [WITH with_option]
```

在上述语法格式中，各参数的含义如下。

（1）权限类型：指的是表 9-6 中的权限名称。

（2）字段列表：表示权限设置到哪些字段上，同时给多个字段设置同一个权限时，多个字段名之间使用逗号分隔。如果不指定字段，则设置的权限作用于整个表。

（3）权限级别：指表 9-6 中包含的权限级别，其值可以设置如下几种。

- *.*：表示全局级别的权限，即授予的权限适用于所有数据库和数据表。
- *：如果当前未选择数据库，表示全局级别的权限；如果当前选择了数据库，则为当前选择的数据库授予权限。
- 数据库名.*：表示数据库级别的权限，即授予的权限适用于指定数据库中的所有表。
- 数据库名.表名：表示表级别的权限。如果不指定将授予权限的字段，则授予的权限适用于指定数据库的指定表中的所有列。

（4）TO 子句用于指定一个或多个用户。

（5）WITH 关键字后面的参数 with_option 的取值有 5 个，具体如下。

- GRANT OPTION：将自己的权限授予其他用户。

- MAX_QUERIES_PER_HOUR count：设置每小时最多可以执行多少次查询。
- MAX_UPDATES_PER_HOUR count：设置每小时最多可以执行多少次更新。
- MAX_CONNECTIONS_PER_HOUR count：设置每小时最大的连接数量。
- MAX_USER_CONNECTIONS：设置每个用户最多可以同时建立连接的数量。

为了更好地理解授予权限的使用，下面通过案例对用户权限的授予进行演示。例如，技术人员在使用 emp_test 用户测试系统时，需要为 emp_test 用户授予数据库 ems 的员工表 emp 的 SELECT 权限，以及对 empno 和 ename 字段的插入权限，具体 SQL 语句及执行结果如下。

```
mysql>GRANT SELECT,INSERT(empno,ename)
    ->ON ems.emp
    ->TO 'ems_test'@'localhost';
Query OK, 0 rows affected (0.01 sec)
```

在上述 SQL 语句中，SELECT 权限是表级别的权限，INSERT 是列级别的权限。

9.3.3 查看权限

授权语句执行成功后，可以对用户 ems_test 的授予权限进行查询；其中表权限可以在 mysql.tables_priv 中查看，列权限可以在 mysql.columns_priv 中查看，具体 SQL 语句及执行结果如下。

```
mysql>SELECT db,table_name,table_priv,column_priv
    ->FROM mysql.tables_priv WHERE user='ems_test';
+-----+------------+------------+-------------+
| db  | table_name | table_priv | column_priv |
+-----+------------+------------+-------------+
| ems | emp        | Select     | Insert      |
+-----+------------+------------+-------------+
1 row in set (0.00 sec)
mysql>SELECT db,table_name,column_name,column_priv
    -> FROM mysql.columns_priv WHERE user='ems_test';
+-----+------------+-------------+-------------+
| db  | table_name | column_name | column_priv |
+-----+------------+-------------+-------------+
| ems | emp        | empno       | Insert      |
| ems | emp        | ename       | Insert      |
+-----+------------+-------------+-------------+
2 rows in set (0.00 sec)
```

从上述执行结果可以得出，ems_test 用户对数据库 ems 的员工表 emp 有查询权限，对员工表 emp 中的 empno 和 ename 字段有插入权限，说明使用 GRANT 语句成功地给用户授予了权限。

除了上述的权限查看方式，还可以使用 SHOW GRANTS 语句查看用户权限，其基本语法格式如下。

```
SHOW GRANTS FOR 'username'@'hostname';
```

下面根据上述语法格式使用 SHOW GRANTS 语句查看用户 ems_test 的权限信息，具体 SQL 语句及执行结果如下。

```
mysql>SHOW GRANTS FOR 'ems_test'@'localhost';
+--------------------------------------------------------------------------+
| Grants for ems_test@localhost                                            |
+--------------------------------------------------------------------------+
| GRANT USAGE ON *.* TO `ems_test`@`localhost`                             |
| GRANT SELECT, INSERT (`empno`, `ename`) ON `ems`.`emp` TO `ems_test`@`localhost`|
+--------------------------------------------------------------------------+
2 rows in set (0.00 sec)
```

9.3.4　收回权限

为保证数据库的安全，对于用户一些不必要的权限应该及时收回。MySQL 提供了 REVOKE 语句用于收回指定用户的指定权限，其基本语法格式如下。

```
REVOKE  权限类型 [(字段列表)][, 权限类型 [(字段列表)]]
        ON 权限级别
        FROM 'username'@'hostname'[,'username'@'hostname'] ...
```

上述语法格式中的权限类型表示收回的权限类型，字段列表表示权限作用的字段。如果不指定字段，则表示作用于整个数据表。

例如，技术人员对系统的测试任务已经完成，需要将 ems_test 用户在 ems.emp 表中字段 empno 和 ename 上的 INSERT 权限进行收回，具体 SQL 语句及执行结果如下。

```
mysql>REVOKE INSERT(empno,ename) ON ems.emp FROM 'ems_test'@'localhost';
Query OK, 0 rows affected (0.01 sec)
```

从上述语句的执行结果可以得出，收回 ems_test 用户权限的语句成功执行。读者可以从 mysql.columns_priv 中查看 ems_test 用户的列权限，验证 ems_test 用户的相应权限是否收回成功，具体 SQL 语句及执行结果如下。

```
mysql>SELECT db,table_name,column_name,column_priv
    -> FROM mysql.columns_priv WHERE user='ems_test';
Empty set (0.00 sec)
```

从上述执行结果可以得出，使用 REVOKE 语句收回了用户 ems_test 的插入权限。

当用户拥有的权限比较多时，使用上述收回方式就比较烦琐，为此 MySQL 提供了一次性收回所有权限的功能。一次性收回用户所有权限的语法格式如下。

```
REVOKE ALL PRIVILEGES, GRANT OPTION FROM 'username'@'hostname'[,'username'@
'hostname'] ...
```

例如，技术组觉得暂时不再需要使用用户 ems_test 作为系统的测试账户，想要收回其所有权限，具体 SQL 语句及执行结果如下。

```
mysql>REVOKE ALL PRIVILEGES, GRANT OPTION FROM 'ems_test'@'localhost';
Query OK, 0 rows affected (0.01 sec)
```

此时，使用 SHOW GRANTS 语句查看用户 ems_test 的权限信息，具体 SQL 语句及执行结果如下。

```
mysql>SHOW GRANTS FOR 'ems_test'@'localhost';
+----------------------------------------------+
| Grants for ems_test@localhost                |
+----------------------------------------------+
| GRANT USAGE ON *.* TO `ems_test`@`localhost` |
+----------------------------------------------+
1 row in set (0.00 sec)
```

从上述显示结果可以看出，用户 ems_test 只剩下 USAGE 权限信息。在 MySQL 中，USAGE 表示用户没有权限。

需要注意的是，要使用 REVOKE 语句，必须拥有 MySQL 数据库的全局 CREATE USER 权限或 UPDATE 权限。

9.4 上机实践：图书管理系统数据库的管理

王先生觉得图书管理系统足够支撑当前书店运营的使用，但是当前系统缺少数据备份和创建用户的功能。为避免数据库出现意外情况，以及账户安全的问题，王先生想要让你先帮忙对数据库进行备份，以及创建一个店员账户。

【实践需求】

（1）对 bms 数据库中的所有数据进行备份。

（2）为店员创建一个账户并为该账户赋予以下权限：允许该账户对数据库 bms 中所有表执行插入、修改和查询操作。

【动手实践】

（1）对 bms 数据库中的所有数据进行备份。

```
mysqldump -u root -p123456 bms>D:/backup/bms_20210528.sql
```

（2）创建一个店员账户并为该账户赋予以下权限：允许该账户对数据库 bms 中所有表执行插入、修改和查询操作。

```
# 创建账户
mysql>CREATE USER 'user2' @ 'localhost' IDENTIFIED BY 'user2pw' ;
Query OK, 0 rows affected (0.02 sec)
# 为账户 user2 授权
mysql>GRANT INSERT,UPDATE,SELECTON  bms.*TO 'user2' @ 'localhost' ;
```

9.5 本章小结

本章主要对数据库的管理和维护进行了详细讲解。首先介绍了数据备份与还原；其次讲解了用户管理；然后讲解了权限管理；最后通过一个上机实践加深读者对数据库的管理和维护的理解。通过本章的学习，读者能够掌握数据库的管理和维护的基本使用。

9.6 课后习题

一、填空题

1. MySQL 提供的________命令可以将数据库导出成 SQL 脚本，以实现数据的备份。
2. mysqldump 命令备份多个数据库时，数据库名称之间用________隔开。
3. MySQL 中的数据还原可以使用 mysql 命令和________命令实现。
4. MySQL 提供了________语句用于收回指定用户的指定权限。
5. 为用户授予权限时，________表示全局级别的权限。

二、判断题

1. 在安装 MySQL 时，会自动创建一个名称为 mysql 的数据库。（　　）
2. 在命令行窗口中使用 mysql 命令还原数据时，需要先登录数据库。（　　）
3. MySQL 中的 root 用户是超级管理员。（　　）
4. MySQL 中所有用户的信息都保存在 mysql.user 表中。（　　）
5. 为用户授予权限时，如果当前未选择数据库，* 表示全局级别的权限。（　　）

三、选择题

1. 下面选项中可同时备份 mydb1 数据库和 mydb2 数据库的语句是（　　）。

   A. mysqldump –u root –p itcast mydb1,mydb2>d:/chapter08.sql

B. mysqldump –u root –p itcast mydb1;mydb2>d:/chapter08.sql

C. mysqldump –u root –p itcast mydb1 mydb2>d:/chapter08.sql

D. mysqldump –u root –p itcast mydb1 mydb2<d:/chapter08.sq

2. 下列关于还原数据库的说法中错误的是（　　）。

A. 还原数据库是通过备份好的数据文件进行还原

B. 还原是指还原数据库中的数据，而库是不能被还原的

C. 使用 mysql 命令可以还原数据库中的数据

D. 还原是指还原数据库中的数据和库

3. 下列选项中查询 root 用户权限的语句正确的是（　　）。

A. SHOW GRANTS FOR 'root'@'localhost';

B. SHOW GRANTS TO root@localhost;

C. SHOW GRANTS OF 'root'@'localhost';

D. SHOW GRANTS FOR root@localhost;

4. 下列选项中实现收回 user4 用户 INSERT 权限的语句正确的是（　　）。

A. REVOKE INSERT ON *.* FROM 'user4'@'localhost';

B. REVOKE INSERT ON %.% FROM 'user4'@'localhost';

C. REVOKE INSERT ON *.* TO 'user4'@'localhost';

D. REVOKE INSERT ON %.% TO 'user4'@'localhost';

5. 使用 UPDATE 语句修改 root 用户的密码时，操作的表是（　　）。

A. test.user　　B. mysql.user　　C. root.user　　D. test.users

第10章

综合开发案例——图书借阅系统

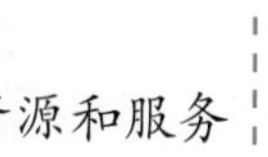

思政案例

学习目标

- ◆ 了解系统分析，能够根据系统功能的需求分析系统功能结构；
- ◆ 熟悉数据库设计，能够根据系统分析，设计出系统的实体图、E-R图、数据库逻辑结构；
- ◆ 熟悉实现图书借阅系统的预备知识，能够理解网络结构模式、Web资源和服务器以及Servlet和JSP的内容；
- ◆ 掌握开发环境搭建，能够独立搭建图书借阅系统的开发环境；
- ◆ 掌握系统的开发，能够实现用户登录模块、新书推荐模块、图书借阅模块、当前借阅模块和借阅记录模块的开发。

MySQL 数据库的应用非常广泛，当前很多 Web 应用程序的数据都使用 MySQL 进行管理。JSP 和 Servlet 都是 Web 程序的动态资源，通过它们可以动态地展示数据库中的数据。本章将通过 JSP、Servlet 和 MySQL 实现一个图书借阅系统，从而体现 MySQL 在实际应用系统开发中的功能和地位。

10.1 系统分析

开发一个系统时，一般都需要先对系统进行分析，分析系统功能需求、功能结构以及系统原型。本章实现的系统是一个图书借阅系统，本节将依次对该系统的功能需求、功能结构、系统预览进行讲解。

10.1.1 系统功能需求

本系统很好地解决了企业内部图书的借阅，让员工能够随时了解到当前图书的情况，以便根据自己的需求进行快速的图书借阅和归还。为了让系统能更好地提供图书借阅和图书维护功能，系统的用户角色分为普通用户和管理员。其中，普通用户可以对图书进行图书查询、图书借阅、图书归还和借阅记录查询；管理员除拥有普通用户的权限外，还拥有图书新增、图书编辑、图书归还确认等图书维护权限，以及查询所有用户的当前借阅和借阅记录情况。

10.1.2 系统功能结构

根据系统功能需求分析可知，图书借阅系统包括用户登录、新书推荐、图书借阅、当前借阅、借阅记录这 5 大模块。为了更加明确系统每个模块的功能，可以将系统的模块进一步分解成具体的功能。系统功能结构图具体如图 10-1 所示。

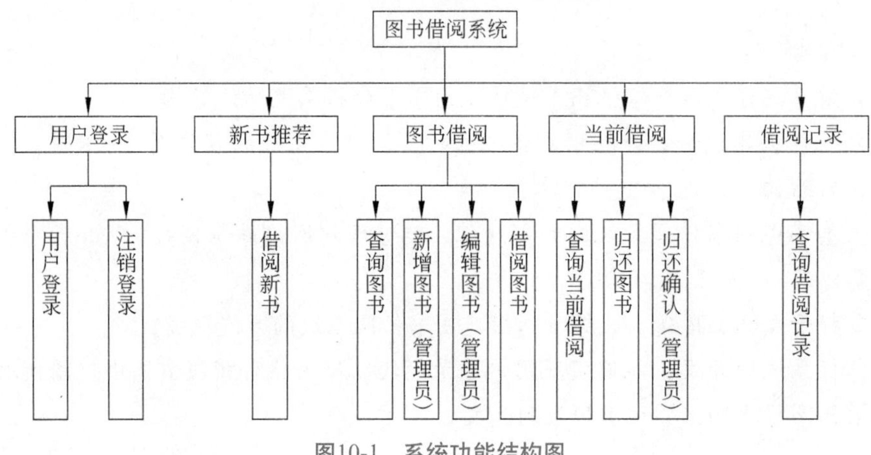

图10-1 系统功能结构图

在图 10-1 中，新增图书、编辑图书和归还确认这 3 个功能是管理员特有的权限。

10.1.3 系统预览

为了让读者对图书借阅系统有一个全貌的认识，下面展示图书借阅系统各功能模块的页面效果。

1. 用户登录页面

用户登录页面可让用户登录图书借阅系统，登录时需要输入用户名和密码，具体如图 10-2 所示。

2. 新书推荐页面

新书推荐页面是用户登录成功后默认展示的页面，该页面中默认展示最新上架的 5 本新书信息，用户可以在展示的新书推荐列表中进行图书借阅，具体如图 10-3 所示。

3. 图书借阅页面

图书借阅页面用于展示所有未下架图书的信息。用户可以通过图书名称、作者、出版社信息进行图书查询，或者直接在展示的图书列表中进行图书借阅，其中管理员还可以在图书借阅页面新增和编辑图书信息，具体如图 10-4 所示。

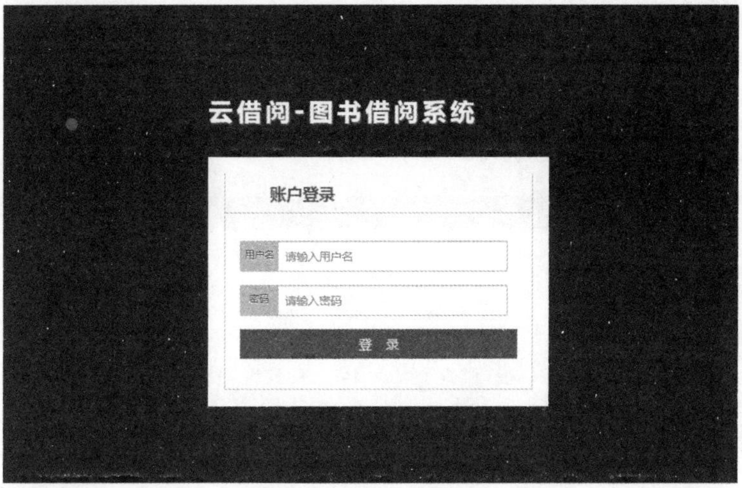

图10-2 用户登录页面

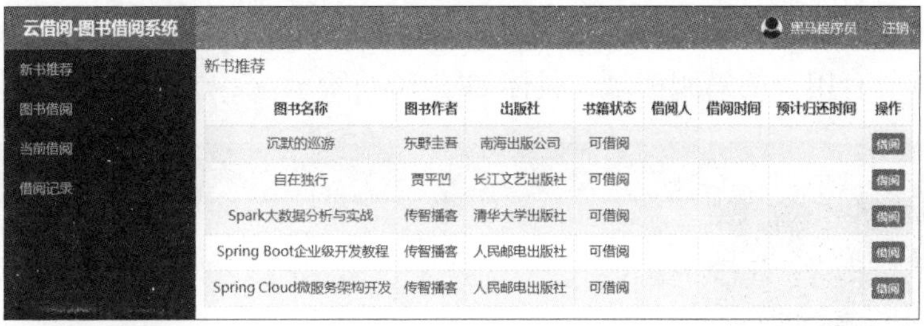

图书名称	图书作者	出版社	书籍状态	借阅人	借阅时间	预计归还时间	操作
沉默的巡游	东野圭吾	南海出版公司	可借阅				借阅
自在独行	贾平凹	长江文艺出版社	可借阅				借阅
Spark大数据分析与实战	传智播客	清华大学出版社	可借阅				借阅
Spring Boot企业级开发教程	传智播客	人民邮电出版社	可借阅				借阅
Spring Cloud微服务架构开发	传智播客	人民邮电出版社	可借阅				借阅

图10-3 新书推荐页面

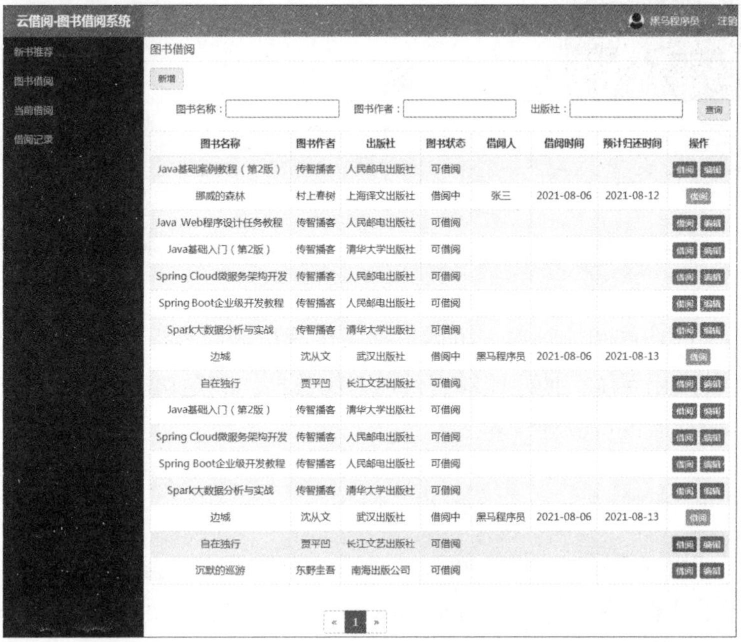

图书名称	图书作者	出版社	图书状态	借阅人	借阅时间	预计归还时间	操作
Java基础案例教程（第2版）	传智播客	人民邮电出版社	可借阅				借阅 编辑
挪威的森林	村上春树	上海译文出版社	借阅中	张三	2021-08-06	2021-08-12	借阅
Java Web程序设计任务教程	传智播客	人民邮电出版社	可借阅				借阅 编辑
Java基础入门（第2版）	传智播客	清华大学出版社	可借阅				借阅 编辑
Spring Cloud微服务架构开发	传智播客	人民邮电出版社	可借阅				借阅 编辑
Spring Boot企业级开发教程	传智播客	人民邮电出版社	可借阅				借阅 编辑
Spark大数据分析与实战	传智播客	清华大学出版社	可借阅				借阅 编辑
边城	沈从文	武汉出版社	借阅中	黑马程序员	2021-08-06	2021-08-13	借阅
自在独行	贾平凹	长江文艺出版社	可借阅				借阅 编辑
Java基础入门（第2版）	传智播客	清华大学出版社	可借阅				借阅 编辑
Spring Cloud微服务架构开发	传智播客	人民邮电出版社	可借阅				借阅 编辑
Spring Boot企业级开发教程	传智播客	人民邮电出版社	可借阅				借阅 编辑
Spark大数据分析与实战	传智播客	清华大学出版社	可借阅				借阅 编辑
边城	沈从文	武汉出版社	借阅中	黑马程序员	2021-08-06	2021-08-13	借阅
自在独行	贾平凹	长江文艺出版社	可借阅				借阅 编辑
沉默的巡游	东野圭吾	南海出版公司	可借阅				借阅 编辑

图10-4 图书借阅页面

4. 当前借阅页面

当前借阅页面用于展示登录用户当前借阅且未归还的图书信息。用户可以指定图书名称、作者、出版社信息查询当前借阅的图书，以及在展示的图书列表中进行图书归还，其中管理员还可以在页面中进行归还确认，具体如图 10-5 所示。

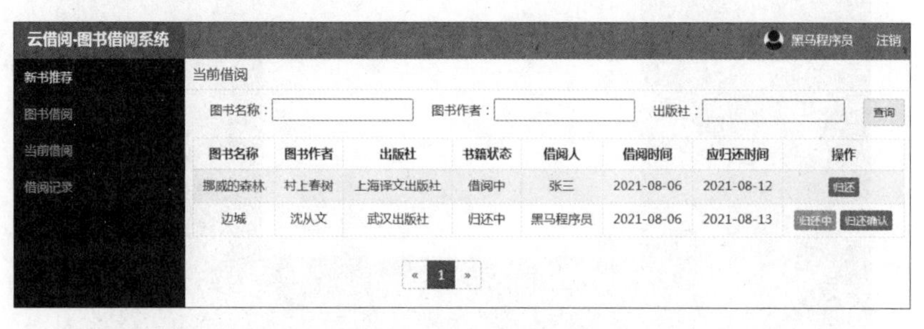

图10-5 当前借阅页面

5. 借阅记录页面

如果是普通用户，可以在借阅记录页面查看之前借阅并归还的借阅记录，如果是管理员可以查看所有用户的借阅记录，具体如图 10-6 所示。

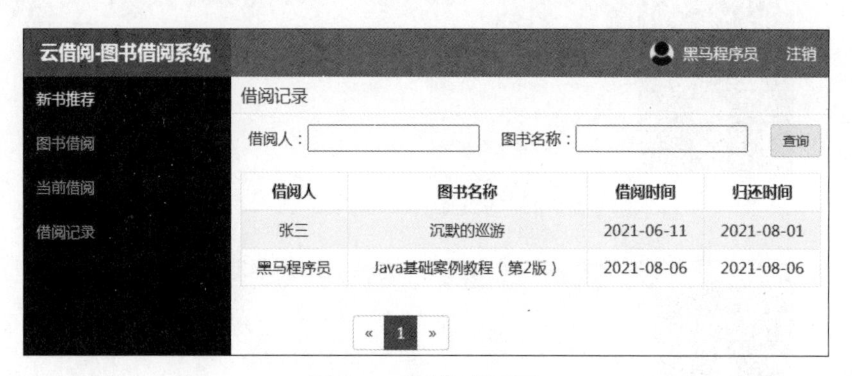

图10-6 借阅记录页面

10.2 数据库设计

明确了系统的功能和流程后，可以根据系统分析的内容设计出系统的数据库模式，建立数据库及其应用系统，使之能够有效地存储数据，满足功能的需求。接下来本节将对系统对应的数据库进行设计。

10.2.1 实体设计

根据 10.1 节中对系统的分析，可以明确系统中使用的数据库实体分别为图书实体、用户实体、借阅记录实体。为明确每个实体需要存储在数据库中的信息，下面对这几个实体进行设计。

1. 图书实体

图书实体包含的属性有编号、名称、出版社、作者、页码、价格、上架时间、状态、借阅人名称、借阅时间、预计归还时间，其中状态用于标注图书的借阅状态（可借阅、已借阅、归还中、已下架）。图书实体如图 10-7 所示。

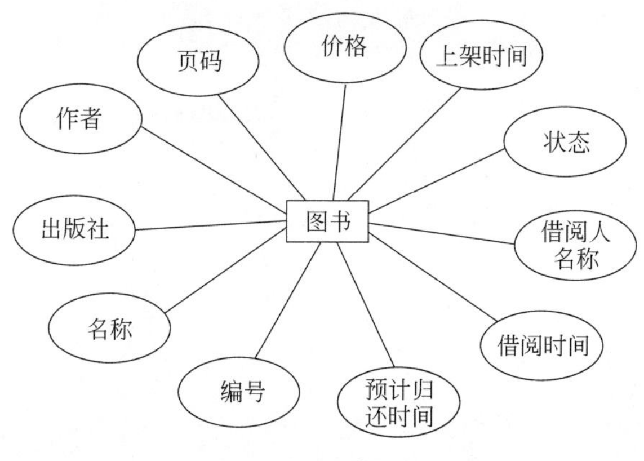

图10-7 图书实体

2. 用户实体

用户实体包含的属性有编号、名称、密码、用户邮箱、用户角色、状态，其中用户角色用于设定用户的权限，包含普通用户和管理员；状态用于设定用户的账户是否被禁用。用户实体如图 10-8 所示。

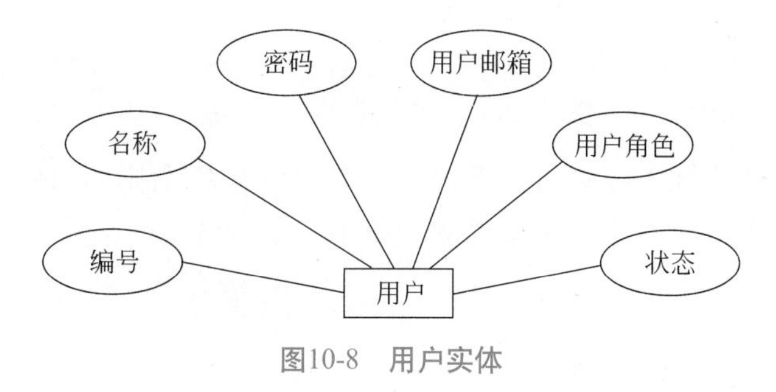

图10-8 用户实体

3. 借阅记录实体

借阅记录实体包含的属性有编号、图书名称、借阅人名称、借阅时间、归还时间。借阅记录实体如图 10-9 所示。

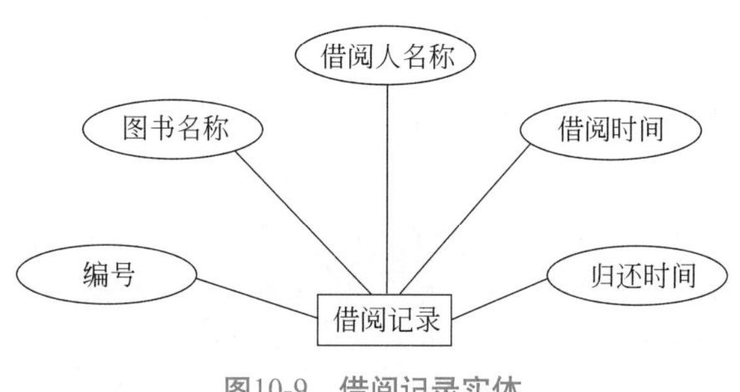

图10-9 借阅记录实体

10.2.2 E-R图设计

系统实体设计完成后，根据实体之间的联系，将图书实体、用户实体、借阅记录实体进行集成，形成图书借阅系统的 E-R 图，具体如图 10-10 所示。

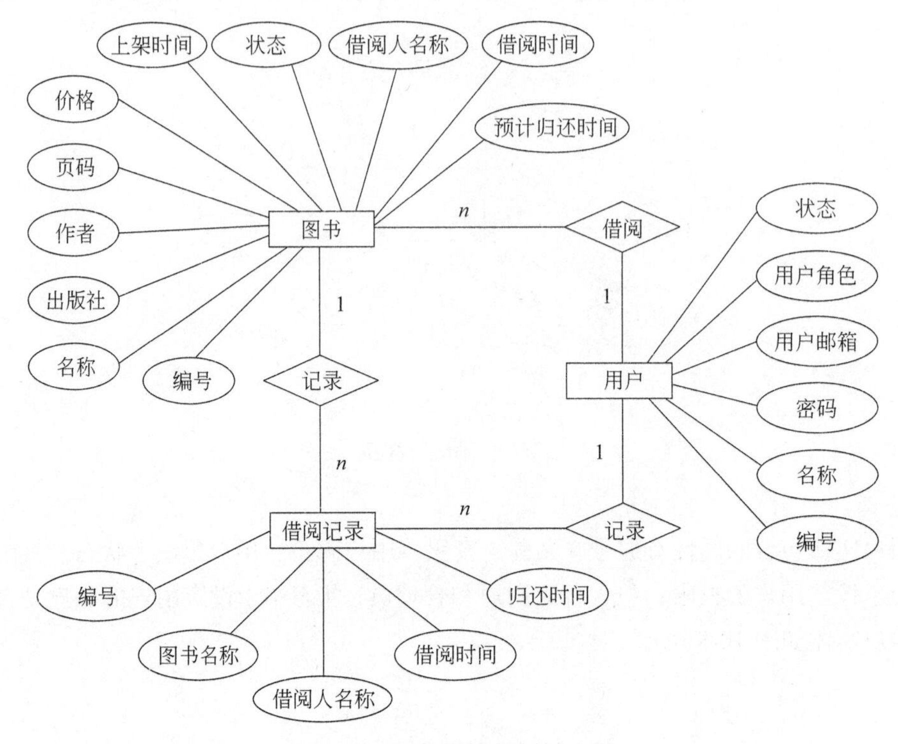

图10-10 图书借阅系统的E-R图

从图 10-10 实体之间的联系可以看出，一个用户可以借阅多本图书，以及产生多条借阅记录；一本图书可以存在于多条借阅记录中，一条借阅记录只能包含一本图书，并且只对应一个用户。

10.2.3 数据库逻辑结构设计

完成系统的 E-R 图设计后，可以将 E-R 图中的实体转换成数据库中对应的数据表，并且根据实体的属性信息设计出数据表的表结构。图书借阅系统实体对应的数据表的表结构具体如下。

（1）user 表。

user 表用于保存用户的信息，其表结构如表 10-1 所示。

表10-1 user表的表结构

字 段 名	数 据 类 型	是 否 主 键	说 明
id	INT	是	用户 ID（自动增长）
name	VARCHAR(32)	否	用户名称

续表

字段名	数据类型	是否主键	说明
password	VARCHAR(32)	否	用户密码
email	VARCHAR(32)	否	用户邮箱（用户登录账号）
role	VARCHAR(20)	否	用户角色（ADMIN:管理员，USER:普通用户）
status	CAHR(1)	否	用户状态（0：正常，1：禁用）

（2）book 表。

book 表用于保存图书的信息，其表结构如表 10-2 所示。

表10-2 book表的表结构

字段名	数据类型	是否主键	说明
id	INT	是	图书 ID（自动增长）
name	VARCHAR(32)	否	图书名称
press	VARCHAR(32)	否	图书出版社
author	VARCHAR(32)	否	图书作者
pagination	INT	否	图书页数
price	DECIMAL(8,2)	否	图书价格
uploadtime	DATETIME	否	图书上架时间
status	CHAR(1)	否	图书状态（0:可借阅，1:已借阅，2:归还中，3：已下架）
borrower	VARCHAR(32)	否	图书借阅人
borrowtime	DATETIME	否	图书借阅时间
returntime	DATETIME	否	图书预计归还时间

（3）record 表。

record 表用于保存用户的借阅记录的信息，其表结构如表 10-3 所示。

表10-3 record表的表结构

字段名	数据类型	是否主键	说明
id	INT	是	借阅记录 ID（自动增长）
bookname	VARCHAR(32)	否	借阅的图书名称
borrower	VARCHAR(32)	否	图书借阅人名称
borrowtime	DATETIME	否	图书借阅时间
remandtime	DATETIME	否	图书归还时间

10.3 系统开发准备

Java 是一门面向对象的编程语言，它具有简单性、面向对象、分布式、健壮性、安全性、平台独立与可移植性等特点，自问世以来一直受到广大编程爱好者的喜爱。Java 提供的 Web 互联网领域的技术栈非常丰富，例如 Servlet、JSP、第三方框架等。本章讲解的图书借阅系统选用 Java 的 Servlet 和 JSP 进行实现，本节将对该系统的开发进行逐步讲解。

10.3.1 预备知识

为了让读者能更好地理解图书借阅系统的实现，首先需要对该系统使用的主要知识和技术进行学习，具体如下。

1. 网络结构模式

网络中有很多的计算机，它们之间的信息交流一般被称为交互。互联网交互的过程有两个非常典型的结构模式，分别为 B/S（浏览器 / 服务器）结构模式和 C/S（客户机 / 服务器）结构模式。

在 C/S 结构模式中，客户端需要安装相应的软件才能连接服务器，并且客户端软件承担所有的逻辑和运算，服务器只提供数据交互。C/S 结构模式如图 10-11 所示。

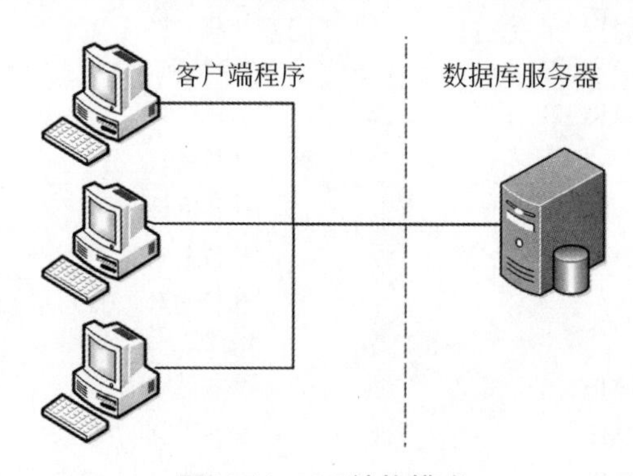

图10-11 C/S结构模式

在 B/S 结构模式中，客户端只需要一个浏览器即可以实现与服务器交互。服务器承担所有的逻辑和计算,浏览器只负责将结果显示在屏幕上。B/S 结构模式如图 10-12 所示。

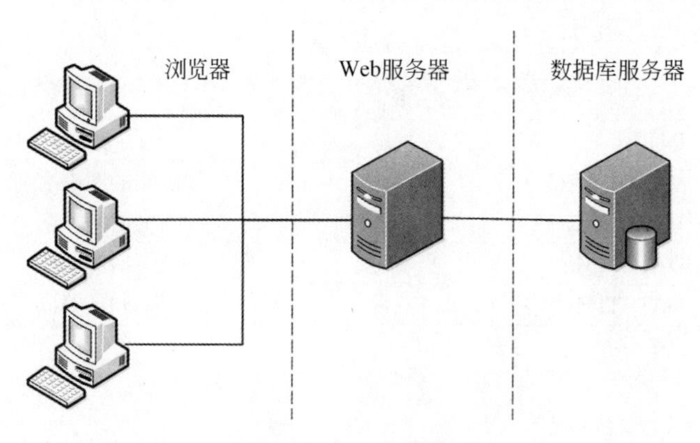

图10-12 B/S结构模式

相对于 C/S 结构需要管理和维护客户端和服务器，B/S 结构只需要管理和维护服务器，所有的客户端只是浏览器，不需要进行客户端的维护。当要修改系统提供的用户操作界面时，只需要在 Web 服务器端修改相应的网页文档即可。

2. Web资源

一般将可以通过 Web 访问的应用程序称为 Web 应用程序。Web 应用程序中提供了供客户端访问的资源，根据资源呈现的效果及原理不同，通常将 Web 资源分为静态资源和动态资源。

（1）静态资源。

静态资源可以理解为内容固定的资源，任何用户在任何时间访问静态资源，获得的数据都是一样的。我们可以理解为静态资源的数据都是写“死”在页面上的，例如 HTML、CSS、JS、图片、音频、视频。

（2）动态资源。

动态资源需要进行程序处理或者从数据库中读数据，能够根据不同的条件在页面显示不同的数据，并且内容更新不需要修改页面。例如，对于同样的网站，登录用户不同，则显示的信息也不同；12306 网站每段时间的票量都不相同等。JSP/Servlet、ASP、PHP 等技术都可以开发 Web 动态资源。

3. Web服务器

Java 中的动态 Web 资源开发技术统称为 Java Web，Java Web 的使用通常离不开 Web 服务器。常见的 Web 服务器如下。

（1）WebLogic。

WebLogic 是 Oracle 公司的产品，支持 Java EE 规范。它是用于开发、集成、部署和管理大型分布式 Web 应用、网络应用和数据库应用的 Java 应用服务器。

（2）JBoss。

JBoss 是 JBoss 公司的产品，是一个基于 J2EE 的开放源代码的应用服务器，可以在任何商业应用中免费使用。JBoss 核心服务不包括支持 Servlet/JSP 的 Web 容器，一般与 Tomcat 或 Jetty 绑定使用。

（3）Tomcat。

Tomcat 是 Apache 软件基金会的项目，是一个免费的开放源代码的 Web 应用服务器。它属于轻量级应用服务器，在中小型系统和并发访问用户不是很多的场合下被普遍使用，是开发和调试 JSP 程序的首选。本章开发的图书借阅系统将使用 Tomcat 作为 Web 服务器。

4. Servlet和JSP

Java 中的动态 Web 资源开发技术有很多，其中 Servlet 和 JSP 是比较常用的动态开发技术。接下来，对 Servlet 和 JSP 进行简单介绍。

（1）Servlet。

Servlet 是运行在服务器上的 Java 程序，具有独立于平台和协议的特性，主要用于接收和响应从客户端发送的请求，生成动态 Web 内容。这个接收和响应的过程大致如下。

①客户端发送请求至服务器。

②服务器将请求信息发送至 Servlet。

③ Servlet 处理数据并生成响应内容，将响应内容传给服务器。

④服务器将响应返回给客户端。

（2）JSP。

JSP 的全名是 Java Server Pages，即 Java 服务器页面，它主要用于实现 Java Web 应用程序的界面部分。在 JSP 文件中，HTML 代码与 Java 代码共同存在，其中 HTML 代码用来实现网页中静态内容的显示，Java 代码用来实现网页中动态内容的显示。最终，JSP 文件会通过 Web 服务器的 Web 容器编译成一个 Servlet，用来处理各种请求。

10.3.2 开发环境搭建

正式开发图书借阅系统之前，需要搭建好系统的开发环境。首先需要安装 Java 开发工具包（JDK），然后安装 Web 服务器和数据库，最后为提高开发效率还需要安装 IDE（集成开发环境）工具。图书借阅系统的开发环境如下。

- 操作系统：Windows 7。
- Java 开发包：JDK 1.8.0_201。
- Web 服务器：Tomcat 8.5.24。
- 数据库：MySQL 8.0.23。
- IDE 工具：IntelliJ IDEA 2019.3.2。
- 浏览器：Google Chrome 92.0（64 位）。

接下来，基于上述环境在 IDE 中创建图书借阅系统的项目，并且将项目所需的资源引入到项目中。

1. 创建项目并引入依赖

在 IntelliJ IDEA 中，创建一个名为 cloudlibrary 的 Maven Web 项目，将系统所需的依赖配置到项目的 pom.xml 文件中；读者也可以直接使用配套资源中已经提供的 pom.xml 文件。

2. 编写配置文件

①在项目的 src/main/resources 目录下，创建配置文件 jdbc.properties 用于配置数据库连接信息，具体如下。

```
driverClassName=com.mysql.cj.jdbc.Driver
url=jdbc:mysql://localhost:3306/cloudlibrary?useUnicode=true&\
   characterEncoding=utf-8&serverTimezone=Asia/Shanghai
username=root
password=root
```

②在项目的 src/main/resources 目录下，创建配置文件 applicationContext.xml 用于配

置项目中业务逻辑层和数据持久层接口的全限定名，以便后续直接根据接口的全限定名创建对应的对象，提高代码的可维护性并降低类之间的耦合性。

3. 引入页面资源

将配套资源中提供的CSS文件、图片、js和JSP文件引入到项目的webapp文件夹下。引入的资源结构如图10-13所示。

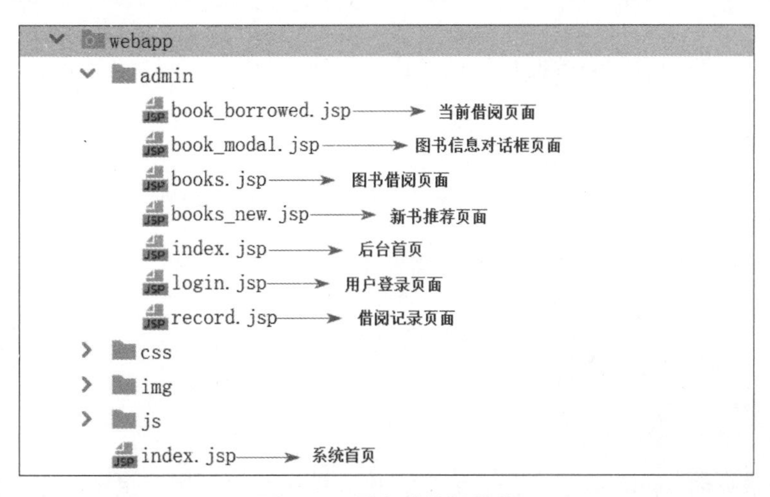

图10-13 引入的资源结构

4. 系统分层

本系统采用的是JSP经典设计模式中的Model 2，即“JSP+Servlet+JavaBean”。该模式中的JSP主要用于显示和提交数据，Servlet用于接收和处理各种业务请求，JavaBean用于封装实体对象。为了让系统更好地符合高内聚低耦合思想，这里将业务应用的各个功能模块划分为表现层、业务逻辑层和数据访问层。开发过程中可能会存在一些经常使用的代码，可以将这些代码封装在类中并存放于公共模块，以便开发时调用。图书借阅系统的分层情况具体如图10-14所示。

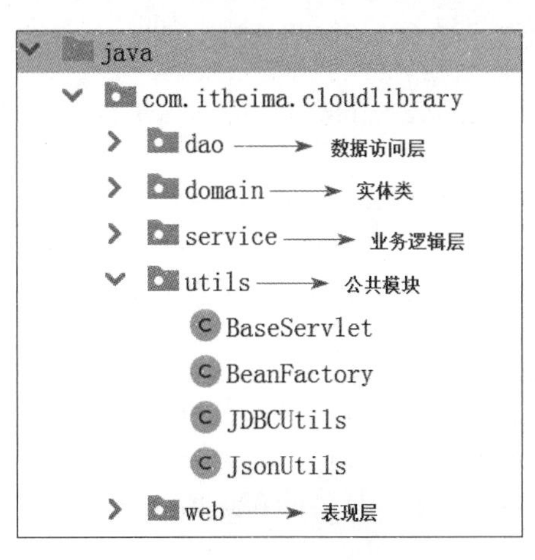

图10-14 图书借阅系统的分层

图 10-14 中的 domain 包用于存放实体类。公共模块 utils 包下提供了一些工具类，其中 BaseServlet 用于封装 Servlet 通用的功能，后续编写 Servlet 时只需要继承 BaseServlet 就能使用 Servlet 的通用处理代码，减少了代码冗余；BeanFactory 提供了通过配置文件 applicationContext.xml 获得对象实例的方法，可以降低类之间的耦合；JDBCUtils 提供了数据库连接及操作的功能；JsonUtils 可以完成对象和 JSON 数据之间的转换。

至此，开发图书借阅系统的环境已经搭建完成。

10.4 用户登录模块开发

用户登录模块由用户登录和注销登录两部分功能组成，接下来分别对这两部分功能进行讲解。

10.4.1 用户登录

1. 完善用户登录页面

用户登录页面 login.jsp 包含一个表单，该表单用于填写用户登录的账户信息。通过表单的 action 属性可以指定单击“登录”按钮时表单提交的路径，表单完善后的代码如文件 10-1 所示。

文件10-1 login.jsp

```
1  ...省略页面其他代码
2  <form id="loginform" class="sui-form" action=
3  "${pageContext.request.contextPath}/userServlet?method=login"
4        method="post">
5        <div class="input-prepend">
6        <span class="add-on loginname">用户名</span>
7              <input type="text" placeholder="请输入用户名"
8              class="span2 input-xfat" name="email">
9        </div>
10       <div class="input-prepend"><span class="add-on loginpwd">密码</span>
11             <input type="password" placeholder="请输入密码"
12             class="span2 input-xfat" name="password">
13       </div>
14       <div class="logined">
15             <a class="sui-btn btn-block btn-xlarge btn-danger"
16                href='javascript:document:loginform.submit();'
17                target="_self">登  录</a>
18       </div>
```

```
19  </form>
20  ... 省略页面其他代码
```

在登录页面中填写用户名和密码后，单击“登录”按钮会将用户名和密码提交到第3行代码对应的Servlet。

2. 编写用户实体类

在com.itheima.cloudlibrary.domain包中创建用户实体类User，并且在User类中定义用户相关属性以及相应的setter/getter方法。User类的关键代码如文件10-2所示。

文件10-2　User.java

```
1  public class User implements Serializable {
2      private Integer id;              //用户ID
3      private String name;             //用户名称
4      private String password;         //用户密码
5      private String email;            //用户邮箱（用户账号）
6      private String role;             //用户角色
7      private String status;           //用户状态
8      ...setter/getter方法
9  }
```

3. 编写用户登录的Servlet代码

在com.itheima.cloudlibrary.web包下创建一个名为UserServlet的Servlet(UserServlet继承BaseServlet)，并且在UserServlet中编写用户登录的方法login()。在login()方法中获取登录的请求参数，接着获取业务逻辑层的UserService实例对象，并且通过UserService实例对象调用业务层的login()方法。如果登录失败，则返回登录页面并提示“用户名或密码错误！”；如果登录成功，则将用户信息存入session并跳转到后台首页。UserServlet的关键代码如文件10-3所示。

文件10-3　UserServlet.java

```
1  @WebServlet("/userServlet")
2  public class UserServlet extends BaseServlet {
3      public String login(HttpServletRequest req,
4                          HttpServletResponse resp) throws Exception {
5          // 接收数据
6          Map<String, String[]> map = req.getParameterMap();
7          // 封装数据
8          User user = new User();
9          BeanUtils.populate(user, map);
10          UserService userService =
11                  (UserService) BeanFactory.getBean("userService");
12          // 调用业务层的登录方法
```

```
13          User existUser = userService.login(user);
14          // 根据登录结果进行页面跳转
15          if (existUser == null) {
16              // 登录失败
17              req.setAttribute("msg", "用户名或密码错误!");
18              return "/admin/login.jsp";
19          } else {
20              // 登录成功
21              req.getSession().setAttribute("USER_SESSION", existUser);
22              return "/admin/index.jsp";
23          }
24      }
25  }
```

4. 编写用户登录的业务逻辑层代码

创建 Service 层用户接口。在 com.itheima.cloudlibrary.service 包中创建 UserService 接口并在该接口中定义 login() 方法,login() 方法通过用户账号和用户密码查询用户信息。UserService 接口的关键代码如文件 10-4 所示。

文件10-4 UserService.java

```
1 public interface UserService{
2     //通过 User 的用户账号和用户密码查询用户信息
3     User login(User user) throws SQLException;
4 }
```

创建 Service 层用户接口的实现类。在 java 文件夹下,创建一个 com.itheima.cloudlibrary.service.impl 包并在包中创建 UserService 接口的实现类 UserServiceImpl,在类中重写接口的 login() 方法。UserServiceImpl 类的具体代码如文件 10-5 所示。

文件10-5 UserServiceImpl.java

```
1 public class UserServiceImpl  implements UserService {
2     //通过 User 的用户账号和用户密码查询用户信息
3     @Override
4     public User login(User user) throws SQLException {
5         UserDao userDao = (UserDao) BeanFactory.getBean("userDao");
6         return userDao.login(user);
7     }
8 }
```

在文件 10-5 中,第 6 行代码将用户登录信息作为 login() 方法的参数,通过 UserDao 对象调用 login() 方法执行用户登录操作并将登录的结果返回。

5. 编写用户登录的数据访问层代码

创建Dao层用户接口。在com.itheima.cloudlibrary.dao包中创建一个用户接口UserDao并在接口中定义login()方法，login()方法通过用户账号和用户密码查询用户信息。UserDao接口的关键代码如文件10-6所示。

文件10-6　UserDao.java

```
1 public interface UserDao {
2     //用户登录
3     User login(User user) throws SQLException;
4 }
```

创建Dao层用户接口的实现类。在java文件夹下，创建一个com.itheima.cloudlibrary.dao.impl包并在包中创建UserDao接口的实现类UserDaoImpl，在类中重写接口的login()方法。UserDaoImpl实现类的关键代码如文件10-7所示。

文件10-7　UserDaoImpl.java

```
1 public class UserDaoImpl  implements UserDao {
2     // 用户模块Dao的用户登录的方法
3     public User login(User user)throws SQLException {
4         QueryRunner qr = new QueryRunner(JDBCUtils.getDataSource());
5         String sql = "SELECT * FROM user WHERE email = ? and" +
6                 " password = ? and status = ?";
7         User existUser = qr.query(sql, new BeanHandler<User>(User.class),
8                 user.getEmail(), user.getPassword(), 0);
9         return existUser;
10     }
11 }
```

在文件10-7中，第5~6行代码编写根据用户的邮箱和密码查询用户状态为0的用户信息的SQL语句，其中参数使用问号进行占位；第7~8行代码为SQL语句的占位符传入参数并执行查询，最后将查询的结果返回。

10.4.2　注销登录

用户登录成功后会跳转到系统后台首页，并且在页面右上角会显示当前登录的用户名称，如图10-15所示。

从图10-15可以看出，页面的右上角显示了当前登录的用户名称“黑马程序员”，并且用户名称右侧标有“注销”字样。接下来，实现用户登录模块的注销登录功能。

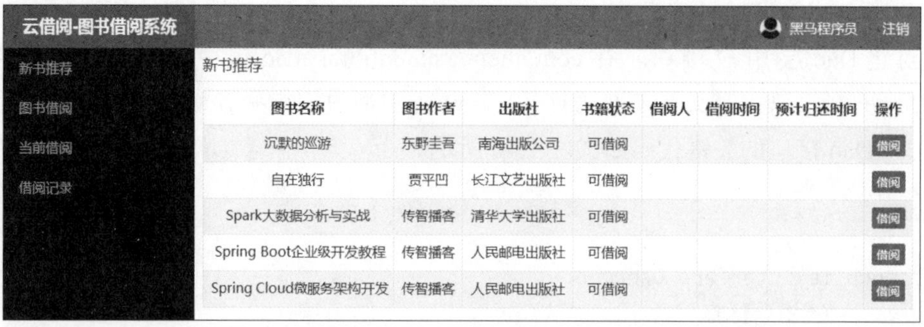

云借阅-图书借阅系统　黑马程序员　注销

新书推荐
图书借阅
当前借阅
借阅记录

新书推荐

图书名称	图书作者	出版社	书籍状态	借阅人	借阅时间	预计归还时间	操作
沉默的巡游	东野圭吾	南海出版公司	可借阅				借阅
自在独行	贾平凹	长江文艺出版社	可借阅				借阅
Spark大数据分析与实战	传智播客	清华大学出版社	可借阅				借阅
Spring Boot企业级开发教程	传智播客	人民邮电出版社	可借阅				借阅
Spring Cloud微服务架构开发	传智播客	人民邮电出版社	可借阅				借阅

图10-15　系统后台首页

查看 admin/index.jsp 页面的源代码，图 10-15 中用户名称和“注销”文字对应的代码如下。

```
<ul class="nav navbar-nav">
    <li class="dropdown user user-menu">
        <a>
           <img src="${pageContext.request.contextPath}/img/user.jpg"
                 class="user-image"  alt="User Image">
           <span class="hidden-xs">${USER_SESSION.name}</span>
        </a>
    </li>
    <li class="dropdown user user-menu">
        <a
href="${pageContext.request.contextPath}/userServlet?method=logout">
           <span class="hidden-xs">注销</span>
        </a>
    </li>
</ul>
```

将上述代码结合用户登录的代码可以得出，图 10-15 右上角展示的登录的用户名称是通过 EL 表达式从 session 中获取的。单击“注销”时，会向 UserServlet 提交请求，并且提交的参数为 method=logout。

注销登录本质上就是销毁 session 并跳转到登录页面。接下来，在 UserServlet 中新增一个注销登录的方法 logout()，该方法首先销毁 session 中的用户信息，然后跳转到登录页面。logout() 方法的具体代码如下。

```
1 public void logout(HttpServletRequest req, HttpServletResponse resp)
2         throws Exception {
3     // 销毁 session
4     req.getSession().invalidate();
5     // 页面跳转
6     resp.sendRedirect(req.getContextPath() + "/index.jsp");
7 }
```

在上述代码中,第4行代码销毁session,session被销毁后用户的登录状态即被清除;第6行代码重定向到系统的登录页面。

至此，注销登录的功能得到实现。

10.5 新书推荐模块开发

图书借阅系统的新书推荐模块主要包含查询新书和借阅新书两个功能，其中查询新书功能是根据图书的上架时间将图书相关信息展示在页面中，本系统固定推荐最新上架的5本图书；借阅新书功能是在用户发起借阅请求时，修改该图书的借阅状态、借阅人、借阅时间和预计归还的时间。接下来分别实现这两个功能。

10.5.1 查询新书

1. 编写图书实体类

在com.itheima.cloudlibrary.domain包中创建图书实体类Book，在Book类中声明与图书数据表对应的属性，并且定义各个属性的setter/getter方法，关键代码如下。

```
public class Book implements Serializable {
    private Integer id;           //图书编号
    private String name;          //图书名称
    private String press;         //图书出版社
    private String author;        //图书作者
    private Integer pagination;//图书页数
    private Double price;         //图书价格
    private String uploadTime; //图书上架时间
    private String status;        //图书状态
    private String borrower;      //图书借阅人
    private String borrowTime;  //图书借阅时间
    private String returnTime;  //图书预计归还时间
    ...setter/getter方法
}
```

2. 编写查询新书的Servlet代码

在com.itheima.cloudlibrary.web包中创建名称为BookServlet的Servlet，BookServlet继承BaseServlet。在BookServlet中定义方法selectNewbooks()，用于查询最新上架的图书并将查询结果响应到新书推荐页面。BookServlet的关键代码如文件10-8所示。

文件10-8 BookServlet.java

```
1  @WebServlet("/bookServlet")
2  public class BookServlet extends BaseServlet {
```

```
3     public String selectNewbooks(HttpServletRequest req,
4                                  HttpServletResponse resp) {
5         // 设置一页展示的图书信息为 5 条
6         int pageSize = 5;
7         // 获取 BookService 对象
8         BookService bookService =
9                 (BookService)BeanFactory.getBean("bookService");
10         try {
11             List<Book> newBooks = bookService.selectNewBooks(pageSize);
12             // 将查询到的图书信息放在 Request 中返回
13             req.setAttribute("newBooks", newBooks);
14             return "/admin/books_new.jsp";
15         } catch (Exception e) {
16             e.printStackTrace();
17             return null;
18         }
19     }
20 }
```

3. 编写查询新书的业务逻辑层代码

在 com.itheima.cloudlibrary.service 包中创建 Service 层的图书接口 BookService，接口中定义查询最新上架图书的方法。BookService 接口的关键代码如文件 10-9 所示。

文件10-9 BookService.java

```
1 public interface BookService {
2     //查询最新上架的图书
3     List<Book> selectNewBooks( Integer pageSize)throws SQLException;
4 }
```

在 com.itheima.cloudlibrary.service.impl 包中创建 BookService 接口的实现类 BookServiceImpl，重写接口中的 selectNewBooks() 方法。BookServiceImpl 的关键代码如文件 10-10 所示。

文件10-10 BookServiceImpl.java

```
1 public class BookServiceImpl implements BookService {
2    @Override
3    public List<Book> selectNewBooks(Integer pageSize) throws SQLException
4         // 获取 BookDao 实例对象
5         BookDao bookDao = (BookDao) BeanFactory.getBean("bookDao");
6         return bookDao.selectNewBooks(pageSize);
7     }
8 }
```

4. 编写查询新书的数据访问层代码

在com.itheima.service.dao包中创建一个BookDao接口并在接口中定义方法selectNewBooks()，selectNewBooks()根据上架时间查询图书信息。BookDao的关键代码如文件10-11所示。

文件10-11 BookDao.java

```
1 public interface BookDao {
2     //查询最新上架的图书信息
3     List<Book> selectNewBooks(Integer pageSize) throws SQLException;
4 }
```

在com.itheima.cloudlibrary.dao.impl包中创建Dao层的图书接口的实现类BookDaoImpl，重写接口中的selectNewBooks()方法。BookDaoImpl的关键代码如文件10-12所示。

文件10-12 BookDaoImpl.java

```
1 public class BookDaoImpl implements BookDao {
2     @Override
3     public List<Book> selectNewBooks(Integer pageSize)
4             throws SQLException {
5         QueryRunner qr = new QueryRunner(JDBCUtils.getDataSource());
6         String sql = "SELECT * FROM book WHERE status!=3 " +
7                 "ORDER BY uploadtime DESC  LIMIT ?";
8         List<Book> newBooks = qr.query(sql,
9                 new BeanListHandler<Book>(Book.class), pageSize);
10         return newBooks;
11     }
12 }
```

在文件10-12中，第6~7行代码编写根据上架时间降序查询未下架的图书信息的SQL，查询的数量使用问号占位；第8~9行代码为SQL的占位符传入参数并执行查询，最后将查询的结果返回。

5. 实现页面显示

在books_new.jsp中接收并显示响应的数据。Servlet将查询到的数据存到Request中，由于存放在Request中的数据是一个集合，因此页面显示数据时，需要遍历该集合对象，将遍历出来的内容展示在页面的数据表格中。books_new.jsp中显示数据的关键代码如下所示。

```
1 <table id="dataList" class="table table-bordered
2     table-striped table-hover dataTable text-center">
```

```
3        <thead>
4        <tr>
5            <th class="sorting_asc">图书名称 </th>
6            <th class="sorting">图书作者 </th>
7            <th class="sorting">出版社 </th>
8            <th class="sorting">书籍状态 </th>
9            <th class="sorting">借阅人 </th>
10           <th class="sorting">借阅时间 </th>
11           <th class="sorting">预计归还时间 </th>
12           <th class="text-center">操作 </th>
13       </tr>
14       </thead>
15       <tbody>
16       <c:forEach items="${newBooks}" var="book">
17           <tr>
18               <td>${book.name}</td>
19               <td>${book.author}</td>
20               <td>${book.press}</td>
21               <td>
22                   <c:if test="${book.status ==0}">可借阅 </c:if>
23                   <c:if test="${book.status ==1}">借阅中 </c:if>
24                   <c:if test="${book.status ==2}">归还中 </c:if>
25               </td>
26               <td>${book.borrower}</td>
27               <td>${book.borrowTime}</td>
28               <td>${book.returnTime}</td>
29               <td class="text-center">
30                   <c:if test="${book.status ==0}">
31                       <button type="button" class="btn bg-olive btn-xs"
32                           data-toggle="modal" data-target="#borrowModal"
33                           onclick="findBookById(${book.id},'borrow')">借阅
34                       </button>
35                   </c:if>
```

```
36                  <c:if test="${book.status ==1 ||book.status ==2}">
37                      <button type="button" class="btn bg-olive btn-xs"
38                              disabled="true">借阅</button>
39                  </c:if>
40              </td>
41          </tr>
42      </c:forEach>
43      </tbody>
44  </table>
```

在上述代码中，第 16~42 行代码使用 <c:forEach> 标签将响应时存放在 Request 中的集合进行遍历，并且将遍历出来的图书信息使用 EL 表达式依次显示在页面，效果如图 10-16 所示。

新书推荐

图书名称	图书作者	出版社	书籍状态	借阅人	借阅时间	预计归还时间	操作
沉默的巡游	东野圭吾	南海出版公司	可借阅				借阅
自在独行	贾平凹	长江文艺出版社	可借阅				借阅
边城	沈从文	武汉出版社	归还中	黑马程序员	2021-08-06	2021-08-13	借阅
Spark大数据分析与实战	传智播客	清华大学出版社	可借阅				借阅
Spring Boot企业级开发教程	传智播客	人民邮电出版社	可借阅				借阅

图10-16　图书信息显示

10.5.2　借阅新书

当用户登录成功后，单击图书列表中可借阅状态的“借阅”按钮，系统会弹出对应图书信息的对话框，并且发送根据图书 ID 查询图书信息的异步请求。查询成功后，将查询到的图书信息回显到图书信息的对话框，在对话框中填写预计归还的日期并提交借阅请求，完成图书借阅。

借阅图书功能的实现步骤具体如下。

1. 编写结果信息类

为方便将页面操作结果和提示信息一起响应给页面，可以定义一个结果信息类，将页面操作结果和提示信息作为该类的属性。如果 Controller 层需要向页面传递信息，则将内容封装在该类的对象中返回即可。

在 com.itheima.cloudlibrary.domain 包下创建一个保存结果的信息类 Result，Result 类的关键代码如下。

```
public class Result implements Serializable {
    private boolean flag;// 执行结果，true 为执行成功，false 为执行失败
    private String message;// 返回的结果信息
```

```
    private Object data;// 返回的数据
    public Result(boolean flag, String message) {
            super();
        this.flag = flag;
        this.message = message;
    }

public Result(boolean flag, String message, Object data) {
        this.flag = flag;
        this.message = message;
        this.data = data;
    }
...setter/getter 方法
}
```

2. 编写借阅图书的Servlet代码

在文件 10-8 的 BookServlet 类中新增根据 ID 查询图书的方法 findById() 和借阅图书的方法 borrowBook()。findById() 方法和 borrowBook() 方法的代码如下。

```
1  public void findById(HttpServletRequest req, HttpServletResponse resp) {
2      // 获取 BookService 对象
3      BookService bookService =
4              (BookService) BeanFactory.getBean("bookService");
5      // 获取请求中的图书 ID
6      String id = req.getParameter("id");
7      try {
8         // 根据图书 ID 查询图书信息
9         Book book = bookService.findById(id);
10        // 如果为 null，说明没有查询到对应 ID 的图书信息
11        if (book == null) {
12            // 将查询的结果信息返回
13            String result = JsonUtils.objectToJson(
14                    new Result(false, “获取图书失败” ));
15            resp.getWriter().write(result);
16        } else {
17            // 将查询的结果信息返回
18            String result = JsonUtils.objectToJson(
19                    new Result(true, “获取图书成功” , book));
20            resp.getWriter().write(result);
21        }
22     } catch (Exception e) {
23        e.printStackTrace();
24     }
```

```
25 }
26 public void borrowBook(HttpServletRequest req, HttpServletResponse resp) {
27         // 接收提交的参数信息
28         Map<String, String[]> map = req.getParameterMap();
29         // 封装数据
30         Book book = new Book();
31         try {
32                 // 将提交的图书信息封装在 book 对象中
33                 BeanUtils.populate(book, map);
34                 // 获取当前登录的用户姓名
35                 String pname = ((User) req.getSession().
36                         getAttribute("USER_SESSION")).getName();
37                 book.setBorrower(pname);
38                 // 根据图书的 ID 和用户进行图书借阅
39                 BookService bookService =
40                         (BookService) BeanFactory.getBean("bookService");
41                 Integer count = bookService.borrowBook(book);
42                 // 如果没有修改图书信息，说明借阅失败
43                 if (count == 0) {
44                         // 将借阅失败的结果信息返回
45                         String result = JsonUtils.objectToJson(
46                                         new Result(false, "借阅图书失败" ));
47                         resp.getWriter().write(result);
48                 } else {
49                         // 将借阅成功的结果信息返回
50                         String result = JsonUtils.objectToJson(
51                                 new Result(true, "借阅成功,请到行政中心取书!" ));
52                         resp.getWriter().write(result);
53                 }
54         } catch (Exception e) {
55                 e.printStackTrace();
56         }
57 }
```

在上述代码中，第 1~25 行代码为 findById() 方法，该方法将页面请求中的图书 ID 作为参数，调用 BookService 的 findById() 方法并将查询结果返回。第 26~57 行代码为 borrowBook() 方法，该方法获取页面请求中的图书信息，在设置当前借阅者为图书的借阅人后，将图书信息作为参数，调用 BookService 的 borrowBook() 方法并将借阅结果返回。

3. 编写借阅图书的业务逻辑层代码

在文件 10-9 的 BookService 接口中新增 findById() 方法，根据 ID 查询图书信息；新增 borrowBook() 方法，用于借阅图书。新增的具体代码如下。

```
// 根据 ID 查询图书信息
Book findById(String id) throws SQLException;
// 借阅图书
Integer borrowBook(Book book) throws SQLException;
```

在 BookServiceImpl 类中重写 BookService 接口的 findById() 方法和 borrowBook() 方法，其中 borrowBook() 方法主要修改要借阅的图书的信息，包括修改图书的借阅人、借阅时间。重写后的方法代码如下。

```
1  public Book findById(String id) throws SQLException {
2      BookDao bookDao = (BookDao) BeanFactory.getBean("bookDao");
3      return bookDao.findById(id);
4  }
5  public Integer borrowBook(Book book) throws SQLException {
6       // 根据 ID 查询出需要借阅的完整图书信息
7      Book b = this.findById(book.getId()+"");
8      DateFormat dateFormat = new SimpleDateFormat("yyyy-MM-dd");
9      // 设置当天为借阅时间
10     book.setBorrowTime(dateFormat.format(new Date()));
11     // 设置所借阅的图书状态为借阅中
12     book.setStatus("1");
13     // 将图书的价格设置在 book 对象中
14     book.setPrice(b.getPrice());
15     // 将图书的上架时间设置在 book 对象中
16     book.setUploadTime(b.getUploadTime());
17     BookDao bookDao = (BookDao) BeanFactory.getBean("bookDao");
18     return bookDao.editBook(book);
19  }
```

在上述代码中，第 1~4 行代码将需要查询的图书 ID 作为参数，使用 BookDao 对象调用 findById() 方法；第 5~19 行代码在 borrowBook() 方法中将图书被借阅时需要修改的图书信息作为参数，传递给 BookDao 对象的 editBook() 方法。

4. 编写借阅图书的数据访问层代码

借阅图书功能包含根据 ID 查询图书信息和借阅图书 2 个操作，其中借阅图书需要更新图书信息中的借阅的相关字段。在文件 10-11 的 BookDao 接口中新增两个方法 findById() 和 editBook()，新增的代码如下。

```
// 根据图书 ID 查询图书
Book findById(String id) throws SQLException;
// 编辑图书信息
Integer editBook(Book book) throws SQLException;
```

在文件10-12的BookDaoImpl类中重写BookDao接口的findById()方法和editBook()方法，重写后的代码如下。

```
1  public Book findById(String id) throws SQLException {
2      QueryRunner qr = new QueryRunner(JDBCUtils.getDataSource());
3      String sql = "SELECT * FROM book WHERE id=?";
4      Book book = qr.query(sql, new BeanHandler<Book>(Book.class), id);
5      return book;
6  }
7  public Integer editBook(Book book) throws SQLException {
8      QueryRunner qr = new QueryRunner(JDBCUtils.getDataSource());
9      String sql = "UPDATE book SET name=?,press=?,author=?,pagination=?," +
10     "price=?,status=?,borrower=?,borrowtime=?,returntime=? WHERE id=?";
11     Object[] params={book.getName(),book.getPress(),book.getAuthor(),
12             book.getPagination(),book.getPrice(),book.getStatus(),
13             book.getBorrower(),book.getBorrowTime(),
14             book.getReturnTime(),book.getId()};
15     Integer count = qr.update(sql, params);
16     return count.intValue();
17  }
```

在上述代码中，第1~6行是findById()方法，第3行编写根据图书ID查询图书信息的SQL，使用问号对图书ID进行占位；第4行将图书ID作为参数传入到SQL中并执行查询图书信息，将查询结果返回。第7~17行是editBook()方法，第9~10行编写编辑图书的SQL，使用问号对图书的信息进行占位；第11~14行为传入的图书信息；第15行将传入的图书信息作为参数传入SQL中并执行更新图书信息。

5. 实现页面显示

单击新书列表中的“借阅”按钮时，将调用my.js文件中的findBookById()方法，findBookById()方法会发起异步请求并将响应数据回显到book_modal.jsp页面的图书信息对话框中。books_new.jsp页面中的“借阅”按钮的代码如下。

```
<button type="button" class="btn bg-olive btn-xs" data-toggle="modal"
        data-target="#borrowModal"
      onclick="findBookById(${book.id},'borrow')">借阅
</button>
```

启动cloudlibrary项目，登录系统，单击图10-16中图书《自在独行》右侧的“借阅”按钮进行图书借阅，弹出图书信息对话框，如图10-17所示。

图书信息

图书名称	自在独行	图书价格	39
出版社	长江文艺出版社	作者	贾平凹
图书页数	320	归还时间 *	年/月/日

保存 关闭

图10-17　图书信息对话框（1）

在图 10-17 中填写图书归还时间。由于“保存”按钮绑定了 onclick 事件，因此触发事件后，程序会执行 my.js 文件中的 borrow() 方法，borrow() 方法会将 book_modal.jsp 中的表单数据提交给 BookServlet 的 borrowBook() 方法。如果借阅成功，borrow() 方法会异步查询所有的图书信息。

需要注意的是，图书的归还时间不能早于借阅当天。填写好归还时间后，单击图 10-17 中的“保存”按钮，弹出借阅成功提示框，如图 10-18 所示。

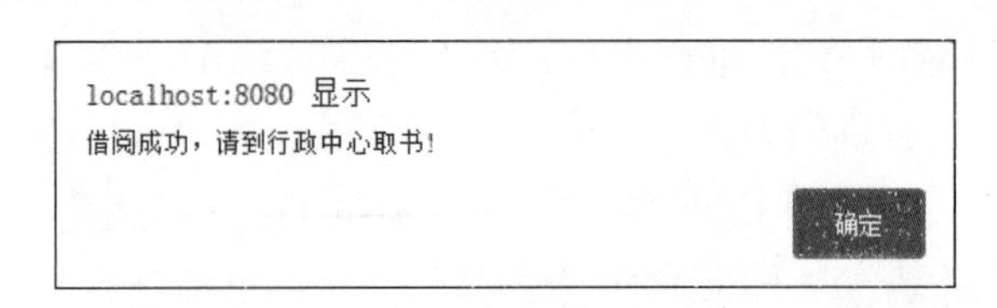
localhost:8080 显示
借阅成功，请到行政中心取书！
确定

图10-18　借阅成功提示框

从图 10-18 可以看出，页面提示图书借阅成功。再次单击图 10-15 中导航侧栏的“新书推荐”链接查询出新书推荐的图书信息，页面显示如图 10-19 所示。

新书推荐

图书名称	图书作者	出版社	书籍状态	借阅人	借阅时间	预计归还时间	操作
沉默的巡游	东野圭吾	南海出版公司	可借阅				借阅
自在独行	贾平凹	长江文艺出版社	借阅中	黑马程序员	2021-08-19	2021-08-20	借阅
边城	沈从文	武汉出版社	归还中	黑马程序员	2021-08-06	2021-08-13	借阅
Spark大数据分析与实战	传智播客	清华大学出版社	可借阅				借阅
Spring Boot企业级开发教程	传智播客	人民邮电出版社	可借阅				借阅

图10-19　新书推荐的图书信息

从图 10-19 可以看出，《自在独行》的“借阅”按钮变成了灰色，表明图书借阅功能已经实现。

✦ 小提示

页面引入的 my.js 文件中包含了本系统的绝大部分的自定义 js 代码。由于 my.js 文件的 js 代码实现比较简单，本章在讲解时将会着重讲解 Java 代码和页面的逻辑代码，对 my.js 文件中的代码不进行讲解。

10.6 图书借阅模块开发

图书借阅模块包括查询图书、新增图书、编辑图书和借阅图书这 4 个功能，其中借阅图书功能和新书推荐模块中的借阅新书功能执行的是同样的代码，在此不准备进行重复讲解。接下来，分别对查询图书、新增图书和编辑图书这 3 个功能的实现进行讲解。

10.6.1 查询图书

查询图书时，用户可以根据条件查询对应的未下架的图书信息，如果没有输入查询条件，就查询所有未下架的图书信息。由于数据库中的数据可能有很多，如果让这些数据在一个页面中全部显示出来，势必会使页面数据的可读性变得很差，因此本系统将查询的数据分页展示，每页默认展示 10 条数据。

登录系统后，在浏览器中输入地址 http://localhost:8080/cloudlibrary/admin/books.jsp，访问图书借阅页面，显示效果如图 10-20 所示。

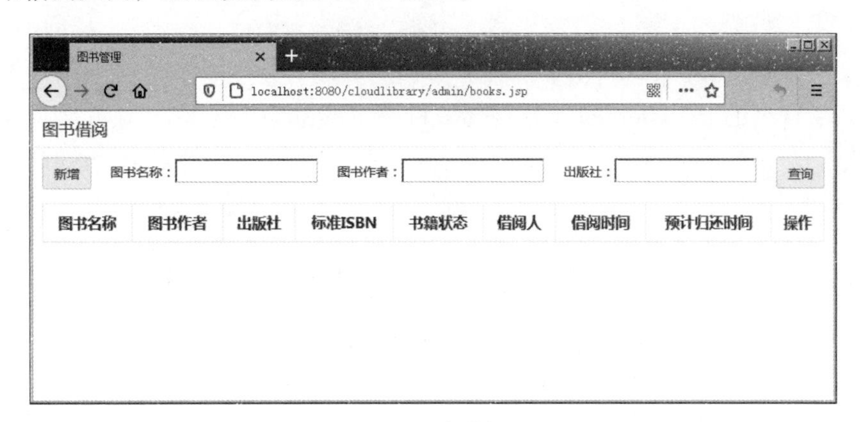

图10-20　图书借阅页面

从图 10-20 可以看出，图书借阅页面的查询条件包括图书名称、图书作者和出版社。用户在查询图书信息时，可以输入相应的查询条件进行查询，如果不输入任何条件，则系统会展示所有图书信息。

在后台首页 index.jsp 的导航侧栏中配置“图书借阅”超链接的目标路径，配置代码如下。

```
...
<li>
    <a href="${pageContext.request.contextPath}/bookServlet?method=search"
            target="iframe">
        <i class="fa fa-circle-o"></i> 图书借阅
    </a>
</li>
...
```

当单击后台首页 index.jsp 的导航侧栏中的“图书借阅”超链接时，会向 BookServlet 发送请求，并且带上请求参数 method=search，查询出当前未下架的图书信息。

接下来根据图书借阅的逻辑，编写查询图书功能的代码，具体实现步骤如下。

1. 编写分页信息类

在 com.itheima.cloudlibrary.domain 包下创建一个名称为 PageBean 的类，用于记录页面分页的所有信息。PageBean 的关键代码如下。

```
public class PageBean<T> {
    private Integer currPage;    // 当前页数
    private Integer pageSize;    // 每页显示的记录数
    private Integer totalCount;  // 总记录数
    private Integer totalPage;   // 总页数
    private List<T> list;        // 每页显示数据的集合
    ...setter/getter 方法
}
```

2. 编写查询未下架图书的Servlet代码

在文件 10-8 的 BookServlet 类中新增查询图书的方法 search()，该方法获取页面传递的参数，传递给 BookService 对象的 search() 方法进行查询。search() 方法的代码如下所示。

```
1  public String search(HttpServletRequest req, HttpServletResponse resp) {
2      // 接收参数
3      Map<String, String[]> map = req.getParameterMap();
4      String currPage = req.getParameter("currPage");
5      Integer pagenum;
6      if (currPage == null) {
7          pagenum = 1;
8  
9      } else {
10         pagenum = Integer.parseInt(currPage);
11     }
12     Book book = new Book();
13     try {
14         // 封装数据
```

```
15          BeanUtils.populate(book, map);
16          BookService bookService =
17                          (BookService) BeanFactory.getBean("bookService");
18          // 查询图书
19          PageBean<Book> bookPageBean = bookService.search(book, pagenum);
20          // 将查询到的分页图书信息存入 Request 中
21          req.setAttribute("pageBean", bookPageBean);
22          // 回显搜索框中的信息
23          req.setAttribute("search", book);
24      } catch (Exception e) {
25          e.printStackTrace();
26      }
27      return "/admin/books.jsp";
28  }
```

在上述代码中，第 6~11 行代码判断当前页码是否为 null，如果页码为 null，默认当前页面为第 1 页；第 15 行代码的参数 book 封装了查询条件；第 21~23 行代码将查询到的图书信息和查询条件设置到 Request 中；第 27 行代码设置了响应的页面。

3. 编写查询未下架图书的业务逻辑层代码

在文件 10-9 的 BookService 接口中新增 search() 方法，分页查询图书信息。新增的具体代码如下。

```
// 分页查询图书
PageBean<Book>search(Book book, Integer pageNum) throws SQLException;
```

在 BookServiceImpl 类中重写 BookService 接口的 search() 方法，重写的 search 方法中将分页的当前页、总页数、符合条件的图书信息设置到分页对象中进行返回。重写后的 search() 方法的代码如下。

```
1  public PageBean<Book> search(Book book, Integer pageNum)
2          throws SQLException {
3      // 创建分页对象
4      PageBean<Book> pageBean = new PageBean<Book>();
5      // 设置当前页数
6      pageBean.setCurrPage(pageNum);
7      int pageSize=10;
8      // 设置每页显示记录数
9      pageBean.setPageSize(pageSize);
10      BookDao bookDao = (BookDao) BeanFactory.getBean("bookDao");
11      // 获取符合条件的图书信息数量
12      Integer totalCount = bookDao.findBookCounts(book);
13      // 设置查询到的总数
14      pageBean.setTotalCount(totalCount);
15      Double tc = totalCount.doubleValue();
```

```
16      // 设置分页的总页数
17      Double num = Math.ceil(tc / pageSize);
18      pageBean.setTotalPage(num.intValue());
19      // 每页显示数据集合
20      Integer begin = (pageNum - 1)*pageSize;
21      //查询符合条件的图书信息
22      List<Book> list = bookDao.findBooksByPage(book,begin,pageSize);
23      pageBean.setList(list);
24      return pageBean;
25  }
```

4. 编写查询未下架图书的数据访问层代码

由于不能预测用户是有条件查询还是无条件查询，因此查询时统一将查询条件封装到Book对象中，最后根据查询条件是否为空进行查询语句的动态拼接。在BookDao接口中新增findBookCounts()方法，用于查询符合条件的图书数量；新增findBooksByPage()方法，用于查询符合条件的图书。新增的方法代码如下。

```
//查询符合条件的图书数量
Integer findBookCounts(Book book) throws SQLException;
//查询符合条件的图书数据
List<Book>findBooksByPage(Book book,Integer begin, int pageSize)
        throws SQLException;
```

在BookDaoImpl类中重写BookDao接口的findBookCounts()方法和findBooks-ByPage()方法，重写后的代码如下。

```
1  public Integer findBookCounts(Book book) throws SQLException {
2     QueryRunner qr = new QueryRunner(JDBCUtils.getDataSource());
3     //查询未下架的图书信息
4     StringBuilder sql = new StringBuilder("SELECT count(*) FROM " +
5              "book WHERE status IN(0,1,2) ");
6     List<Object> params = new ArrayList<Object>();
7     //如果在搜索框中输入了图书名称进行查询，则追加查询条件
8     if(!StrUtil.isBlankIfStr(book.getName())){
9         sql.append(" AND name LIKE ?");
10             params.add("%"+book.getName()+"%");
11        }
12        //如果在搜索框中输入了作者进行查询，则追加查询条件
13        if(!StrUtil.isBlankIfStr(book.getAuthor())){
14            sql.append(" AND author LIKE ?");
15            params.add("%"+book.getAuthor()+"%");
16        }
17        //如果在搜索框中输入了出版社进行查询，则追加查询条件
18        if(!StrUtil.isBlankIfStr(book.getPress())){
```

```
19                sql.append(" AND press LIKE ?");
20                params.add("%"+book.getPress()+"%");
21        }
22        Long count = (Long)qr.query(sql.toString(),
23                      new ScalarHandler(),params.toArray());
24        return count.intValue();
25 }
26 public List<Book> findBooksByPage(Book book,Integer begin, int pageSize)
27                throws SQLException {
28        QueryRunner qr = new QueryRunner(JDBCUtils.getDataSource());
29        //查询未下架的图书信息
30     StringBuilder sql = new StringBuilder("SELECT * FROM book " +
31                  "WHERE status in(0,1,2)");
32        List<Object> params = new ArrayList<Object>();
33        // 如果在搜索框中输入了图书名称进行查询，则追加查询条件
34        if(!StrUtil.isBlankIfStr(book.getName())){
35                sql.append(" AND name LIKE ?");
36                params.add("%"+book.getName()+"%");
37        }
38        // 如果在搜索框中输入了作者进行查询，则追加查询条件
39        if(!StrUtil.isBlankIfStr(book.getAuthor())){
40                sql.append(" AND author LIKE ?");
41                params.add("%"+book.getAuthor()+"%");
42        }
43        // 如果在搜索框中输入了出版社进行查询，则追加查询条件
44        if(!StrUtil.isBlankIfStr(book.getPress())){
45                sql.append(" AND press LIKE ?");
46                params.add("%"+book.getPress()+"%");
47        }
48        // 根据当前页面和每页显示的数量进行限量查询并按上架时间顺序排序
49        sql.append(" ORDER BY uploadtime ASC  LIMIT ?,?");
50        params.add(begin);
51        params.add(pageSize);
52        List<Book> bookList = qr.query(sql.toString(),
53                new BeanListHandler<Book>(Book.class),params.toArray());
54        return bookList;
55 }
```

在上述代码中，第 1~25 行的 findBookCounts() 方法用于查询符合条件的图书数量，其中第 4~5 行代码为查询的 SQL，如果查询时在搜索框中输入了图书名称、作者或出版社进行条件查询，则根据条件执行第 8~21 行的代码进行 SQL 拼接。第 26~55 行的 findBooksByPage() 方法用于查询符合条件的图书信息，其中第 30~31 行代码为查询的 SQL，如果查询时在搜索框中输入了图书名称、作者或出版社进行条件查询，则根据条件执行第 34~47 行的代码进行 SQL 拼接；第 49 行拼接的内容为根据当前页面和每页显

示的数量进行限量查询并按上架时间顺序排序。

5. 页面效果测试

启动项目，使用管理员账号登录系统，单击图 10-15 中导航侧栏的“图书借阅”超链接，显示效果如图 10-21 所示。

图10-21 单击“图书借阅”超链接的效果

接下来，测试条件查询的效果。在图 10-21 的图书名称输入框中输入 Java，单击“查询”按钮，图书借阅页面显示效果如图 10-22 所示。

从图 10-22 可以看出，图书信息按既定的查询条件被查询出来。

至此，图书借阅模块中的查询图书功能得到实现。

图书借阅

新增 图书名称：Java 图书作者： 出版社： 查询

图书名称	图书作者	出版社	图书状态	借阅人	借阅时间	预计归还时间	操作
Java基础案例教程（第2版）	传智播客	人民邮电出版社	可借阅				借阅 编辑
Java Web程序设计任务教程	传智播客	人民邮电出版社	可借阅				借阅 编辑
Java基础入门（第2版）	传智播客	清华大学出版社	可借阅				借阅 编辑

« 1 »

图10-22 条件查询效果

10.6.2　新增图书

单击图 10-22 中图书借阅页面左上角的“新增”按钮，系统会弹出一个图书信息对话框，如图 10-23 所示。

图10-23　图书信息对话框（2）

图 10-23 中对话框内的信息必须填写完整才能进行保存。

单击图 10-23 中的新增图书信息对话框的“保存”按钮后，对话框会自动隐藏。由于“保存”按钮同时绑定了鼠标单击事件，因此单击“保存”按钮时触发事件，系统会执行 my.js 文件中的 addOrEdit() 方法。addOrEdit() 方法判断操作是新增图书还是编辑图书，如果是新增图书的操作，它会将表单数据异步提交到 BookServlet 并携带参数 method=addBook，最后将新增的结果响应在页面。如果图书新增成功，页面会将最新的图书信息刷新显示。

新增图书的具体实现步骤具体如下。

1. 编写新增图书的Servlet代码

在 BookServlet 类中，新增添加图书的方法 addBook()。该方法首先获取提交的图书信息，接着将获取的图书信息传递给 BookService 对象的 addBook() 方法，最后将执行结果进行返回。addBook() 方法的代码如下。

```
public void addBook(HttpServletRequest req, HttpServletResponse resp) {
    // 接收参数
    Map<String, String[]> map = req.getParameterMap();
    Book book = new Book();
    try {
            // 封装数据
            BeanUtils.populate(book, map);
            BookService bookService =
                        (BookService) BeanFactory.getBean("bookService");
            // 添加图书
            Integer count = bookService.addBook(book);
            // 如果数据库没有插入图书信息
```

```
            if (count == 0) {
                    //将新增失败的结果信息返回
                    String result = JsonUtils.objectToJson(
                                new Result(false, "添加图书失败"));
                    resp.getWriter().write(result);
            }
            //将新增成功的结果信息返回
            String result = JsonUtils.objectToJson(
                        new Result(true, "添加图书成功"));
            resp.getWriter().write(result);
        } catch (Exception e) {
            e.printStackTrace();
        }
    }
```

2. 编写新增图书的业务逻辑层代码

在 BookService 接口中新增 addBook() 方法，用于新增图书。addBook() 方法的具体代码如下。

```
// 新增图书
Integer addBook(Book book) throws SQLException;
```

在 BookServiceImpl 类中重写 BookService 接口的 addBook() 方法，重写的 addBook() 方法将当前系统时间作为图书上架的时间。重写后的方法代码如下。

```
public Integer addBook(Book book) throws SQLException {
    DateFormat dateFormat = new SimpleDateFormat("yyyy-MM-dd");
    // 设置新增图书的上架时间
    book.setUploadTime(dateFormat.format(new Date()));
    BookDao bookDao = (BookDao) BeanFactory.getBean("bookDao");
    return bookDao.addBook(book);
}
```

3. 编写新增图书的数据访问层代码

在 BookDao 接口中创建新增图书的方法 addBook()，方法的代码如下。

```
// 新增图书
Integer addBook(Book book) throws SQLException;
```

在 BookDaoImpl 类中重写 BookDao 接口的 addBook() 方法，将 Service 层传递过来的图书信息插入数据库中。重写的 addBook() 方法的代码如下。

```
1  public Integer addBook(Book book) throws SQLException {
2      QueryRunner qr = new QueryRunner(JDBCUtils.getDataSource());
3      String sql = "INSERT INTO book (name,press,author,pagination," +
```

```
4                "price,uploadtime,status) VALUES(?,?,?,?,?,?,?)";
5       Object[] params={book.getName(),book.getPress(),book.getAuthor(),
6                book.getPagination(),book.getPrice(),book.getUploadTime(),
7                book.getStatus()};
8       Integer count = qr.update(sql, params);
9       return count.intValue();
10  }
```

在上述代码中，第 3~4 行编写了插入图书信息的 SQL，使用问号对图书信息进行占位；第 5~7 行为 Service 层传递过来的图书信息；第 8 行将传入的图书信息作为参数传入 SQL 中并执行插入图书信息的操作。

4. 页面效果测试

启动项目，使用管理员账号登录系统，在图书信息对话框中填写新增的图书信息，具体如图 10-24 所示。

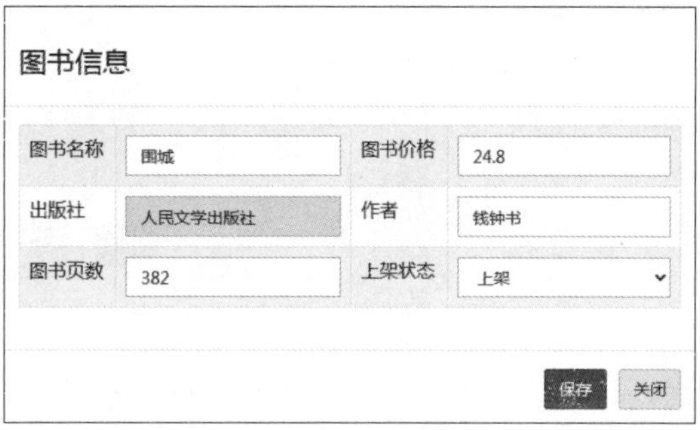

图书信息
图书名称
围城
图书价格
24.8
出版社
人民文学出版社
作者
钱钟书
图书页数
382
上架状态
上架
保存
关闭

图10-24　新增图书信息

在图 10-24 中，填写完新增图书信息后，单击“保存”按钮，页面弹出的对话框如图 10-25 所示。

localhost:8080 显示
添加图书成功
确定

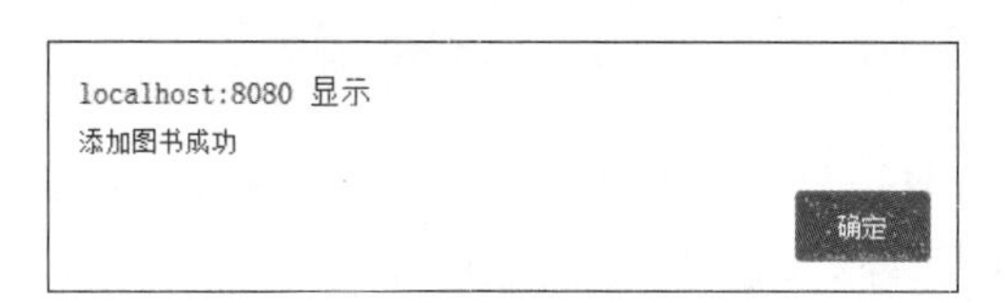

图10-25　新增图书成功对话框

在图 10-25 中，单击“确定”按钮，页面显示效果如图 10-26 所示。

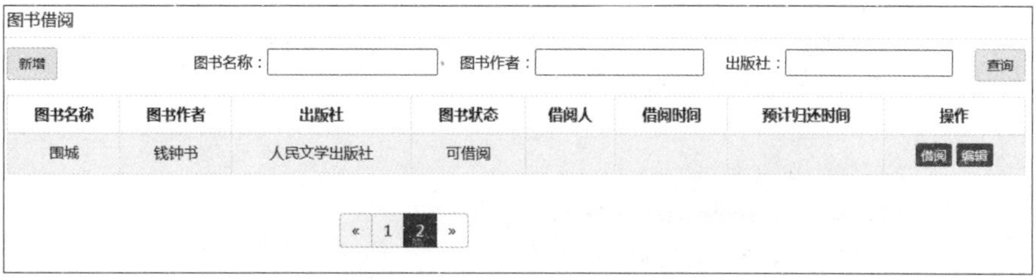

图书借阅
新增
图书名称：
图书作者：
出版社：
查询
图书名称
图书作者
出版社
图书状态
借阅人
借阅时间
预计归还时间
操作
围城
钱钟书
人民文学出版社
可借阅
借阅
编辑
«
1
2
»

图10-26　《围城》新增成功

从图 10-26 可以看出，图 10-25 中提交的图书信息已经成功添加到数据库中。此时数据库中数据大于 10 条，数据列表分成两页展示。

至此，图书借阅模块的新增图书功能得到实现。

10.6.3 编辑图书

编辑图书也是管理员用户才能执行的操作，且只有图书状态为可借阅时，才可以对图书进行编辑。

编辑图书之前需要将对应的图书信息先查询出来显示在编辑的对话框中。单击图 10-26 中《围城》图书对应的“编辑”按钮，图书信息对话框显示的内容如图 10-27 所示。

图10-27　图书信息对话框显示的内容

由于“保存”按钮绑定了鼠标单击事件，因此单击“保存”按钮时触发事件，系统会调用 my.js 文件中的 findBookById() 方法。findBookById() 方法根据参数判断当前执行的操作是否是编辑图书的操作；如果是，则发送根据 ID 查询对应的图书信息的异步请求并将响应数据回显在图书信息对话框中。图 10-27 就是回显图书信息后的效果。

编辑图书功能的具体实现如下。

1. 编写编辑图书的Servlet代码

在 BookServlet 中新增一个编辑图书的方法 editBook()。该方法接收页面提交的图书信息作为参数传递给 BookService 对象的 editBook() 方法，并且根据执行结果返回结果信息。新增的 editBook() 方法的代码如下。

```
1 public void editBook(HttpServletRequest req, HttpServletResponse resp) {
2     // 接收参数
3     Map<String, String[]> map = req.getParameterMap();
4     Book book = new Book();
5     try {
6         // 封装参数
7         BeanUtils.populate(book, map);
8         BookService bookService =
```

```
9                       (BookService) BeanFactory.getBean("bookService");
10              Integer count = bookService.editBook(book);
11              // 编辑失败
12              if (count == 0) {
13                      // 将编辑失败的结果信息返回
14                      String result = JsonUtils.objectToJson(
15                                      new Result(false, " 编辑图书失败 "));
16                      resp.getWriter().write(result);
17              }
18          else {
19                      // 将编辑成功的结果信息返回
20                      String result = JsonUtils.objectToJson(
21                                      new Result(true, " 编辑图书成功 "));
22                      resp.getWriter().write(result);
23              }
24      } catch (Exception e) {
25              e.printStackTrace();
26      }
27 }
```

2. 编写编辑图书的业务逻辑层代码

在 BookService 接口中新增 editBook() 方法，用于编辑图书。editBook() 方法的具体代码如下。

```
// 编辑图书信息
Integer editBook(Book book) throws SQLException;
```

在 BookServiceImpl 类中重写 BookService 接口的 editBook() 方法，重写的 editBook() 方法将 Servlet 传递过来的信息传递给 BookDao 的 editBook() 方法。重写后的方法的代码如下。

```
public Integer editBook(Book book) throws SQLException {
    BookDao bookDao = (BookDao) BeanFactory.getBean("bookDao");
    return bookDao.editBook(book);
}
```

3. 实现页面效果

单击图 10-27 右下角的“保存”按钮，图书信息对话框将自动隐藏。由于“保存”按钮绑定了鼠标单击事件，因此单击“保存”按钮时触发事件，系统将会调用 my.js 文件中的 addOrEdit() 方法。addOrEdit() 方法根据表单中的图书 ID 是否为空，判断是添加图书还是编辑图书的操作。如果是编辑图书的操作，则将表单数据异步发送到 BookServlet 并携带参数 method=editBook。

将图 10-27 的图书信息中的上架状态修改为下架，单击“保存”按钮，页面弹出编辑成功对话框，如图 10-28 所示。

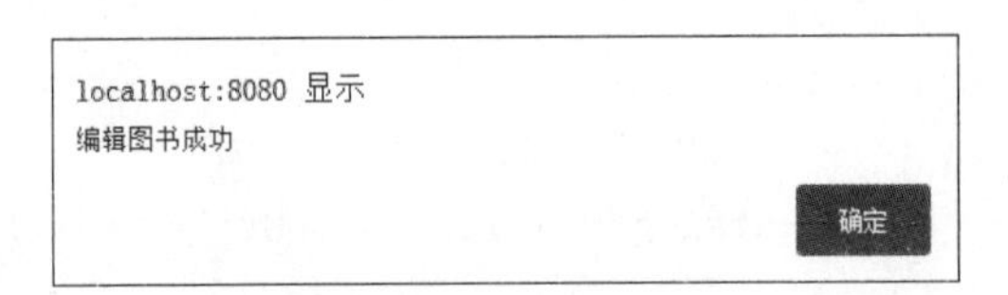

图10-28　编辑成功对话框

单击图 10-28 中的“确定”按钮，页面显示效果如图 10-29 所示。

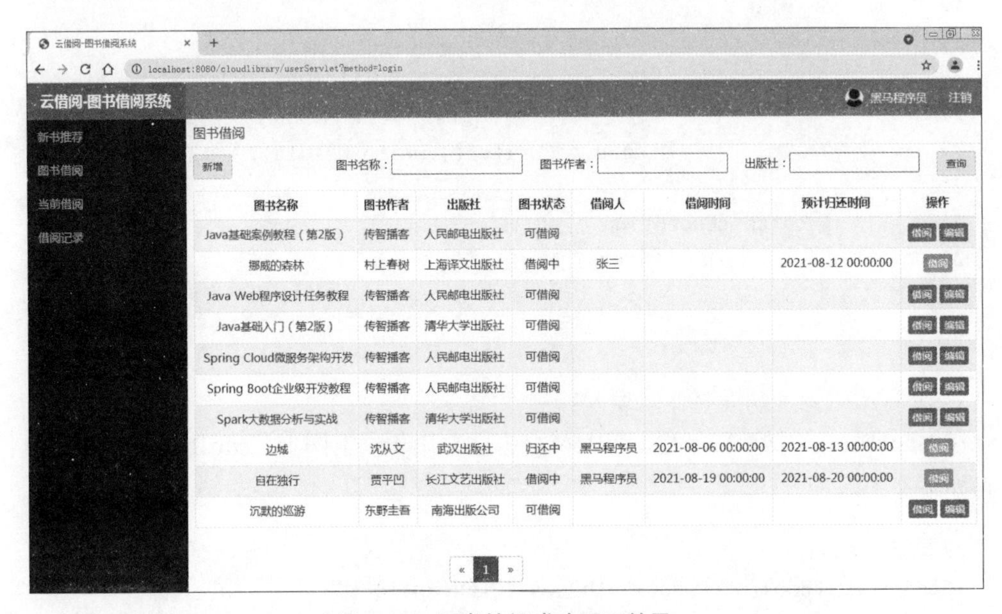

图10-29　图书编辑成功页面效果

从图 10-29 可以看出，刚才编辑的图书《围城》已经不见，说明图书已经下架成功，页面数据列表又变回一页显示。

至此，图书借阅模块的编辑图书功能已经完成。

10.7 当前借阅模块开发

当前借阅模块包括查询当前借阅、归还图书和归还确认 3 个功能，其中归还确认为管理员的权限。接下来，分别对这 3 个功能的实现进行讲解。

10.7.1　查询当前借阅

单击图 10-29 中导航侧栏的“当前借阅”超链接时，系统会展示当前登录用户借阅但未归还的图书。由于用户申请图书归还时，需要管理员确认归还后才算真正归还图书，因此管理员查询出的当前借阅图书包括两部分：自己借阅未归还的图书和所有待归还确认的图书。

当前借阅模块的图书查询和图书借阅模块中的图书查询类似，可以按条件查询图书，如果不输入查询条件，就查询全部图书。另外对查询结果也进行分页显示。

查询当前借阅图书功能的具体实现如下。

1. 编写查询当前借阅图书的Servlet

在 BookServlet 中新增一个查询当前借阅图书的方法 searchBorrowed()。该方法将当前登录用户的名称和页面传递过来的参数传递给 BookService 对象的 searchBorrowed() 方法进行查询，并且对查询到的分页结果信息进行响应。searchBorrowed() 方法的代码如下。

```
1  public String searchBorrowed(HttpServletRequest req,
2                  HttpServletResponse resp){
3          // 接收参数
4          Map<String, String[]> map = req.getParameterMap();
5          String currPage = req.getParameter("currPage");
6          Integer pagenum;
7          // 如果当前页码为 null，则设置当前页码为 1
8          if (currPage == null) {
9                  pagenum = 1;
10         } else {
11                 pagenum = Integer.parseInt(currPage);
12         }
13         Book book = new Book();
14         User user = (User) req.getSession().
15                             getAttribute("USER_SESSION");
16         BookService bookService =
17                 (BookService) BeanFactory.getBean("bookService");
18         try {
19                 // 封装数据
20                    BeanUtils.populate(book, map);
21                    PageBean<Book> bookPageBean=
22                            bookService.searchBorrowed(book,user, pagenum);
23                    // 将查询到的结果存入 Request 中
24                    req.setAttribute("pageBean", bookPageBean);
25                    // 回显搜索框中的信息
26                    req.setAttribute("search", book);
27                 } catch (Exception e) {
28                         e.printStackTrace();
29                 }
30                 return "/admin/book_borrowed.jsp";
31         }
```

在上述代码中，第 8~9 行代码判断当前页码是否为 null，如果页码为 null，则设置当前页码为 1；第 20 行代码的参数 book 封装了查询条件；第 23 行代码将查询到的图书信息设置到 Request 中；第 26 行将查询条件回显到对应的查询框中，以便页码变化时，数据列表仍然显示查询条件；第 30 行代码设置了响应的页面。

2. 编写查询当前借阅图书的业务逻辑层代码

在 BookService 接口中新增 searchBorrowed() 方法，分页查询当前借阅的图书信息。新增的具体代码如下。

```
//查询当前借阅的图书
PageBean<Book>searchBorrowed(Book book,User user, Integer currPage)
        throws SQLException;
```

在 BookServiceImpl 类中重写 BookService 接口的 searchBorrowed() 方法，重写的方法中将分页的当前页、显示结果的总页数、符合条件的结果设置到分页对象中进行返回。重写后的方法代码如下。

```
32  public PageBean<Book> searchBorrowed(Book book, User user, Integer
    currPage)
33                  throws SQLException {
34          PageBean<Book> pageBean = new PageBean<Book>();
35          // 设置当前页码
36          pageBean.setCurrPage(currPage);
37          // 设置每页显示记录数
38          Integer pageSize = 10;
39          pageBean.setPageSize(pageSize);
40          BookDao bookDao = (BookDao) BeanFactory.getBean("bookDao");
41          Integer totalCount = bookDao.findBorrowedCounts(book, user);
42          pageBean.setTotalCount(totalCount);
43          // 设置符合条件的总页数
44          Double tc = totalCount.doubleValue();
45          Double num = Math.ceil(tc / pageSize);
46          pageBean.setTotalPage(num.intValue());
47          // 每页显示数据集合
48          Integer begin = (currPage - 1) * pageSize;
49          List<Book> list = bookDao.findAllBorrowedByPage(book, user,
50                                          begin, pageSize);
51          pageBean.setList(list);
52          return pageBean;
53  }
```

3. 编写查询当前借阅图书的数据访问层代码

由于不能预测用户是有条件查询还是无条件查询，因此查询时统一将查询条件封装到 Book 对象中，最后根据查询条件是否为空进行查询语句的动态拼接。在 BookDao 接口中新增 findBorrowedCounts() 方法，用于查询符合条件的图书数量；新增 findAllBorrowedByPage() 方法，用于查询符合条件的图书。新增的方法代码如下。

```
//查询符合条件的当前借阅图书数量
Integer findBorrowedCounts(Book book,User user) throws SQLException;
//查询符合条件的当前借阅图书数据
List<Book>findAllBorrowedByPage(Book book,User user,Integer begin,
                                        Integer pageSize) throws SQLException;
```

在 BookDaoImpl 类中重写 BookDao 接口的 findBorrowedCounts() 方法和 findAllBorrowedByPage() 方法，重写后的代码如下。

```
1  public Integer findBorrowedCounts(Book book,User user)
2                      throws SQLException {
3      QueryRunner qr = new QueryRunner(JDBCUtils.getDataSource());
4      //查询已借阅和归还中的图书
5      StringBuilder sql = new StringBuilder("SELECT count(*) FROM book " +
6                  "WHERE status IN(1,2) ");
7      List<Object> params = new ArrayList<Object>();
8      //如果当前登录用户不是管理员，则只查询借阅人为当前登录用户的信息
9      if(!"ADMIN".equals(user.getRole())){
10        sql.append(" AND borrower=?");
11        params.add(user.getName());
12     }
13     //如果在搜索框中输入了图书名称进行查询，则追加查询条件
14     if(!StrUtil.isBlankIfStr(book.getName())){
15        sql.append(" AND name LIKE ?");
16        params.add("%"+book.getName()+"%");
17     }
18     //如果在搜索框中输入了作者进行查询，则追加查询条件
19     if(!StrUtil.isBlankIfStr(book.getAuthor())){
20                sql.append(" AND author LIKE ?");
21                params.add("%"+book.getAuthor()+"%");
22     }
23     //如果在搜索框中输入了出版社进行查询，则追加查询条件
24     if(!StrUtil.isBlankIfStr(book.getPress())){
25        sql.append(" AND press LIKE ?");
26        params.add("%"+book.getPress()+"%");
27     }
28     Long count = (Long)qr.query(sql.toString(),
29             new ScalarHandler(),params.toArray());
30     return count.intValue();
31  }
```

```
32 public List<Book> findAllBorrowedByPage(Book book,
33          User user,Integer begin, Integer pageSize) throws SQLException {
34       QueryRunner qr = new QueryRunner(JDBCUtils.getDataSource());
35       //查询已借阅和归还中的图书
36       StringBuilder sql = new StringBuilder("SELECT * FROM book " +
37                 "WHERE status IN (1,2)  ");
38       List<Object> params = new ArrayList<Object>();
39       //如果当前登录用户不是管理员，则只查询借阅人为当前登录用户的信息
40       if(!"ADMIN".equals(user.getRole())){
41         sql.append(" AND borrower=?");
42         params.add(user.getName());
43      }
44       //如果在搜索框中输入了图书名称进行查询，则追加查询条件
45       if(!StrUtil.isBlankIfStr(book.getName())){
46         sql.append(" AND name LIKE ?");
47         params.add("%"+book.getName()+"%");
48      }
49       //如果在搜索框中输入了作者进行查询，则追加查询条件
50       if(!StrUtil.isBlankIfStr(book.getAuthor())){
51         sql.append(" AND author LIKE ?");
52         params.add("%"+book.getAuthor()+"%");
53      }
54      //如果在搜索框中输入了出版社进行查询，则追加查询条件
55      if(!StrUtil.isBlankIfStr(book.getPress())){
56         sql.append(" AND press LIKE ?");
57         params.add("%"+book.getPress()+"%");
58      }
59       //根据当前页码和每页显示的数量进行限量查询并按借阅时间顺序排序
60       sql.append(" ORDER BY borrowtime ASC  LIMIT ?,?");
61       params.add(begin);
62       params.add(pageSize);
63       List<Book> borrowedBooks = qr.query(sql.toString(),
64                 new BeanListHandler<Book>(Book.class),params.toArray());
65         return borrowedBooks;
66 }
```

在上述代码中，第1~31行的findBorrowedCounts()方法用于查询符合条件的图书数量，其中第5~6行代码为查询的SQL，如果当前登录用户不是管理员，则只查询借阅人为当前登录用户的信息；如果查询时在搜索框中输入了图书名称、作者或出版社进行条件查询，则根据条件执行第9~27行的代码进行SQL拼接。第32~66行的findAllBorrowedByPage()方法用于查询符合条件的图书信息，根据当前页码和每页显示的数量进行限量查询，并且按借阅时间顺序排序。

4. 实现页面效果

在后台首页 index.jsp 的导航侧栏中配置“当前借阅”超链接的目标路径，配置代码如下。

```
...
    <li>
        <a href="${pageContext.request.contextPath}/
                bookServlet?method=searchBorrowed"target="iframe">
        <i class="fa fa-circle-o"></i> 当前借阅
    </a>
</li>
...
```

编写了以上代码后，当单击图 10-29 中的“当前借阅”超链接时，会向 BookServlet 发送请求并携带参数 method=searchBorrowed，查询出当前借阅的图书信息。

启动项目，使用管理员账号登录系统，单击图 10-29 所示导航侧栏中的“当前借阅”超链接，页面显示效果如图 10-30 所示。

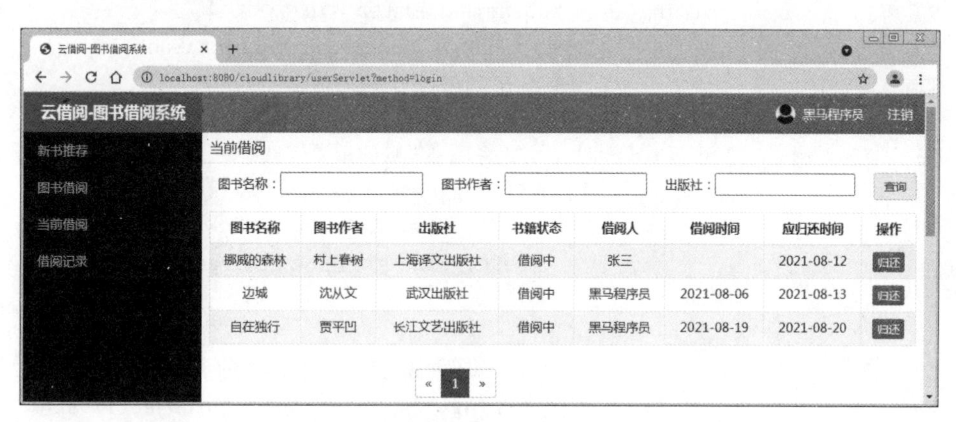

图10-30　单击“当前借阅”超链接的效果

从图 10-30 可以看出，单击“当前借阅”超链接后，系统将把当前登录用户的借阅情况展示在页面中。

至此，当前借阅模块的查询图书功能已经完成。

10.7.2　归还图书

在归还图书时，需要由借阅者先在系统中提交归还图书的申请，然后将图书归还到指定还书点。管理员确认图书归还后，图书才真正归还成功。

在当前借阅的图书列表中，单击右侧的“归还”按钮选择归还图书，申请归还后，图书的状态由借阅中变为归还中。当前借阅图书列表中的“归还”按钮绑定了鼠标单击事件，当事件触发时，会执行文件 my.js 中的 returnBook() 方法。returnBook() 方法将归还的图书 ID 和参数 method=returnBook 发送到 BookServlet 并将请求结果的信息展示在页面中，显示当前借阅列表最新的信息。

归还图书的具体实现如下。

1. 编写归还图书的Servlet代码

在 BookServlet 中新增归还图书的方法 returnBook()。该方法将页面传递过来的图书 ID 和当前登录的用户信息传递给 BookService 对象的 returnBook() 方法进行图书归还，并且对归还的结果信息进行响应。returnBook() 方法的代码如下。

```
1  public void returnBook (HttpServletRequest req, HttpServletResponse resp)
2                throws IOException {
3          // 获取当前登录的用户信息
4          User user = (User) req.getSession().getAttribute("USER_SESSION");
5          try {
6                BookService bookService =
7                      (BookService) BeanFactory.getBean("bookService");
8                // 获取归还图书的 ID
9                String id = req.getParameter("id");
10                     Integer count = bookService.returnBook(id, user);
11                     // 根据还书结果返回对应的信息
12                     if (count==0) {
13                           // 将还书失败的结果信息返回
14                           String result = JsonUtils.objectToJson(
15                                 new Result(false, " 还书失败 "));
16                           resp.getWriter().write(result);
17                     }
18                     else {
19                           // 将还书成功的结果信息返回
20                           String result = JsonUtils.objectToJson(
21                           new Result(true, " 还书确认中，请先到行政中心
                             还书 !"));
22                           resp.getWriter().write(result);
23                     }
24               } catch (Exception e) {
25                     e.printStackTrace();
26               }
27         }
```

在上述代码中，获取当前登录用户的信息并传递给 Service 层是为了确认当前归还人和借阅人是不是同一个人。

2. 编写归还图书的业务逻辑层代码

在 BookService 接口中新增 returnBook() 方法，returnBook() 方法的具体代码如下。

```
//归还图书
Integer returnBook(String  id,User user) throws SQLException;
```

在BookServiceImpl类中重写BookService接口的returnBook()方法，重写的returnBook()方法中先判断当前登录的用户和图书借阅人是不是同一个人或者是不是管理员。如果是，则将图书信息中的状态修改为归还中，并且传递给BookDao的editBook()方法修改图书信息。重写后的方法代码如下。

```
1  public Integer returnBook(String id, User user) throws SQLException {
2        //根据图书ID查询出图书的完整信息
3        Book book = this.findById(id);
4        //再次核验当前登录人员和图书借阅者是不是同一个人
5        boolean rb = book.getBorrower().equals(user.getName());
6        //如果是同一个人或者是管理员，允许归还
7        if (rb || "ADMIN".equals(user.getRole())) {
8           //将图书借阅状态修改为归还中
9           book.setStatus("2");
10          BookDao bookDao = (BookDao) BeanFactory.getBean("bookDao");
11          return bookDao.editBook(book);
12       }
13       return 0;
14 }
```

3. 页面效果测试

启动项目，使用普通用户账号登录系统，单击后台首页导航侧栏中的“当前借阅”超链接，页面显示效果如图10-31所示。

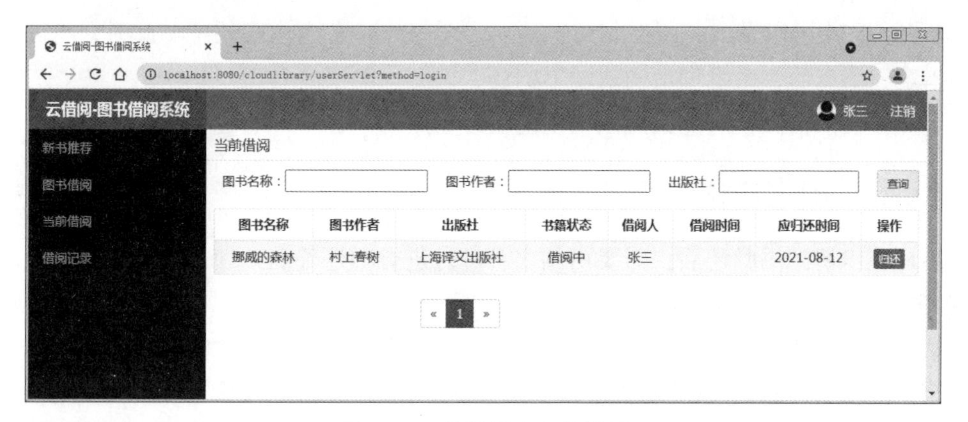

图10-31 普通用户当前借阅

从图10-31可以看出，用户张三当前有一本借阅中的图书《挪威的森林》。单击图10-31数据列表右侧的“归还”按钮，弹出确定归还图书提示框，如图10-32所示。

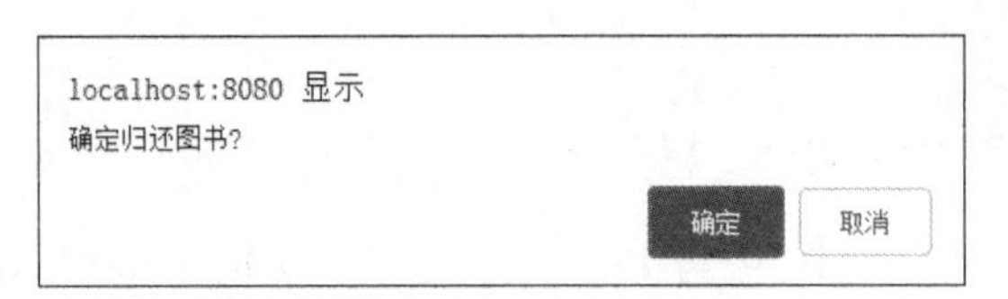

图10-32 确定归还图书提示框

单击图 10-32 中的“确定”按钮，此时页面会弹出图书归还提示框，具体如图 10-33 所示。

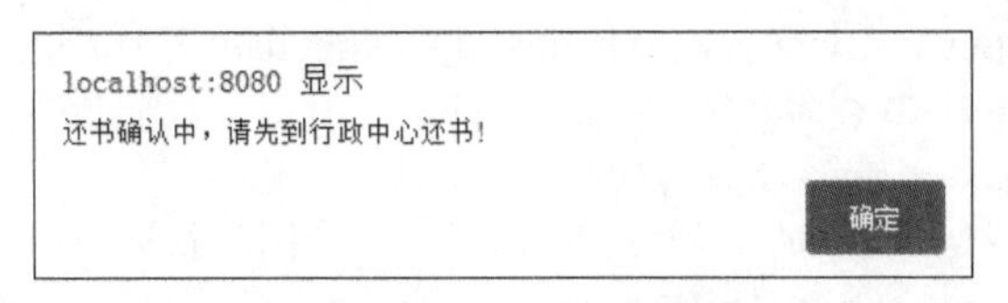

图10-33 图书归还提示框

单击图 10-33 所示的“确定”按钮,确认图书归还中,页面显示效果如图 10-34 所示。

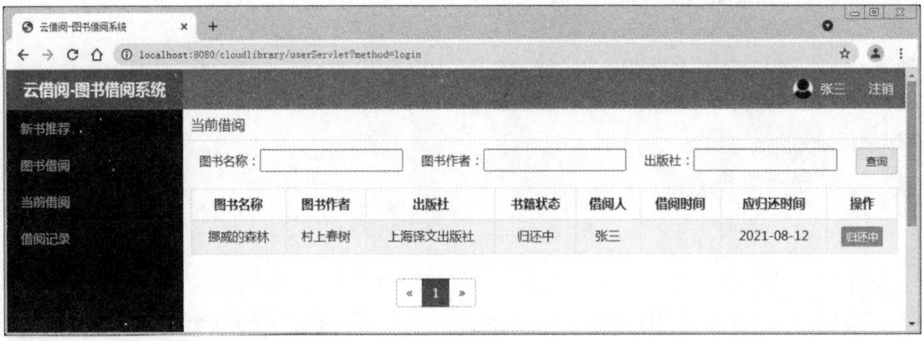

图10-34 确认图书归还中

从图 10-34 可以看出，图书归还申请后，图书的状态变为归还中。此时，将图书归还到指定还书点后，由管理员确认图书归还，以完成图书的真正归还。

至此，当前借阅模块的归还图书功能已经完成。

10.7.3 归还确认

用户在申请图书归还后，需要由图书管理员进行归还确认。使用管理员账号登录系统,单击图 10-34 所示导航侧栏中的“当前借阅”超链接,页面显示效果如图 10-35 所示。

从图 10-35 可以看出，管理员在当前借阅的页面中可以看到本人的当前借阅情况和所有用户的待归还确认的图书信息。当管理员进行归还确认的操作后，本次图书归还完成。图书归还完成之后，需要将本次借阅情况记录在借阅记录表中，并且清空数据库的图书表中的当前图书的借阅信息，图书又变为可借阅状态。在此，先完成确认归还时清空数据库中当前图书的借阅信息。

当前借阅数据列表中的“归还确认”按钮（见图 10-35）绑定了鼠标单击事件，当

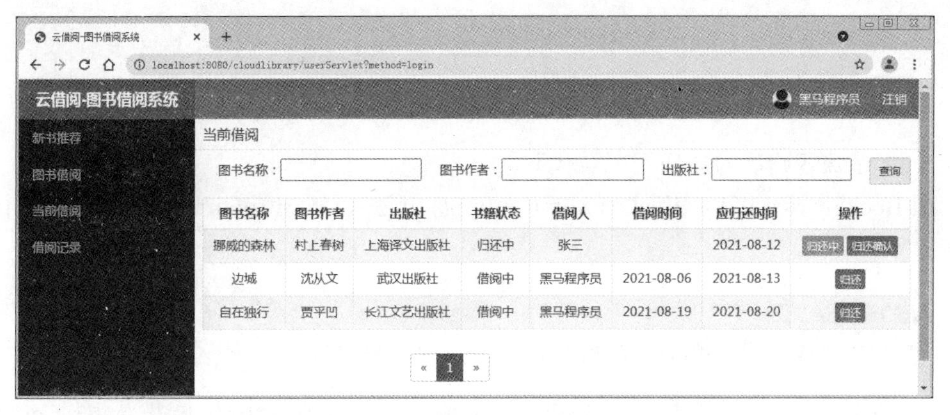

图10-35　管理员当前借阅页面显示

事件触发时，会执行文件 my.js 中的 returnConfirm() 方法。returnConfirm() 方法将待归还确认的图书 ID 和参数 method=returnConfirm 发送到 BookServlet，并且将请求结果的信息展示在页面中，显示最新的当前借阅列表信息。

归还确认的具体实现如下。

1. 编写归还确认的Servlet代码

在 BookServlet 中新增归还图书的方法 returnConfirm()。该方法将获取页面传递过来的图书 ID，传递给 BookService 对象的 returnConfirm() 方法进行图书归还确认，并且对归还确认的结果信息进行响应。returnConfirm() 方法的代码如下。

```
1  public void returnConfirm (HttpServletRequest req,
2                HttpServletResponse resp){
3  try {
4         BookService bookService =
5                       (BookService) BeanFactory.getBean("bookService");
6         //获取页面提交的图书 ID
7         String id = req.getParameter("id");
8         //归还图书
9         Integer count = bookService.returnConfirm(id);
10        if (count == 0) {
11                      //将还书确认失败的结果信息返回
12                      String result = JsonUtils.objectToJson(
13                                    new Result(false, "还书确认失败！"));
14                      resp.getWriter().write(result);
15               }
16               else {
17                      //将还书确认成功的结果信息返回
18                      String result = JsonUtils.objectToJson(
19                                    new Result(true, "还书确认成功！"));
20                      resp.getWriter().write(result);
21               }
22        } catch (Exception e) {
```

```
23              e.printStackTrace();
24          }
25  }
```

2. 编写归还确认的业务逻辑层代码

在 BookService 接口中新增 returnConfirm() 方法，returnConfirm() 方法的具体代码如下。

```
//归还确认
Integer returnConfirm(String id) throws SQLException;
```

在 BookServiceImpl 类中重写 BookService 接口的 returnConfirm() 方法。returnConfirm() 方法中根据 Servlet 传递过来的图书 ID 查询到图书的信息，获取图书信息后修改图书借阅状态，并且清除图书借阅信息，其中清除的信息包括借阅人信息、借阅时间信息和预计归还时间信息。将修改后的图书信息传递给 BookDao 的 editBook() 方法进行图书信息更新，具体代码如文件 10-13 所示。

文件10-13　BookServiceImpl.java

```
1  ...
2  public Integer returnConfirm(String id) throws SQLException {
3      //根据图书ID查询图书的完整信息
4      Book book = this.findById(id);
5      //将图书的借阅状态修改为可借阅
6      book.setStatus("0");
7      //清除当前图书的借阅人信息
8      book.setBorrower("");
9      //清除当前图书的借阅时间信息
10     book.setBorrowTime(null);
11     //清除当前图书的预计归还时间信息
12     book.setReturnTime(null);
13     BookDao bookDao = (BookDao) BeanFactory.getBean("bookDao");
14     Integer count = bookDao.editBook(book);
15     return count;
16 }
17 ...
```

3. 编写归还确认的数据访问层代码

归还确认的操作只是将图书的借阅信息进行清除，因此复用 BookDao 接口和 BookDaoImpl 的 editBook() 方法即可。

4. 页面效果测试

启动项目，使用管理员账号登录系统，单击图 10-35 中右侧的“归还确认”按钮。页面会弹出归还确认提示框，如图 10-36 所示。

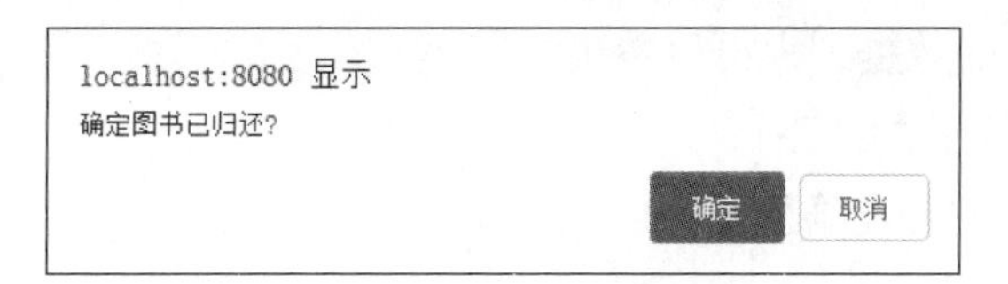

图10-36　归还确认提示框

单击图 10-36 所示的“确定”按钮,会弹出归还确认的结果提示框,如图 10-37 所示。

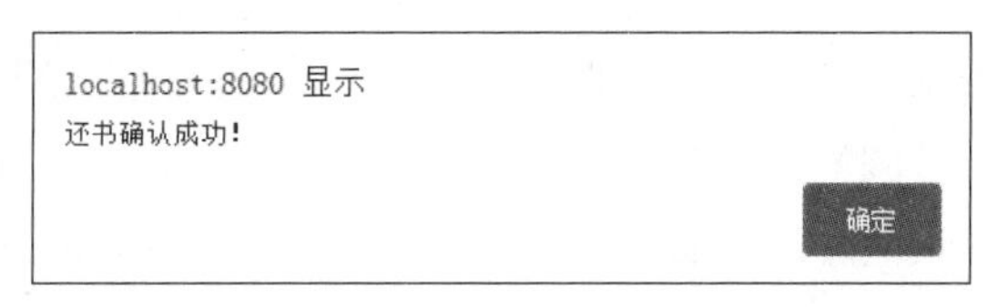

图10-37　归还确认的结果提示框

单击图 10-37 所示的“确定”按钮，页面将会显示当前借阅的最新图书数据列表，具体如图 10-38 所示。

图10-38　当前借阅的最新图书数据列表

从图 10-38 可以看出，图书归还确认后，当前借阅页面已经看不到该图书的信息。单击图 10-38 导航侧栏的“图书借阅”超链接，查看最新的图书借阅的数据列表，具体如图 10-39 所示。

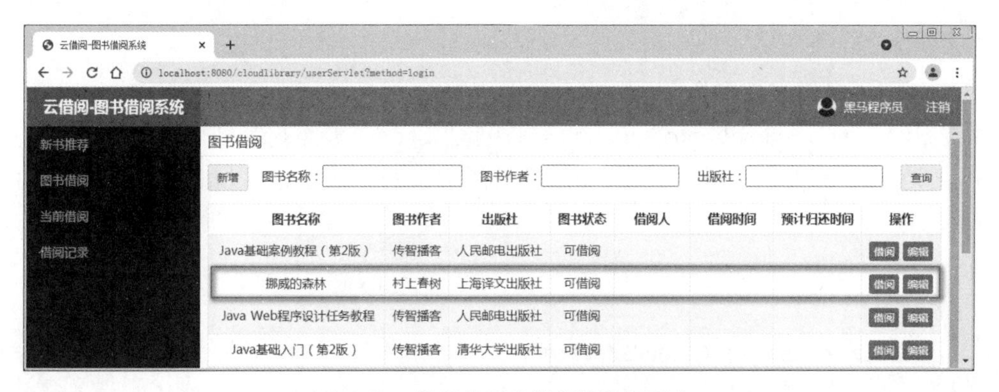

图10-39　最新的图书借阅的数据列表

从图 10-39 所示的数据列表可以看出，归还确认后的图书《挪威的森林》已经清除借阅信息，其状态已变为可借阅。

至此，当前借阅的归还确认功能已经完成。

10.8 借阅记录模块开发

本系统设定图书借阅是指从借阅到归还确认后的一次完整借阅，借阅记录主要是记录系统用户每次的完整借阅情况。借阅记录包含新增借阅记录和查询借阅记录两个功能，其中借阅记录在归还确认时新增，查询借阅记录分为全部查询和按条件查询。

接下来分别实现借阅记录的这两个功能。

10.8.1 新增借阅记录

新增借阅记录应该在图书归还确认时将图书的借阅记录插入记录表中，需要在借阅记录的业务逻辑层和数据访问层提供对应的方法，然后在图书归还确认的业务逻辑层进行调用，具体实现如下。

1. 创建借阅记录实体类

在 com.itheima.cloudlibrary.domain 包中创建借阅记录实体类 Record，在 Record 类中声明与借阅记录数据表对应的属性并定义各个属性的 setter/getter 方法，关键代码具体如下。

```
public class Record implements Serializable {
    private Integer id;          // 图书借阅 ID
    private String bookname;     // 借阅的图书名称
    private String borrower;     // 图书借阅人
    private String borrowTime; // 图书借阅时间
    private String remandTime; // 图书归还时间
   ...setter/getter 方法
}
```

2. 编写新增借阅记录的业务逻辑层代码

在 com.itheima.cloudlibrary.service 包中创建 Service 层的借阅记录接口 RecordService，在 RecordService 接口中定义新增借阅记录的方法 addRecord()，关键代码如文件 10-14 所示。

文件10-14　RecordService.java

```
1  public interface RecordService {
2      //新增借阅记录
```

```
3      Integer addRecord(Record record) throws SQLException;
4  }
```

在 com.itheima.cloudlibrary.service.impl 包中创建 Service 层的借阅记录接口的实现类 RecordServiceImpl，在 RecordServiceImpl 类中重写 RecordService 接口中的 addRecord() 方法，关键代码如文件 10-15。

文件10-15　RecordServiceImpl.java

```
1  public class RecordServiceImpl implements RecordService {
2      public Integer addRecord(Record record) throws SQLException {
3          RecordDao recordDao =
4                  (RecordDao) BeanFactory.getBean( "recordDao" );
5          return recordDao.addRecord(record);
6      }
7  }
```

3. 编写新增借阅记录的数据访问层代码

在 com.itheima.cloudlibrary.dao 包中创建一个 RecordDao 接口，并且在接口中定义方法 addRecord() 用于新增借阅记录操作。RecordDao 接口的关键代码如文件 10-16 所示。

文件10-16　RecordDao .java

```
1  public interface RecordDao {
2      //新增借阅记录
3      Integer addRecord(Record record) throws SQLException;
4  }
```

在 com.itheima.cloudlibrary.dao.impl 包中创建一个 RecordDao 接口实现类 RecordDaoImpl，并且在类中重写方法 addRecord()。RecordDaoImpl 类的关键代码如文件 10-17 所示。

文件10-17　RecordDaoImpl.java

```
1  public class RecordDaoImpl implements RecordDao {
2      @Override
3      public Integer addRecord(Record record) throws SQLException {
4          QueryRunner qr = new QueryRunner(JDBCUtils.getDataSource());
5          String sql = "INSERT INTO record (bookname,borrower,borrowtime," +
6                  "remandtime) VALUES(?,?,?,?)";
7           Object[] params = {record.getBookname(), record.getBorrower(),
8                  record.getBorrowTime(), record.getRemandTime()};
```

```
9           Integer count = qr.update(sql, params);
10           return count.intValue();
11      }
12  }
```

在文件 10-17 中，第 5~6 行代码是新增借阅记录的 SQL，借阅的记录信息使用问号进行占位；第 7~8 行代码是传入的借阅记录信息；第 9 行代码将传入的借阅信息作为参数传入 SQL 中执行新增借阅记录，并且将新增的结果返回。

4. 优化归还确认的代码

在文件 10-13 中优化归还确认的代码，使确认归还时也新增借阅记录。优化后的关键代码如文件 10-18 所示。

文件10-18 BookServiceImpl.java

```
1  ...
2  public Integer returnConfirm(String id) throws SQLException {
3          // 根据图书 ID 查询图书的完整信息
4          Book book = this.findById(id);
5          // 根据归还确认的图书信息设置借阅记录
6          Record record = this.setRecord(book);
7          // 将图书的借阅状态修改为可借阅
8          book.setStatus("0");
9          // 清除当前图书的借阅人信息
10         book.setBorrower("");
11         // 清除当前图书的借阅时间信息
12         book.setBorrowTime(null);
13         // 清除当前图书的预计归还时间信息
14         book.setReturnTime(null);
15         BookDao bookDao = (BookDao) BeanFactory.getBean("bookDao");
16         Integer count = bookDao.editBook(book);
17         // 如果归还确认成功，则新增借阅记录
18         if (count == 1) {
19                 RecordService recordService =
20                 (RecordService) BeanFactory.getBean("recordService");
21                 return recordService.addRecord(record);
22         }
23         return count;
24  }
25  private Record setRecord(Book book) {
26         Record record = new Record();
27         // 设置借阅记录的图书名称
28         record.setBookname(book.getName());
29         // 设置借阅记录的借阅人
```

```
30         record.setBorrower(book.getBorrower());
31         // 设置借阅记录的借阅时间
32         record.setBorrowTime(book.getBorrowTime());
33         DateFormat dateFormat = new SimpleDateFormat("yyyy-MM-dd");
34         // 设置图书归还确认的当天为图书归还时间
35         record.setRemandTime(dateFormat.format(new Date()));
36         return record;
37 }
38 ...
```

文件 10-18 中新增的借阅记录对象在图书归还确认时创建，图书归还确认无误后，调用 RecordService 的 addRecord() 方法新增借阅记录。

至此，借阅记录模块的新增借阅记录的功能已经完成。

10.8.2 查询借阅记录

在借阅记录页面 record.jsp 中，可以根据查询条件“借阅人”和“图书名称”来查询对应的借阅记录，其中根据借阅人查询借阅记录是管理员才有的权限。如果查询条件为空，则忽略查询条件而查询所有借阅记录。

在后台首页 index.jsp 的导航侧栏中配置“借阅记录”超链接的目标路径，配置代码如下。

```
<li>
   <a href=
"${pageContext.request.contextPath}/recordServlet?method=searchRecords"
      target="iframe">
      <i class="fa fa-circle-o"></i> 借阅记录
   </a>
</li>
```

当单击图 10-39 所示的“借阅记录”超链接时，将对借阅记录进行查询。接下来根据查询借阅记录的逻辑进行代码实现。

1. 编写借阅记录的Servlet代码

在 com.itheima.cloudlibrary.web 包中创建名称为 RecordServlet 的 Servlet，该 Servlet 继承 BaseServlet。在 RecordServlet 中定义方法 searchRecords() 用于查询借阅记录，并且将查询结果响应到借阅记录的页面具体代码如文件 10-19 所示。

文件10-19 RecordServlet.java

```
1 @WebServlet("/recordServlet")
2 public class RecordServlet extends BaseServlet {
3 public String searchRecords(HttpServletRequest req,
```

```
4          HttpServletResponse resp){
5      // 接收参数
6      Map<String, String[]> map = req.getParameterMap();
7      //获取当前页码
8      String currPage = req.getParameter("currPage");
9      Integer pagenum;
10      //如果当前页码为null，则设置为1
11      if (currPage == null) {
12          pagenum = 1;
13      } else {
14          pagenum = Integer.parseInt(currPage);
15      }
16      Record record = new Record();
17      //获取当前登录用户
18      User user = (User) req.getSession().getAttribute("USER_SESSION");
19      RecordService recordService =
20              (RecordService) BeanFactory.getBean("recordService");
21      try {
22          // 封装搜索框的参数信息
23          BeanUtils.populate(record, map);
24          PageBean<Record> bookPageBean=
25                  recordService.searchRecords(record,user, pagenum);
26          //对查询到的借阅记录信息进行响应
27          req.setAttribute("pageBean", bookPageBean);
28          //将搜索栏中的信息返回
29        req.setAttribute("search", record);
30      } catch (Exception e) {
31          e.printStackTrace();
32      }
33      return "/admin/record.jsp";
34  }
35  }
```

在上述代码中，第11~12行代码判断当前页码是否为null，如果页码为null，默认当前页码为1；第22行代码的参数book封装了查询条件；第26行代码将查询到的借阅记录设置到Request中；第28行将查询条件回显到对应的查询框中，以便页码变化时，数据列表仍然显示查询条件；第33行代码设置了响应的页面。

2. 编写借阅记录的业务逻辑层代码

在文件10-14的RecordService接口中添加查询借阅记录的方法，具体代码如下。

```
//查询借阅记录
PageBean<Record> searchRecords(Record record, User user,
```

```
                    Integer pageNum) throws SQLException;
```

在文件 10-15 的 RecordServiceImpl 类中重写 RecordService 接口中的 searchRecords() 方法，重写后 searchRecords() 方法的具体代码如下。

```
1  public PageBean<Record> searchRecords(Record record,
2                       User user, Integer pagenum) throws SQLException {
3      PageBean<Record> pageBean = new PageBean<Record>();
4      // 设置当前页码
5      pageBean.setCurrPage(pagenum);
6      // 设置每页显示记录数
7      Integer pageSize = 10;
8      pageBean.setPageSize(pageSize);
9      RecordDao recordDao = (RecordDao) BeanFactory.getBean("recordDao");
10      //查询符合条件的借阅记录数量
11      Integer totalCount = recordDao.searchRecordCount(record,user);
12      pageBean.setTotalCount(totalCount);
13     // 设置符合条件的总页数
14      Double tc = totalCount.doubleValue();
15      Double num = Math.ceil(tc / pageSize);
16      pageBean.setTotalPage(num.intValue());
17      Integer begin = (pagenum - 1)*pageSize;
18      //查询符合条件的数据
19      List<Record> list = recordDao.searchRecordsByPage(record,
20                 user,begin,pageSize);
21      pageBean.setList(list);
22      return pageBean;
23  }
24  }
```

3. 编写借阅记录的数据访问层代码

在 RecordDao 接口中新增用于查询符合条件的借阅记录数量的方法 searchRecordCount()，以及用于查询符合条件的借阅记录数据的方法 searchRecordsByPage()，关键代码具体如下。

```
//查询符合条件的借阅记录数量
Integer searchRecordCount(Record record, User user) throws SQLException;
//查询符合条件的借阅记录数据
List<Record> searchRecordsByPage(Record record, User user,
             Integer begin, Integer pageSize) throws SQLException;
```

在 RecordDaoImpl 中重写 searchRecordCount() 方法和 searchRecordsByPage() 方法，

关键代码具体如文件 10-20 所示。

文件10-20 RecordDaoImpl.java

```
1  public Integer searchRecordCount(Record record, User user)
2      throws SQLException {
3      QueryRunner qr = new QueryRunner(JDBCUtils.getDataSource());
4      StringBuilder sql = new StringBuilder( “SELECT count(*) FROM record
5                            WHERE 1=1 “);
6      List<Object> params = new ArrayList<Object>();
7      // 如果是管理员并且搜索框中指定了查询的借阅人
8      if("ADMIN".equals(user.getRole()) &&
9                 !StrUtil.isBlankIfStr(record.getBorrower())){
10             sql.append(" AND borrower LIKE ?");
11             params.add("%"+record.getBorrower()+"%");
12     }
13     // 如果不是管理员，就查询当前登录用户的借阅记录
14     if(!"ADMIN".equals(user.getRole())){
15             sql.append(" AND borrower=?");
16             params.add(user.getName());
17         }
18         // 如果搜索框中指定了查询的图书名称
19         if(!StrUtil.isBlankIfStr(record.getBookname())){
20             sql.append(" AND bookname LIKE ?");
21             params.add("%"+record.getBookname()+"%");
22         }
23         // 查询符合条件的借阅记录数量
24         Long count = (Long)qr.query(sql.toString(),
25                     new ScalarHandler(),params.toArray());
26         return count.intValue();
27  }
28  public List<Record> searchRecordsByPage(Record record, User user,
29             Integer begin, Integer pageSize) throws SQLException {
30         QueryRunner queryRunner = new QueryRunner(JDBCUtils.getDataSource());
31         StringBuilder sql = new StringBuilder("SELECT * FROM record WHERE 1=1 ");
32         List<Object> params = new ArrayList<Object>();
33         // 如果是管理员并且搜索框中指定了查询的借阅人
34         if("ADMIN".equals(user.getRole()) &&
35                     !StrUtil.isBlankIfStr(record.getBorrower())){
36             sql.append(" AND borrower LIKE ?");
37             params.add("%"+record.getBorrower()+"%");
38         }
39         // 如果不是管理员，就查询当前登录用户的借阅记录
40         if(!"ADMIN".equals(user.getRole()) ){
```

```
41                  sql.append(" AND borrower=?");
42                  params.add(user.getName());
43          }
44          // 如果搜索框中指定了查询的图书名称
45          if(!StrUtil.isBlankIfStr(record.getBookname())){
46                  sql.append(" AND bookname LIKE ?");
47                  params.add("%"+record.getBookname()+"%");
48          }
49          sql.append(" ORDER BY borrowtime ASC  LIMIT ?,?");
50          params.add(begin);
51          params.add(pageSize);
52          List<Record> recordBooks = queryRunner.query(sql.toString(),
53                  new BeanListHandler<Record>(Record.class),params.toArray());
54          return recordBooks;
55  }
```

在上述代码中，第 1~27 行的 searchRecordCount() 方法用于查询符合条件的借阅记录数量，其中第 4~5 行代码为查询的 SQL，查询时会根据当前登录的用户角色、页面搜索框输入的信息进行 SQL 拼接。第 28~55 行的 searchRecordsByPage() 方法用于查询符合条件的借阅记录数据，其中第 31 行代码为查询的 SQL，查询时会根据当前登录的用户角色、页面搜索框输入的信息进行 SQL 拼接；第 49 行拼接的内容为根据当前页码和每页显示的数量进行限量查询并按借阅时间顺序排序。

4. 页面效果测试

接下来，测试借阅记录模块的添加借阅记录和查询借阅记录的功能。启动项目，使用普通用户借阅 2 本图书，借阅完成后单击导航侧栏中的“当前借阅”选项，如图 10-40 所示。

图10-40　普通用户的“当前借阅”页面（1）

在图 10-40 中，普通用户有 2 本借阅中待归还的图书，单击图书《Java 基础案例教程（第 2 版）》右侧的“归还”按钮，此时普通用户的“当前借阅”页面如图 10-41

所示。

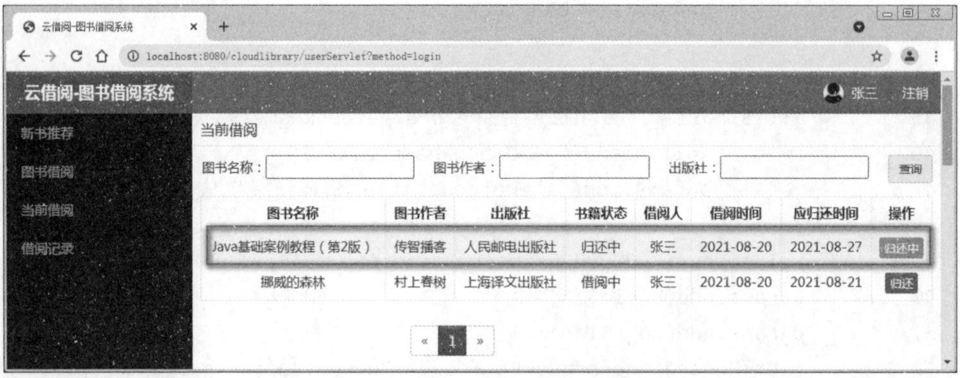

图10-41　普通用户的“当前借阅”页面（2）

在图 10-41 中，普通用户有 2 本借阅未归还的图书，其中图书《Java 基础案例教程（第 2 版）》的状态是归还中，图书《挪威的森林》的状态是待归还。

如果使用管理员用户登录，管理员用户的“当前借阅”页面如图 10-42 所示。

图10-42　管理员的“当前借阅”页面

单击图 10-42 中的“归还确认”按钮，页面效果如图 10-43 所示。

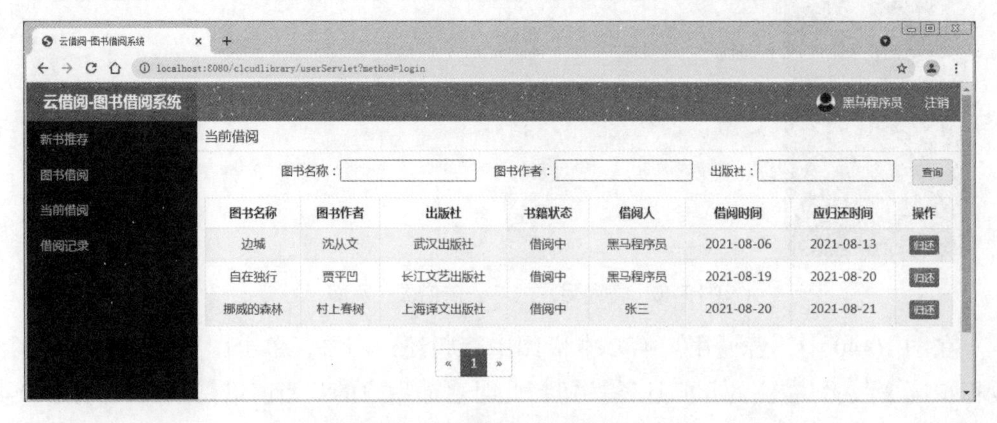

图10-43　管理员归还确认

在图 10-43 中，单击导航侧栏中“借阅记录”选项，借阅记录页面如图 10-44 所示。

图10-44 借阅记录页面

从图 10-44 可以看出，归还确认后，新增了《Java 基础案例教程（第 2 版）》的借阅记录。这说明借阅记录的新增借阅记录和查询借阅记录功能成功实现。

10.9 本章小结

本章主要讲解了一个图书借阅系统的综合开发案例。首先对系统分析进行了介绍；其次讲解了数据库设计；最后对系统开发进行了讲解。通过对本章的学习，读者能够掌握数据库在开发中的应用。